Unity 3D 游戏开发

[美] 弗兰茨·兰辛格 (Franz Lanzinger)　著

周子衿　译

清華大学出版社

北京

内 容 简 介

本书分为两部分 25 章，阐述了如何使用 Unity 来开发 3D 游戏。在带领读者熟悉游戏制作需要用到的软件工具之后，将介绍如何制作游戏，从简单的小游戏到较为复杂的商业游戏。通过阅读本书，读者将学会如何结合运用 Unity 游戏引擎和其他工具来制作具有典型商业游戏特征的 3D 游戏。

本书不要求读者具备任何编程基础，适合希望从头开始学习 Unity 3D 游戏编程的读者阅读和参考。

北京市版权局著作权合同登记号　图字：01-2023-1744

3D Game Development with Unity 1st Edition / by J Franz Lanzinger / ISNB: 9780367349189

Copyright@ 2022 by Franz Lanzinger

图书在版编目 (CIP) 数据

Unity 3D 游戏开发 / （美）弗兰茨·兰辛格 (Franz Lanzinger) 著；周子衿译 . —北京：清华大学出版社，2023.5

ISBN 978-7-302-63406-5

Ⅰ . ① U… Ⅱ . ①弗… ②周… Ⅲ . ①游戏程序—程序设计 Ⅳ . ① TP311.5

中国国家版本馆 CIP 数据核字 (2023) 第 082870 号

责任编辑：文开琪
封面设计：李　坤
责任校对：周剑云
责任印制：杨　艳

出版发行：清华大学出版社
　　　　　网　　　址：http://www.tup.com.cn，http://www.wqbook.com
　　　　　地　　　址：北京清华大学学研大厦 A 座　　　邮　　编：100084
　　　　　社 总 机：010-83470000　　　　　　　　邮　　购：010-62786544
　　　　　投稿与读者服务：010-62776969，c-service@tup.tsinghua.edu.cn
　　　　　质 量 反 馈：010-62772015，zhiliang@tup.tsinghua.edu.cn
印 装 者：天津鑫丰华印务有限公司
经　　销：全国新华书店
开　　本：185mm×210mm　　印　　张：15　　字　　数：410 千字
版　　次：2023 年 6 月第 1 版　　印　　次：2023 年 6 月第 1 次印刷
定　　价：99.00 元

产品编号：100682-01

写在前面

亲爱的读者和从事游戏开发的朋友们，大家好！在本书中，你将学习如何使用 Unity 来开发 3D 游戏。《Unity 3D 游戏开发》结合了实操的、循序渐进的方法并对这一切背后的理论和实践进行了讲解。你将学会使用 Blender 来进行 3D 建模和贴图、使用 GIMP 来进行 2D 美术制作、使用录音剪辑软件 Audacity 来处理音效以及使用 MuseScore[①] 创作音乐和绘谱。最重要的是，有了 Unity，你就能把所有这些资源整合到一起，写 C# 脚本，最后完成整个游戏开发。

在学习过程中，需要从 Unity 的资源商店下载其他美术和代码资源。学生、独立游戏开发者和小型商业游戏工作室可以免费使用 Unity 这个优秀的软件。它的大部分内容都是开源的。如果认真学习这本书，就足以准备好制作自己的原创游戏，无论是个人开发者、小团队的成员还是就职于大型游戏公司的员工。

《Unity 2D 游戏开发》和《Unity 3D 游戏开发》是姐妹篇，作者都是弗朗茨·兰辛格（Franz Lanzinger）。虽然按顺序阅读这两本书有帮助，但并不是必需的。不过对于这本书，需要读者有一些编码背景，最好懂 C# 或其他类似 C 的语言（如 C++），还需要一些代数、几何和物理学的基本知识。如果之前完全没有接触过编码，那么建议从《Unity 2D 游戏开发》开始读。

和《Unity 2D 游戏开发》一样，本书也分为两部分。在第 I 部分中，大家将逐渐熟悉需要用到的一些软件或工具。首先开发一个小型的入门级游戏，然后，把第一本书中的 2D 迷宫游戏《Dot Gam》重制为 3D 版本。在第 II 部分中，构建一个新的 3D FPS 冒险游戏，这款游戏将具备商业游戏中的许多典型特性。

---

① Muse Score 即缪斯乐谱，是一款免费开源的音乐创作软件，支持中文等多种语言。该软件支持用 midi 电子琴输入音高，用鼠标点选式输入音符，内置合成器提供音频回放，其中收录大量包含打击乐器和声音效果的虚拟乐器。

　　完成每个步骤时，你将体验到游戏开发的快乐和偶尔的挫折：第一次让角色移动时那种美妙的感觉；一心认为游戏将能够运行，却发现它无法运行，而且你找不到原因的那种痛苦。这些都是游戏开发过程的组成部分，没有什么比这些更重要。

　　强烈建议你在阅读本书的过程中跟着每个步骤逐步构建游戏和资源。这是最好的学习方式。事实上，对大多数人来说，这是唯一的方式！在本书中，许多资源是"从零开始"创建的。所有游戏资源、代码、彩色图片和项目文件都可以在 franzlanzinger.com 下载，因此并不一定需要输入代码或绘制任何东西。但如果在阅读本书的同时，自行构建和输入一切内容，会学到更多的知识。如果拿到的书是黑白的，可以参考 franzlanzinger.com 中的彩色图片。

　　当然，大家总是可以另辟蹊径，做一些不同于书中描述的事情。这样便能完全掌控自己的游戏。随着知识和技能水平的提升，大家可以迅速准备好，制作出下一个出色的、原创的热门游戏。

　　游戏开发是激动人心的和回报丰厚的。它可以是你的终生职业爱好，也可以成为艺术家、音乐家或软件工程师的垫脚石。需要学习的东西很多，而且有些方面一开始可能看起来很困难。不要让这些问题阻碍你前进的步伐！游戏开发相当有趣且令人有成就感，所以，请勇敢踏出第一步，放手去做吧！

致　谢

　　本书的出版，离不开许多人和组织的支持与帮助。在这里，我要向大家表示诚挚的谢意。

　　首先，我要感谢雅达利街机游戏！^①1982 年，那年我 26 岁，刚刚进入游戏行业。遗憾的是，雅达利街机游戏早已经不复存在。但那一小批先驱者，他们无与伦比的影响力一直持续到了今天。身为其中的一员，我感到很幸运。

　　感谢有那么多的人参与构建和持续完善 Unity、Blender、GIMP、Audacity 和 MuseScore。大家眼前看到的这本书在很大程度上依赖于他们的慷慨贡献，正是由于他们，像我这样的独立开发者才有机会免费使用这些优秀的软件。

　　感谢全球超过 31 亿的电子游戏玩家。没有玩家，就没有这一切，不会有游戏，不会有游戏公司，更不会有游戏开发行业中的无数工作和职业机会。

　　特别要感谢 Dave O'Riva、Steve Woita、John Newcomer、Brian McGhie、Mark Alpiger、Ed Logg、Aaron Hightower、Mark Robichek、Eric Ginner、Joe Cain 和 Todd Walker，他们教会我如何玩游戏和如何制作游戏。感谢山谷合唱团、Serendipity 合唱团以及 Cathy Beaupré 和 Lisa Egert-Smith 提供的歌曲和音乐。

　　最后，给我的妻子 Susan 一个深情的拥抱，感谢她对我的爱和支持。

---

① 译注：关于雅达利的发展简史，可以访问 https://baike.baidu.com/item/%E9%9B%85%E8%BE%BE%E5%88%A9/4307580

简明目录

第 I 部分　3D 游戏开发基础

第 II 部分　3D 冒险游戏

详 细 目 录

第 I 部分　3D 游戏开发基础

第 I 部分　3D 游戏开发基础

■ 第1章 软件工具

在这一章中，你将安装本书中要用到的主要软件工具，并对它们进行测试，确保它们能够运行。这些工具包括 Visual Studio、Unity、GIMP、Blender 和 Audacity。在下一章中，你将使用这些工具制作一个小型 3D 游戏，并在阅读本书的过程中继续使用这些工具。在本书的第 II 部分中，你将安装 MuseScore 来创作音乐和打谱。Unity 是所有这些软件的主要枢纽。

写这本书的目的是让你遵循一系列步骤、按部就班地操作，通过这种方式来亲身体验游戏开发过程。本书中有数百个带有编号的步骤，你需要密切注意编号，并按顺序逐一完成这些步骤。大多数步骤后面都有附加的解释、说明或屏幕截图。

如果在编码时犯下了重大错误，可能会对你的项目造成破坏性的后果。这种破坏可能会立即发生，但如果你不走运的话，可能会在几天、几个月甚至几年之后才显现出来。这是野兽的本性。有些错误甚至会在几十年之后给你带来困扰，真的！为了避免出现这种状况，最好尽早测试。谨慎地输入，并确保不跳过任何步骤。如果在过程中只出现几个错误，说明你已经比大多数人做得更好了。接受这种情况将会发生的事实，并在它真的发生时，解决问题，从中吸取教训，然后继续前进。

1.1 电脑配置需求

为了按照本书的步骤进行操作，需要有一台个人电脑或苹果的 Mac。系统需要满足 Unity 的开发系统要求。2021 年春，Unity 公司发布了 2020.3.0f1 LTS 版本的 Unity，也就是本书所使用的版本。LTS 代表"长期支持"（long–term support），这意味着 Unity 将支持这个版本两年，修复错误，但不做其他改动。因此，电脑需要能够支持 2020 LTS Unity 的最新版本，例如 2020.3.3f1。以下是 2020 LTS 的系统要求：

- 操作系统：Windows 7 SP1+，Windows 10，仅限 64 位版本；或 macOS High Sierra 10.13+
- CPU：X64 架构，支持 SSE2 指令集
- 支持 DX10-DX11- 和 DX12- 的 GPU。对于 Mac 来说，支持 Metal 的 Intel 和 AMD GPU

若想查看具体信息，请访问 unity.com。它在 Unity 手册中的 2020.3 版本的系统需求之下。虽然不是严格意义上的必要条件，但强烈建议电脑屏幕至少要有 1920×1080 的分辨率。一些笔记本电脑或旧的台式机可能有着较低的原始分辨率。如果你就面临着这种情况，那么你真的应该考虑升级或更换显示器了。或许至少应该买一台 4K 分辨率的显示器①，因为你的许多玩家都有着这样的设备。为了最大限度地提高游戏开发效率和乐趣，建议使用两到三台显示器和一张新款显卡。如果没有多个显示器，那么使用 Windows 中的虚拟桌面和 Mac 中的调度中心作为替代也是非常有用和可行。如果你想要在项目中支持实时光线追踪，那么就在网上搜索并购买支持实时光线追踪的高端显卡或笔记本电脑。是的，截止到 2022 年，虽然它们的价格还是很高，但正在呈现出下降趋势，同时可用性正在提升。本书介绍光照的第 21 章包含一个有关光线追踪的选读内容。

如果系统符合 Unity 的要求，那么它对于本书中使用的其他软件工具而言将是绰绰有余的。如果还不知道自己的网络连接速度，正好可以趁此机会了解一下。进行速度测试，检查下载速度是否至少达到了 10Mbps，越快就越好。为了获得舒适的体验，建议下载速度至少要达到 30Mbps。一些工具或资源比较大，比较耗时，但当所有东西都下载和安装完毕后，将能够在网速很慢或甚至没有接入互联网的情况下开发项目。我使用的是三台显示器，网络连接速度为 75Mbps。

本书将假设你有一个三键鼠标和小键盘。虽然有一些变通手段，但如果能在需要时把这些设备连接到系统中，将会省掉很多事。

大多数职业游戏开发者都能使用多种系统，新系统和旧系统，笔记本电脑和台式机，甚至可以同时使用 PC 和 Mac。很旧的系统可能与 Unity 开发不兼容，但有时可以用它们来开发 Visual Studio 项目或创建图像、音效或音乐。它们也可以被用来对游戏进行测试，所以，如果能够处理好存储并保持更新，请保留旧的系统。在向公众和外部测试人员发布游戏之前，在各种系统中测试游戏是至关重要的。

---

① 译注：指水平像素数达到 3840 像素和垂直像素数值达到 2160 像素的显示器。相较于传统的 1080P 分辨率，4K 分辨率的显示器像素密度更高，图像质量更清晰。

　　如书名所述，本书将重点介绍个人电脑和 Mac 上的 3D 游戏开发。如果对开发非游戏应用比较感兴趣，这本书也很适合你。Unity 之所以叫这个名字，是因为只需要用它创建一次游戏，它就能把游戏部署到许多目标平台上，比如电脑、主机和移动设备。Unity 的一个早期宣传语是"一次创作，到处部署"。无论是当时还是现在，这都是一种崇高的精神，尽管现实情况比宣传语所说的要复杂许多。本书中的所有游戏都可以在个人电脑和 Mac 上运行，而且通过一些努力，可以把大部分游戏都修改为可以在游戏机和 / 或移动设备上运行。

　　把一个游戏从现有的平台带到另一个平台的过程称为"移植"。相较于自己动手写游戏引擎并把它移植到所有目标平台上，在 Unity 中移植很容易。不过就算是在使用 Unity 时，也要注意每个平台都有一长串具体的要求，尤其是在想要制作一个商业版本的情况下。截至 2022 年，Unity 支持的平台多达 20 个。至于移植到目标平台和针对目标平台进行开发的最新详情，需要自己去调查一下。

1.2　Mac 用户注意事项

　　如果在阅读本书时使用的是 Mac，务必留心，这里有一些重要的说明。Mac 可以是很优秀的开发机器，所以，如果偏好使用 Mac，又没有比较好的 Windows 机器，那么请继续使用 Mac。如果只用 Windows 的话，可以直接跳过本节。

　　本书中使用的所有软件工具都可用于 Windows 11 和 macOS。Mac 和 Windows 版本之间可能存在着细微的差别，但大多数情况下两者相差无几。有一些细节需要注意。键盘快捷键可能有区别，屏幕截图也不一定完全一样，甚至在某些少见的情况下，截图可能完全不一样。

　　从这里开始，本书通常会假设读者使用的是 Windows 11。你仍然可以使用 Mac，但需要调整键盘快捷键，而且你将不得不忍受不太一致的屏幕截图。偶尔，菜单的结构也会有所不同，但选项总是相同的。使用与本书推荐的 Windows 版本号相同的软件版本号会比较好。另外，请务必访问 www.franzlanzinger.com，了解最新的兼容性说明和对 Mac 用户的额外帮助。

　　在下一节中，我们将通过安装 Visual Studio 来正式开始工作。

1.3　开发平台 Visual Studio

　　Visual Studio 是微软的开发工具套件。它支持许多编程语言，其中就包括 C#，这是 Unity 使用的语言。在本节中，我们将安装 Visual Studio 2019 的免费版本。如果系统上已经安装了免费或付费版本的 Visual Studio 2019，可以直接跳过这一部分。Visual Studio 2019 社区版是免费的，可以在 visualstudio.microsoft.com/vs/community/ 上下载。下载后就直接开始安装。作者安装的是更新的 16.8.5 版本。当然，你可以安装更新的版本，并根据微软的提示定期更新。如果是第一次在系统上安装 Visual Studio 2019 的话，请在"工作负荷"一栏下选择"通用 Windows 平台开发"。如果已经安装了 Visual Studio 2019 的早期版本，请遵循安装说明进行操作，之后仍然可以使用所有旧项目。对于 Mac，请遵循 Mac 安装的具体说明。这个程序的安装文件比较大，所以要检查是否有足够的磁盘空间和时间来进行下载和安装。

1.4　排版约定

　　本书主要的一个特色是按照步骤的指示进行操作。请注意以下列出的步骤说明排版约定，旨在帮助你更轻松地跟着操作。

- 步骤编号**粗体**，例如 < **步骤 23**>。步骤按顺序编号，每一节都重新开始计数。
- 特殊的功能键将用尖括号括起来，例如 <Shift>、<Ctrl>、<alt>、< 回车键 > 或 < 空格键 >。
- 小键盘中的键将显示为 <numpad>3 或 <numpad>+。
- 菜单和按钮选择加粗，可能会用一个字符隔开，如**文件 – 保存**。破折号表示子菜单的选项或弹出的窗口名称。
- 屏幕中显示的文本可能会以粗体、不同的字体或者是带有引号的方式表示，这取决于文本的内容，例如 **Exit**、Exit 或 "Exit"。
- C# 代码一般用较小的字体显示，并带有突出显示的语法颜色。本书中的文字颜色不一定与电脑屏幕上的文字颜色一致。

面对篇幅较大的文稿，很难始终如一地遵循这些约定，所以作为作者，我对偶尔打破了这些惯例表示歉意。遵循本书的步骤操作时，需要格外留意细节。花些时间，仔细检查复杂的步骤，不要跳过任何一步。在这一过程中，你可能会犯一两个错误，所以需要准备好出现问题时就从之前保存的项目文件重新开始。

1.5　第一个程序 Hello World!

为了测试编程语言的安装情况，第一步永远是写一个程序"Hello World!"。传统上，这是一个极其简单的程序，只需要显示"Hello World!"这行文本即可。这种做法是 1978 年布莱恩·克尼汉和丹尼斯·里奇在《C 程序设计语言》一书中首创的。C# 是本书使用的编程语言，是 C 语言的众多后继者之一。

< 步骤 1> 运行 Visual Studio 2019。

< 步骤 2> 登录或创建一个 Microsoft 账户，如果有必要的话。这一步只需要在第一次运行 Visual Studio 时进行。

< 步骤 3> 单击"开始使用"面板中的"创建新项目"。在 Mac 中，单击"新建"。

　　　　　　Mac 上的界面虽然有所不同，但也有创建新项目的方法。

< 步骤 4> 单击"所有语言"，选择"C#"。平台选择"Windows"，项目类型选择"控制台"。

　　　　　　如果得到的信息是"找不到完全匹配项"，请单击"安装多个工具和功能"，并安装"通用 Windows 平台开发"。完成安装后，再重复前面的步骤。

< 步骤 5> 单击"控制台应用程序"。

< 步骤 6> 单击"下一步"。

< 步骤 7> 输入项目名称 **Hello World**。

　　　　　　对于 Mac，请使用不带括号的"HelloWorld"作为项目名称。在 Mac 中，项目名称不能包含空格或感叹号。

< 步骤 8> 可选：输入一个项目位置。

　　　　　　这是一个在系统中为本书的所有项目建立专属文件夹的好时机。如果愿意的话，可以自己命名并新建一个文件夹。

<步骤 9> 单击"下一步",然后单击"新建"。

<步骤 10> 检查 Main 函数中是否有这一行代码:

```
Console.WriteLine("Hello World!");
```

屏幕现在应该与图 1.1 相似。

图 1.1　Visual Studio 中的 Hello World 程序

<步骤 11> 调试 – 开始执行(不调试)以编译并运行。

这个步骤会自动保存、编译,并运行工作。运行控制台应用程序时,会弹出一个窗口,并在窗口中打印出 Hello World! 和"按任意键关闭此窗口 ..."

<步骤 12> 退出 Visual Studio。

现在,已经做好了在 Visual Studio 2019 中使用 C# 的准备。

1.6　C# 语言

C#(发音为 C Sharp)是本书使用的编程语言,也是 Unity 所使用的编程语言。C 语言是 C# 的鼻祖,而 C# 是它的众多后代之一。截至 2022 年,C# 是就业需求最大和最受欢迎的编程语言之一。阅读本书的一个附带好处是可以学到一些 C# 的基础知识,并提升编程技能。

在开始游戏开发之前，如果先对编程语言有足够的了解，对工作会有很大的帮助。C# 是一种庞大且复杂的语言，但在 Unity 中制作游戏只需要一个相对较小的 C# 的子集。完全可以根据需要再学习高级功能。

本书假定你了解 C# 的基础知识，比如弗朗茨·兰辛格所著的《Unity 2D 游戏开发》中讲解的那些。如果读完了那本书的前几章，就说明你已经准备好了。以下是 C# 特性的简介，你要对它们有所了解：

● 数字：int（整数）、float（浮点数）、double（双精度浮点型）
● 数学运算符：+、−、*、/、%
● 位操作符：|、&、!
● 数学函数：Math.Sqrt、Math.Sin、Math.Cos
● Control：if、else、switch
● 类和方法

大多数 C# 语言的入门书籍或课程都会涉及这些内容。如果对 C++ 语言有一定的了解，并且正在向 C# 过渡，可以在网上搜索"C++ 程序员如何过渡到 C#"，查看 C# 和 C++ 之间的区别。

在本书的其余部分，不会像创建上一节的 HelloWorld 程序那样创建独立的 C# 应用程序，而是将把 Visual Studio 和 Unity 连接起来，创建 C# 代码，两者在不同的窗口中运行。下一章要介绍具体的做法。

1.7 实时游戏开发平台 Unity

这一节中，我们将安装 Unity 并快速尝试使用 Unity[①]。进入 www.unity.com，安装 2020.3.0f1 版本的个人版、Plus 版或 Pro 版。根据个人的财务状况来选择最适合自己的版本。本书与这三个版本都兼容，是用个人版的 2020.3.0f1 版本制作和测试的。如果想要在使用较新版本的 Unity 的情况下继续阅读本书，请访问作者的网站 www.franzlanzinger.com，了解最新的兼容性信息。

---

① 译注：新版本 Unity 2022 LTS 的新功能值得关注。

　　本书最初是使用 Windows 10 系统编写和开发的。几乎所有图片都是用 4K 显示器生成的屏幕截图，所以如果在使用较小的屏幕，你会注意到一些差异。Mac 的屏幕看起来可能与相应的 Windows 屏幕截图有些不同。另外，请确保阅读或重新阅读前面的题为"Mac 用户注意事项"的小节。

　　Unity 是一个实时开发平台，用于为各种目标制作游戏和类似的应用程序。通过 Unity，可以为 PC、Mac、游戏机、VR 和移动设备开发游戏和非游戏应用。"Unity"这个名字意味着只需要开发一次游戏，就可以将其部署到许多平台。毫无疑问，它是世界上最受欢迎的游戏引擎。根据 2018 年 Unity 首席执行官的粗略估计，所有已发布的游戏中，有一半都是用 Unity 开发的。只有少数规模非常大的游戏开发工作室才有资源为自己的游戏开发、使用和维护定制的游戏引擎。此外，有必要留意主要的竞争引擎，比如虚幻引擎和 Godot。Unity 是一个很好的选择，但偶尔了解一下其他游戏引擎也是很有意义的。

　　安装了 Unity 之后，下一个目标理所当然地将是创建"Hello World!"项目。这将与 Visual Studio 的 Hello World 项目有很大的区别。不需要进行编码，而是要创建一个带有"Hello World!"文字的 GUI 对象。请按照以下步骤进行操作。

< 步骤 1> 运行 Unity，单击"新建"。命名为"HelloUnity"，2D 模板，选择位置，创建项目。这个过程大约需要一两分钟。

< 步骤 2> **游戏对象 – UI – 文本**。在检查器面板中，把位置 X 和位置 Y 设置为"0"。

< 步骤 3> 单击窗口中间靠上的播放箭头，玩游戏。

　　　　　应该会看到一个蓝色的屏幕，中间显示着"New Text（新文本）"。这个"游戏"只是一个静态的屏幕。这段话是对步骤 3 的说明，而不是步骤 3 的一部分。在进行相应的步骤之前，最好先读一下这些说明段落。

< 步骤 4> 通过再次单击播放箭头来停止游戏，然后，在"检查器"面板上将文本从"NewText"改为"HelloWorld!"

< 步骤 5> 播放，然后停止游戏。

< 步骤 6> **文件 – 保存**。**文件 – 退出**。在 Mac 上是 **Unity – 退出**。

　　本书的其余部分可能包括、也可能不包括上面这样的对 Mac 用户的特殊说明。如果还没有阅读前面的针对 Mac 用户的小节，请务必读一下。

1.8 2D 图形程序 GIMP

　　GIMP 是一个 2D 图形程序，我们有时会用它来创建 2D 资源，比如纹理或 GUI 元素。GIMP 是一个跨平台的图像编辑器，可用于 Mac、Windows 和 Linux。它是一款开源软件，可以免费用于任何目的，包括商业项目。

　　如果还没有安装 GIMP 的话，请按照以下方法进行安装。请访问 www.gimp.org/downloads，获得相应的指导。本书使用的是 2019 年 10 月发布的 GIMP 2.10.14。你可能想使用版本更新的 GIMP，但需要注意，这么做的话，用户界面和功能集可能会略有不同。

　　接下来，我们将通过绘制一张玩具车的草图来试用 GIMP。之后在 Blender 中创建玩具车时，会用到这个草图。

< 步骤 1> 打开 GIMP。

　　　　在开始使用 GIMP 之前，我们需要设置用户首选项，以与本书匹配。

< 步骤 2> 窗口 – **Single Window Mode**。

　　　　反复尝试几次，看看这么做会起到什么样的效果。为了达到本书的目的，最好使用 Single Window Mode（单窗口模式），所以请务必这么做。

< 步骤 3，**Windows**> 编辑 – 首选项。

< 步骤 3，**Mac>Gimp – 2.10** – 首选项。

　　　　这将打开一个"首选项"窗口。其中包含了很多内容，在熟悉了 GIMP 的基础知识后，探索一下这些内容是非常值得的。现在我们要做的是更改设置，以与本书匹配。

< 步骤 4> 窗口管理 – 将已保存的窗口位置重置为默认值。

　　　　这么做是为了防止你移动过窗口。之后想恢复到默认窗口位置时，可以随时这么做。

< 步骤 5> 退出并重新启动 GIMP。

　　　　重新启动是激活窗口位置重置的必要条件。

< 步骤 6，**Windows**> 编辑 – 首选项 – 主题 – Light。

< 步骤 6，**Mac>Gimp – 2.10** – 首选项 – 主题 – Light。

　　　　本书选择使用 light（浅色）主题是因为这能够更好地显示在纸上。

< 步骤 7> 图标主题 – **Color** – 确定。

　　　　这是作者我个人的偏好。如果想的话，可以随意使用不同的主题。

< 步骤 8> 再次打开首选项，通过**图标主题 – 自定义图标大小**来设置图标大小。

　　　　选择自己喜欢的图标尺寸。

　　　　因为撰写本书使用的是 4K 显示器，所以为了使图片足够大，作者选择的是 "**巨大**"。如果你也在使用 4K 显示器，可能会想与作者在 Windows 11 中的 "缩放与布局" 中设置的 200% 相匹配。

< 步骤 9> 根据需要调整窗口大小和窗口左右的面板。与图 1.2 进行对比。

图 1.2　4K 显示器中的设置为浅色主题，彩色图标主题，"巨大" 图标的 GIMP

　　　　你的屏幕看起来可能略有不同，这取决于显示器的分辨率和以前对 GIMP 的使用。现在我们已经准备好使用 GIMP 了。不过还需要确认一下是否已经按照想要的方式设置好了，请执行以下操作。

< 步骤 10> 退出 GIMP 并重新启动它。

　　　　如你所见，退出并重新启动后，窗口的大小和布局被保留了下来。

　　　　现在，我们已经做好了使用 GIMP 绘图的准备。我们将创建一个玩具车的草图。在后面的有关 Blender 的小节中将会将这个草图用作创建玩具车的 3D 模型的参考图片。

< 步骤 11> 文件 – 新建，并将 "图像大小" 设置为 1920×1080 像素，最后单击 "确定"。

　　　　下一步，我们将立刻保存项目和图像。这是一个需要养成的好习惯。在真正工作时，我们会频繁地被打扰，所以养成这种习惯可以让你迅速地保存工作，并在必要时直接关机，而不必花时间去想这个问题。保存时，在系统中的比较容易访问的地方创建一个文件夹，并将其命名为"3DGameDevProjects"。本书中的所有项目预计都将会存放到这个文件夹中。如果可以使用云存储，那么现在是个将这个文件夹放入云存储的好时机。如果还没有使用过云存储，请在有空的时候去了解一下。有几个云存储计划是免费的，比如 OneDrive 或 Google 云端硬盘，它们的存储空间对于本书的项目而言绰绰有余。通过使用云存储，项目将自动进行备份，并且可以在多个系统上轻松访问，比如你的主要开发系统、笔记本电脑和测试用的旧系统。这也让项目和构建做好了对同事和测试人员开放的准备。

如果发现云存储活动拖慢了系统，那么最好在一个速度很快的本地硬盘中创建一个工作文件夹，然后在单独创建一个备份文件夹，只把备份文件夹更新到云端。

< 步骤 12> 文件 – 另存为... 并使用 toycar.xcff 作为文件名称，文件夹选择"3DGameDevProjects"。然后单击"保存"。

确保自己能找到刚刚创建的 3DGameDevProjects 文件夹。

< 步骤 13> 文件 – Export As... 命名为 toycar.png，然后单击"导出"。

"Export As...（导出为…）"后面的三个点表示当单击这个选项时，会弹出一个窗口。使用默认的设置来导出 png 图片。

< 步骤 14> 退出 GIMP。

< 步骤 15> 在操作系统中查看 3DGameDevProject 文件夹。

文件夹里应该有两个文件：Toycar.png 和 Toycar.xcf。png 文件是 png 格式的图片本身，xcf 文件是 GIMP 项目文件。

png 文件的大小为 9 KB，xcf 文件为 11 KB。png 文件之所以这么小，是因为它被压缩了。你会认识到，随着逐步对图像进行处理，它的大小会增加，或者如果因为一些原因关闭了压缩功能的话，图像的大小也会增加。最重要的是要时刻注意项目文件的大小，对什么样的文件算是小的、大的或巨大的有一个概念。应该尽可能避免文件过大，以保持游戏的顺畅运行，并加快这些文件的加载和保存速度。

< 步骤 16> 启动 GIMP，然后文件 – 打开近期文件 – toycar.xcf。

我们现在的目标是绘制出类似于图 1.3 那样的物体。首先，用黑色画笔画出轮廓。

只有在激活的前景色不是黑色的情况下，才有必要进行下一步。

图 1.3　用 GIMP 绘制的玩具车草图

< 步骤 17> 单击激活的前景色，也就是图 1.4 中显示的的左上角的矩形。在"改变前景色"
窗口中（改变前景颜色）选择黑色。单击"确定"。

若想快速选择纯黑色，可以单击黑色的预设，并
查看 HTML 标记是否为 000000。

< 步骤 18> 选择"画笔工具"，就是那个看起来像画刷的
工具。将"大小"调整到 20 左右。绘制出汽
车的黑色轮廓。

图 1.4　前景色和背景色选框

< 步骤 19> 将激活的前景色改为红色。

< 步骤 20> 选择"油漆桶填充工具"，一个看起来很像在倾倒颜料的油漆桶的工具。

< 步骤 21> 单击汽车的车身，使其变为红色。

< 步骤 22> 使轮胎变为灰色。

恭喜！你成功了。你的画可能和图 1.3 不太一样，但这无所谓。现在，我们
已经充分地了解如何使用 GIMP 绘制草图了。我们将不会真的使用这张图片，所
以如果画得有点丑的话也没关系。

< 步骤 23> 将图片导出为 toycar.png，然后保存项目。

这一步将覆盖项目文件夹中的 toycar.png 和 toycar.xcf。现在，该探索下一个
游戏开发工具 Blender 了。

1.9 3D 图形软件 Blender

扫码查看《春》

Blender 是一款用于创建 3D 图形的了不起的开源应用程序。它无比强大。与它的那些极其昂贵的竞争对手相比，Blender 是非常有竞争力的，特别是对小公司和小工作室来说。在深入研究之前，请访问 https://www.blender.org/about/projects/，观看一些影片，了解 Blender 能做些什么。如果时间比较紧迫的话，可以先看看 *Daily Dweebs*，并尽可能地使用 4K 显示器，因为这部影片只有 1 分钟长。如果想浏览比较写实且发布日期较近的影片，可以看看《春》[①]。

与大多数开源应用程序一样，Blender 是完全免费的，可以用于任何目的。访问 www.blender.org，下载 Blender 2.92，也就是本书中使用的版本。这个版本可以在 download.blender.org/release 中找到。若想进一步了解 Blender 最新版本的兼容性信息，请访问 franzlanzinger.com。

< 步骤 1> 启动 Blender 2.92。

初次运行这一版本的 Blender 时，会出现一个窗口，其中有着各种选项。保持默认选项不变，关闭这个窗口和启动画面。

< 步骤 2> 文件 – 默认 – 加载初始设置。

本书将使用 Blender 2.92 的初始设置和浅色主题。

< 步骤 3> 编辑 – 偏好设置 ... 单击"主题"，然后单击"预设"，然后从中选择 Blender Light 并关闭偏好设置窗口。

因为浅色的主题打印在纸上的效果比较好，所以这里才会选择使用它。如果愿意，可以选择其他的主题。但请注意，如果选择了其他主题，那么在对照屏幕和本书中的图片时，你或许会遇到一些外观上的、可能造成混淆的差异。

< 步骤 4> 文件 – 默认 – 保存启动文件（图 1.5）。

< 步骤 5> 为了对设置进行测试，请退出 Blender，然后再次启动它。

现在，我们准备好 Blender 中创造一个简单的玩具车了。Blender 使用 blend 文件类型来存储它的项目。就像在 GIMP 中做的那样，我们很快就会把项目保存在 3DGameDevProjects 文件夹中。

---

① 译注：原标题为 "Spring"，这部影片讲述了牧羊女和她的狗在面对古老的灵魂时，为了延续生命的循环而努力的故事。在国际动画电影节上，本片斩获了最佳短片奖。

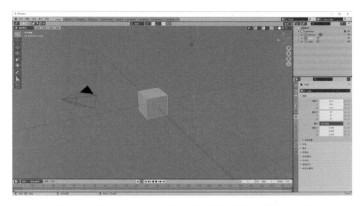

图 1.5　Blender 2.92 的默认初始场景，浅色主题

< 步骤 6> 文件 – 另存为 **...**

< 步骤 7> 导航到 3DGameDevProjects 文件夹，将文件更改为"toycar.blend"，然后保存项目。

< 步骤 8> 退出 Blender，启动 Blender，**文件 – 打开近期文件 – toycar.blend**。

现在，我们已经准备好正式开始处理项目了。如果需要关闭系统，可以选择**文件 – 保存**（或 <Ctrl>s）然后关闭 Blender。是的，就像所有游戏开发工具一样，你需要在退出前明确地保存工作，但若是忘记保存，Blender 会显示一个提示弹窗。在开始制作简单的玩具车之前，需要对 Blender 的用户界面进行一些实验。然后，我们将重新加载玩具车项目。

< 步骤 9> 从 Layout 开始，查看最上面的一排标签。依次单击其他标签，最后再次单击 Layout。

这些标签中的每一个都把工作区设置成了适合用来完成某一特定任务的样子，比如 Animation（动画）。

现在，我们对 Blender 的部分功能有了大致的了解。

< 步骤 10> 按住 <Shift>，然后松手。注意此时 Blender 窗口最底部的变化。

Blender 窗口的最底部会显示三个鼠标按键的当前动作。如果你没有三键鼠标，比如在使用笔记本电脑自带的鼠标的话，你将需要买一个，并把它连接到系统上。本书假设读者有一个带滚轮的三键鼠标。这些鼠标很便宜，可以通过 USB

连接到任何 PC、Mac、笔记本电脑或台式机上。而且，同时使用多个鼠标也是可行的。

现在，回到 Blender 窗口，让我们用鼠标转一圈。

< 步骤 11> 左键单击背景，然后通过使用左键单击默认的立方体来选中它。

选中立方体时，它以橙色的轮廓突出显示。注意：Blender 在 2019 年发布了 2.8 版本。在 2.8 之前，Blender 是使用鼠标右键进行选择的。就像你像的那样，本书所使用的 2.92 版本的 Blender 使用的是左键单击。在浏览 2018 年或更早以前发布的 Blender 教程视频时，请牢记这一点。

< 步骤 12> 依次单击相机和灯光，然后再次单击立方体。

若想选中相机，请单击上方的实心三角形或相机的金字塔形图标之中的任意处。灯光的默认图片是一个小的圆形。

< 步骤 13> 按住鼠标中键并移动鼠标，然后松开。

这将改变场景的三维视图，同时围绕场景的中心旋转。

< 步骤 14> 按住 <Shift>，然后重复上一个步骤。

这将使视图平移。

< 步骤 15> 按住 <Ctrl>，拖动 MMB，也就是鼠标中键。或者松开 <Ctrl>，滑动鼠标滚轮。

最后的这一步是放大和缩小视图。随着使用 Blender 的经验积累，你将很快对这些鼠标操作得心应手起来。

接下来，是探索小键盘的时候了。本书假设读者有小键盘。Blender 是为使用它而设计的。如果没有小键盘，比如使用的是笔记本电脑的话，可以尝试下面这个可选的步骤。

< 步骤 16，可选 > 编辑 – 偏好设置。单击"输入"。勾选"模拟数字键盘"。

这个设置允许我们使用键盘上面的数字，而不是小键盘上的数字。这并不完全模拟整个小键盘，只是模拟数字。如果经常使用 Blender，建议使用带有小键盘的键盘，或者外接一个小键盘。

< 步骤 17> <numpad>1。

这么做将会以如图 1.6 所示的正交前视图显示场景。

屏幕显示了从正面看到的立方体，使用的是前视图，而不是之前的透视图。如果好奇的话，可以试试小键盘中的其他数字键，看看它们有什么作用。

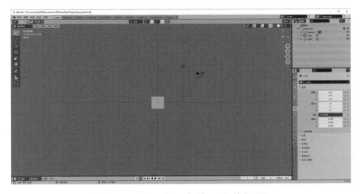

图 1.6　Blender 中的正交前视图

< 步骤 18> 文件 – 打开近期文件 – **toycar.blend**，在弹出提示框时，不要保存修改。

现在，我们可以开始建模了。多年来，Blender 的用户界面已经从一开始的深奥难懂发展到了非常实用的地步。尽管对于初学者而言，学习曲线可能令人望而生畏，但现在比一开始要好得多。对于专家来说，Blender 的用户界面能让工作流非常高效。在众多 YouTube 视频中都可以看到这一点，在这些视频中，美术人员快速地创建了非常精细的模型。在 Blender 中快速构建一些东西是很振奋人心的。若想了解 Blender 带来的可能性，可以观看一些"10 分钟建模挑战"的视频。

建模涉及创建物体的 3D 几何形状。我们将使用盒子建模技术，这是一种常见的建模技术，从一个方块或另一个简单的基元（比如环形）开始，然后以此为基础继续构建。之后是绘制纹理，给汽车上色。我们要把车体变成红色，车窗变成浅蓝色，轮胎变成灰色。

< 步骤 19> 选择立方体，然后输入 gz1< 回车键 >。

这将使立方体向上移动一个单位，使其停在坐标平面上。

< 步骤 20>sy3< 回车键 >。

现在立方体沿 Y 轴拉伸了 3 倍。如图 1.7 所示。

< 步骤 21> 单击顶部的 Modeling（建模）标签。

这么做会有一个副作用，就是使 Blender 进入编辑模式。将屏幕与图 1.8 进行对比。

现在的屏幕看起来和刚才有些不同。屏幕左边有更多工具图标，立方体的阴影是浅橙色的，而且处于编辑模式。在编辑模式下，我们能够改变所选对象的几何形状。该模式显示在左上方。

接下来，我们将做一个有两个切口的环切。

< 步骤 22> 单击环切图标，即左边从底部第 9 个图标。

当鼠标悬停在工具图标上时，可以看到带有工具名称的工具说明。找到环切图标的另一种方式是逐个查看每个图表，直到工具说明中显示了"环切"。

< 步骤 23> 将鼠标移动到立方体的中心附近，直到看到高亮显示的环切。与图 1.9 对比一下。

< 步骤 24> 单击鼠标左键，然后单击窗口左下角的"环切并滑移"。

< 步骤 25> 将"切割次数"设置为 2。

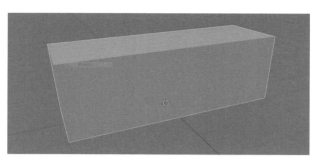

图 1.7 Blender 中被拉伸的立方体

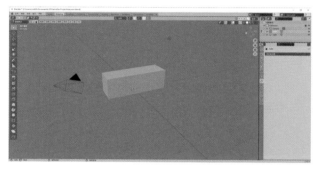

图 1.8 Blender 中的 Modeling 工作区

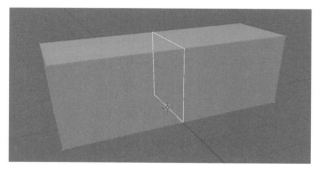

图 1.9 Blender 中的环切

< 步骤 26> 单击"框选"工具图标，也就是左边的 9 个工具图标中的第一个。

< 步骤 27> 单击"面选择模式"图标，也就是"编辑模式"指示栏右侧的第三个图标。

如果找不到这个图标，将鼠标悬停在"编辑模式"指示栏右边的图标上，阅读弹出的工具提示，直到找到"面选择模式"。

<步骤 28> 单击顶部中间的面，输入 e2< 回车键 >。

字母"e"是 extrude（挤出）的简称。它将选中的面沿其法线移动，然后创建一个新的方块。

<步骤 29> 输入 a。

这将选中对象中的所有几何体。我们现在仍然处于编辑模式，所以相机和灯光没有被选中。

<步骤 30> sz0.5< 回车键 >。

这使得方块在 Z 方向上的缩放系数为 0.5。它开始看起来有点车的样子了，尽管是一辆过于方正的车。

<步骤 31> 选中顶面，然后输入 s0.7< 回车键 >。

<步骤 32> 按住 MMB，转动视图，以看到背面。选中背面，如图 1.10 所示。

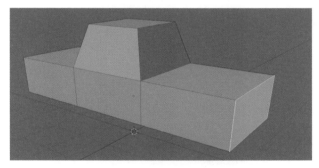

图 1.10　选中汽车的背面

<步骤 33> gy–0.7< 回车键 >。

这将使得汽车的后部变短。虽然比较容易忽略，但减号是必不可少的。

<步骤 34> 切换到"边选择模式"，然后选择汽车引擎盖的前缘。

<步骤 35> gz–0.2< 回车键 >。

这样就使引擎盖的前端降低了，使模型看起来更像一辆汽车了。接下来我们要做的是添加轮胎。

<步骤 36> <numpad>7。

这让我们看到了正交顶视图。

< 步骤 37><Shift>A，然后选择"柱体"。如果有必要的话，单击添加柱体。半径为 0.4m，深度 3m。位置 Y 则设为 3m< 回车键 >。

< 步骤 38>ry90< 回车键 >。

< 步骤 39><Shift>Dy–4。

　　　　　这就复制了圆柱体并将其沿 Y 轴移动。是的，减号是必须的。

< 步骤 40> 按 gy 并用鼠标调整轮胎的位置，然后左键单击。

< 步骤 41> 单击"切换透视模式"（使用快捷键 <alt>z 或单击图标）。

< 步骤 42> 用鼠标左键在顶部的圆柱体周围画一个方框。

　　　　　这称为"框选"。

< 步骤 43> gy，调整轮胎的位置，然后左键单击。

< 步骤 44><numpad>3，选择 – 无，刷选。

　　　　　如果正确完成了所有这些步骤，车现在应该看起来和图 1.11 一样。我们快要完成了！

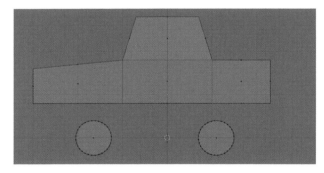

图 1.11　漂在轮胎上方的车体

< 步骤 45> 框选轮胎。

< 步骤 46><numpad>7。

< 步骤 47>sx0.8< 回车键 >。

< 步骤 48><numpad>3，然后按 g 来调整轮胎的位置。

< 步骤 49> 按 a 来选中全部，然后按 g 把车移到地面上。关闭透视模式。

< 步骤 50> 调整视图，欣赏一下我们的新车吧！与图 1.12 进行比较。

　　　　　对于一个非常简约的网格来说，这其实还不错。轮胎不太逼真，但从上面看还可以。对于下一章的汽车游戏的原型设计而言，这已经足够好了。

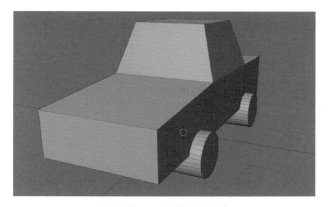

图 1.12　一辆崭新的汽车

<步骤 51> 文件 – 保存，然后退出 Blender。

　　　这一章的步骤有很多，但这仅仅是在热身。在下一章，我们将在 Unity 中试用这辆汽车。

1.10　音频软件 Audacity

　　Audacity 是一款免费的、开源的、跨平台的音频软件。它是一款易于使用的多轨音频编辑和录音软件，适用于 Windows、MacOS 和其他操作系统。请先访问 audacityteam.org，以安装 Audacity。本书使用的版本是 Audacity 3.0.2。 当你读到这本书时，可能已经有了新的版本，例如 3.0.3。可以选择安装新版本，也可以在 audacityteam.org 的 Download（下载） – Windows 部分的替代下载链接中找到 3.0.2 版本。Audacity 的不同版本之间没有太大的变化，所以以下步骤可能也适用于新版本的 Audacity。

　　接下来，我们将为汽车创建发动机音效。

<步骤 1> 根据需要下载软件，启动 Audacity 3.0.x，并与图 1.13 进行比较。

　　　你看到的麦克风和扬声器列表可能会有所不同。请确保系统中有可用的音频。扬声器或耳机都可以。我们将不会用到麦克风。

<步骤 2> 生成 – 啁啾声 ...

<步骤 3> 波形图：锯齿。

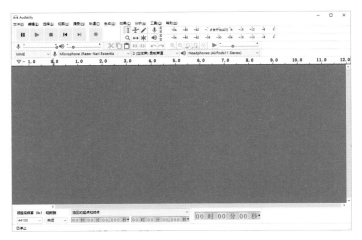

图 1.13　启动 Audacity

< 步骤 4> 频率（Hz）：开始 90，结束 75。

< 步骤 5> 振幅（0 至 1）：开始 0.8，结束 0.6。

< 步骤 6> 插值：线性。

< 步骤 7> 长度：00 时 00 分 03.000 秒。

< 步骤 8> 预览。

听一听这有点烦人的声音。它应该听起来像是一辆赛车驶过的声音。请随意地对这些设置进行试验。

< 步骤 9> 单击"确定"。

现在可以在 Audio Track 窗口中看到波形了。

< 步骤 10> **文件 – 导出 – 导出为 WAV**。用 toycarsound.wav 作为文件名

仍然把文件存储在 3DGameDevProjects 文件夹中。如果想的话，可以输入元数据标签。

< 步骤 11> 按下 <Shift>< 空格键 > 以循环播放，单击 < 空格键 > 以停止。

通常情况下，我们现在会保存项目，但这次就不必了，因为这只是一个简短的实验，而且它很可能会被更好的音效取代。

在本章中，我们安装并试用了 Visual Studio、Unity、GIMP、Blender 和 Audacity。下一章中，我们将用这些软件来制作一个游戏。

第 2 章　3D 游戏

这一章比较长，我们将制作一个简单的 3D 赛车游戏。我们将使用前一章的资源，以及将要创建的地形和其他游戏对象。我们的目标是继续学习使用我们所选择的游戏开发工具，并了解它们如何相互作用。

一个简短的题外话：如果在本章到第 13 章之间，你发现了一两个难以解决的 bug，那么建议跳到第 13 章进行学习。第 13 章是一个独立的介绍 Visual Studio 和 Unity 调试工具的初级教程。为了便于调试，请一定要经常保存。

2.1　Unity 中的项目设置

即使现在还不打算在 Unity 中工作，在 Unity 中设置项目通常是个好主意。第 1 章是一个例外情况，我们在设置 Unity 项目之前直接在顶层文件夹中创建了各种 toycar 文件。很快，我们就会把这些文件移到 Unity 项目中。

< 步骤 1> 启动 Unity Hub 并单击"新项目"，版本为 2020.3.0f1。

　　　　如果安装了多个版本的 Unity，请单击"新项目"下方的"编辑器版本"，选择 2020.3.0f1，或其他你喜欢的 Unity 版本。

< 步骤 2> 键入项目名称：toycar。

< 步骤 3> 导航到位置，选择 3DGameDevProjects 文件夹。

< 步骤 4> 检查是否选择了 3D 模板，然后单击"新建项目"。

< 步骤 5> 在 Assets（资源）面板上单击右键，**新建 – 文件夹**，然后输入文件夹的名称 Sound，然后按 < 回车键 >。

< 步骤 6> 按照上一步的做法，新建一个 Art（美术）和一个 Scripts（脚本）文件夹。

　　　　资源文件夹现在和图 2.1 一样了。

图 2.1　Unity 项目 toycar 的 Assets 文件夹

<步骤 7> 在操作系统中打开 3DGameDevProjects 文件夹。将 toycar.blend 拖入 Art 文件夹，然后将 toycarsound.wav 拖入 Sound 文件夹。

如果有两个显示器，这个步骤会比较容易完成。如果没有的话，可以把两个窗口垂直地挨在一起，这样就可以进行拖动操作了。另一种方法是把鼠标悬停在 Art 文件夹上，然后单击右键，选择"导入新资源 ..."，然后导航到 toycar.blend。

图 2.2　toycar.blend 导入 Unity

<步骤 8> 如果有必要的话，双击资源面板中的 Art 文件夹。

资源面板显示着 toycar.blend 文件，如图 2.2 所示。

<步骤 9> 在 Asset >Art 面板中单击 toycar。

除了能够在检查器中显示 toycar 的导入设置以外，这么做其实并没有什么作用。检查器是 Unity 窗口右边的一个面板。.blend 文件的导入是相当复杂的，有几十个选项，但现在使用默认设置就可以了。

下一步中，我们将更改 Unity 的主题。这是一个选择性的、与外观相关的步骤。如果你希望自己的界面与本书中的图片一致的话，就需要这么做。

<步骤 10> 编辑 – 首选项 ... 常规 – 编辑器主题 – 灯光。关闭弹出的首选项窗口。

我们刚刚用首选项弹出窗口使 Unity 的界面变成了浅色。这使得打印出来的屏幕截图在纸质版的书中更有可读性。如图 2.3 所示。

许多开发者喜欢默认的深色主题，所以如果你不喜欢浅色主题，完全可以维持原样。

图 2.3　显示 toycar 导入设置的检查器面板

2.2　导入玩具车

在本节中，我们将把玩具车放入场景面板。从技术上讲，玩具车已经被导入 Unity 了，但它现在只存在于资源文件夹中，并没有被实际使用到任何场景。首先，我们要为汽车创建地板。

< 步骤 1> 游戏对象 – 3D 对象 – 平面。

这创建了一个小的、白色的平面。

< 步骤 2> 在检查器中，将 Tansform（变换组件）中的位置改为（0,0,0），缩放改为（5,1,5）。

在变换组件中，（x,y,z）表示法指的是将 X 坐标设定为 x，Y 设定为 y，Z 设定为 z。对于位置，创建新游戏对象时，默认设置可能已经是（0,0,0）了。默认位置是场景面板中显示的场景中心，所以如果移动过场景视图，中心可能就不再是（0,0,0）了。将缩放从（1,1,1）改为（5,1,5）能够使平面扩大 5 倍。

< 步骤 3> 从 Art 文件夹中把玩具车拖到场景面板中。然后如果有必要的话，将位置改为（0,0,0）。

将场景面板与图 2.4 进行比较。

这当然还不能被称作游戏，这仅仅是在测试 Blender 和 Unity 的合作情况。

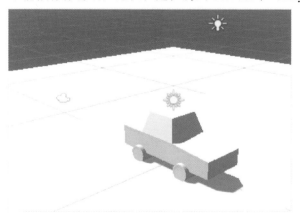

图 2.4　场景面板中的 Toycar

< 步骤 4> 文件 – 保存，然后退出 Unity。

接下来，我们将为玩具车创造一个世界。不过，"世界"一词有些夸张。这个世界将由一些地形、一条赛道和一些建筑物组成。

2.3 在 Blender 中创造世界

对于这个游戏而言，构建世界的方法将是使用 GIMP 和 Blender 进行建模和并创建纹理，并将它们结合起来。之后，把得到的 blend 文件放入 Unity 中。这一节中，将回到 Blender，为玩具车制作一些山地地形和赛道，就像前文所讲述的那样。

首先，在 GIMP 中绘制赛道。

<步骤 1> 启动 GIMP。

<步骤 2> 文件 – 新建。将尺寸设置为 256×256 像素。

之后，我们将会把这个文件导入 Blender，把图像的颜色值变成高度图。可以看到，GIMP 主窗口的中间有一个白色方块。

<步骤 3> 输入数次 <numpad>+，使图像在屏幕中变大。

如果没有数字键盘，可以尝试输入数字 12345 或单击视图 – 缩放：图像适配窗口。

<步骤 4> 查看激活的前景 / 背景色图标，如图 2.5 所示。

确保前景色是黑色，而背景色是白色。如果之前用过 GIMP 的话，这些颜色可能会有所不同。如果是这样的话，请单击各个矩形进行设置，在颜色窗口中把它们改为黑色和白色。

图 2.5　激活的前景色为黑色，背景色为白色

<步骤 5> 单击"交换前景色和背景色"图标，或输入 x。

"交换前景色和背景色"图标是黑色方块右侧、白色方块上方的小的、弯曲的双箭矢图标。

<步骤 6> 文件 – 新建，仍然使用 256×256。

这将创建一个黑色的正方形图像。背景之所以需要是黑色的，是因为黑色像素的颜色将转化为高度图上的低值，而白色像素将转化为高值。

<步骤 7> 再次放大图像，就像之前对白色图像所做的那样。

白色图像仍然在另一个面板中，但我们这次只会用到黑色图像。在靠近顶部的位置，可以看到所有现有图像。那里应该有一个白色的小方块和一个黑色的小方块。

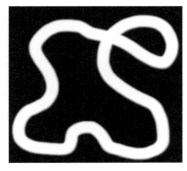

图 2.6　为玩具车游戏绘制赛道

< 步骤 8> 选择画笔工具，将大小设置为 21，硬度为 75，通过拖动鼠标画出与图 2.6 类似的轨迹。不需要与图 2.6 完全一致，但需要画出类似的白色的环。

< 步骤 9> 文件 – 导出为 ... 并在 toycar/Assets/Art 中使用 track.png 作为名称。

可以使用默认设置进行导出。

< 步骤 10> 文件 – 另存为 ... 并使用 track 作为名称，也保存到 Toycar/Assets/Art 中。

< 步骤 11> 退出 GIMP。

接下来，我们将在 Blender 中使用 track.png 文件，为赛道制作 3D 网格。

< 步骤 12> 启动 Blender。

我们已经看过启动画面很多次了，所以现在是时候把它关掉了。

< 步骤 13> 编辑 – 偏好设置。单击"界面"，如果有必要的话，取消勾选"启动画面"。

< 步骤 14> 退出 Blender 并再次启动它。

这就对了，用户偏好被自动保存了，现在，当我们再次启动 Blender 时，就不会再出现启动画面了。当然，随时可以通过更改偏好设置来把它设置回来。

< 步骤 15> 选中默认的立方体，然后输入 <delete> 来删除它。

< 步骤 16> 将项目保存在之前的 Art 文件夹中，命名为 track.blend。

< 步骤 17> 选择 Modeling 工作区。

< 步骤 18> <Shift>A，网格，平面。

< 步骤 19> <tab> 进入编辑模式。

< 步骤 20> 单击右键，然后从弹出的上下文菜单中选择"细分"。

< 步骤 21> 打开左下角的细分面板，将切割的次数改为 63。

这可以通过单击 1，然后输入 63< 回车键 > 来实现。

< 步骤 22> 单击平面以外的地方，然后输入 a，再次选中它。

< 步骤 23> 再次细分，这次的切割次数是 3。

现在应该正好有 6 5536 个面，也就是 256×256。可以通过打开 Blender "偏好设置"面板，勾选状态栏的"场景统计数据"来进行检查。这些统计数据是很

有帮助的，建议保留这一偏好设置。

<步骤 24> 选择"布置"工作区。

<步骤 25> 选中平面。

<步骤 26> 双击大纲面板中的"平面"（位于右上角），将名称改为 Track。

尽快为对象起一个有意义的名字是一个好习惯。当场景变得越来越复杂时，很容易迷失在各种默认名称中。

<步骤 27> 找到属性面板。

这是位于 Blender 窗口右下方的面板。属性面板的左侧有一个由 14 个图标组成的垂直条。

<步骤 28> 单击"修改器"图标，一个看起来很像扳手的图标。现在的属性面板应该和图 2.7 一样。

<步骤 29> 单击"添加修改器"，选择"置换"。

<步骤 30> 单击"纹理属性"图标，也就是底部的棋盘图标。

<步骤 31> 单击"新建"。

赛道刚刚被移到了低处。我们可以暂时忽略它。

<步骤 32> 单击"打开"，选择 Art 文件夹中的 track.png。用鼠标滚轮放大查看赛道。

将屏幕与图 2.8 进行比较。

是时候休息一下了。当然，这得看情况，依你。

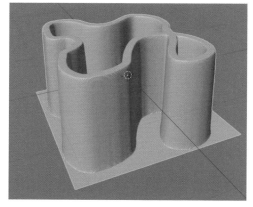

图 2.7　Blender 的属性面板，选择了修改器图标　　图 2.8　将图像中的赛道作为置换导入 Blender

< 步骤 33> 文件 – 保存，文件 – 退出。

　　准备继续时，只需要启动 Blender，然后从近期文件列表中重新加载赛道的 blend 文件即可。

< 步骤 34> Modeling 工作区。

　　赛道消失了！别害怕，这很容易解决。

< 步骤 35> 在属性面板中，选择"修改器属性"。单击编辑模式图标，如图 2.9 所示。

　　现在屏幕上同时显示了原始平面和修改后的平面。这还没有达到我们真正的目标。下面的步骤将使修改器永久化，或者像 Blender 所说的那样，应用修改器。我们需要在物体模式下进行这一过程。

图 2.9　在编辑模式下显示置换修改器

< 步骤 36> 选择 Layout 工作区，然后单击修改器图标。

< 步骤 37> 单击向下的箭矢，也就是"置换"右边的第五个图标，然后单击下拉菜单中的"应用"。

< 步骤 38> 回到 Modeling 工作区。

　　哇，这个图相当不错。把它与图 2.10 进行对比。

　　我们其实不希望赛道这么高，所以接下来我们将把它降低一些。

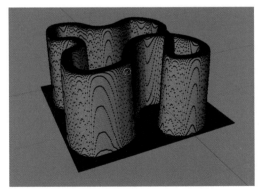

图 2.10　编辑模式下的应用"置换"修改器后的赛道

< 步骤 39>sz0.3< 回车键 >

< 步骤 40> 使用"边选择模式"。

快速的方法是在键盘上输入 2，但这只在你有数字键盘的情况下有效。否则，就像你以前学过的那样，单击边选择图标。

这是赛道的一个不错的开端。稍后，我们将在 Unity 中给它颜色材质，所以现在可以继续制作一些地形。

< 步骤 41> 文件 – 保存 – 新建 – 常规。

这一步很快就可以完成。首先，我们要把一个地形插件加载到 Blender 中。

< 步骤 42> 编辑 – 偏好设置：插件。然后搜索"landscape"。安装 A.N.T. Landscape。

< 步骤 43> 删除默认的立方体。**<Shift>a** – 网格 – **Landscape**。用鼠标滚轮放大。

< 步骤 44> 文件 – 另存为 ...Art 文件夹中的 terrain.blend。

好了，这真是简单又快捷。不过，我们还需要看看这在 Unity 中是什么样子，然后尝试给地形上色并设定恰当的比例，所有这些都可以在 Unity 中做到。

< 步骤 45> 退出 Blender。

退出 Blender 并不是必要的，但清理程序是一个好习惯，否则系统中会有一堆程序同时运行，很占用资源。不过如果打算在 Unity、Blender 和 GIMP 之间来回切换，那么可以让它们都保持打开的状态。Unity 在这方面做得很好，它允许我们在 Blender 中进行修改，并在 Blender 中保存文件，它会自动检测到文件的更新并导入新的版本，而不需要我们亲自操作。你很快就会看到它的作用了。

2.4 在 GIMP 中制作纹理

在这一节中，将制作两个纹理：一个草地纹理和一个道路纹理。纹理通常是附着在 3D 模型表面的 2D 图像，使模型看起来更逼真。纹理对于模型的平面部分尤其有效，例如道路或墙。GIMP 有一些可以作为纹理使用的内置图案，所以这一过程将是快速而简单的。

< 步骤 1> 启动 GIMP。创建一个 128×128 像素的新图像，并放大它。

< 步骤 2> 单击右上方的"图案"，然后单击如图 2.11 所示的深灰色的"石板（slate）"图案。需要单击它才可以查看名称。

< 步骤 3> 选择"油漆桶填充工具"，填充类型选择"图案填充"。然后单击图像内部，得到与图 2.12 类似的图像。

< 步骤 4> 将图像导出到 Art 文件夹中的 roadtexture.png 文件。

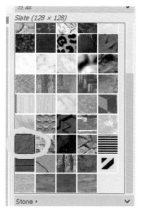

图 2.11　在 GIMP 中选择石板图案

图 2.12　道路纹理

<步骤 5> 选择"3D Green"图案，也就是第一个绿色的图案，用与道路纹理相同的方法在 Art 文件夹中创建文件 greentexture.png。

这个纹理不是特别理想，但作为一个占位符还是可以的。

<步骤 6> 退出 GIMP。

现在，我们已经完成了 GIMP 的工作，而且不必保存 GIMP 项目文件。接下来，我们将回到 Unity 项目上，导入地形、赛道和纹理。

2.5　Unity 中的材质

本节中，我们将使用 Unity 为玩具车、地形和赛道创建材质。材质可以是简单的一种颜色，也可以是复杂的多种纹理和设置的组合。创建材质时，我们要在场景中安排玩具车、赛道和地形的相对位置，这说起来容易做起来难。我们将从使汽车变为红色开始。

<步骤 1> 在 Unity 中打开 toycar 项目。

<步骤 2> 选择 Art 文件夹。与图 2.13 进行对比。

图 2.13　Unity 项目 toycar 中的 Art 文件夹

该文件夹包含上一节中创建的两个纹理：在 Blender 中创建的地形、玩具车和赛道文件，用于为赛道建模的赛道图像文件，还有赛道的 GIMP 项目文件。可能还有一个名为 track 的文件，它看上去有点神秘。只有当我们拥有这个神秘的文件时，才可以进行下面的步骤。如果没有这个文件，就跳过下一步。

< 步骤 3，可选 > 右键单击那个神秘的赛道文件（白色的矩形图标），选择"在资源管理器中显示"（Mac 中是"在 Finder 中显示"）。看完之后，关闭资源管理器窗口。

可以看到，文件的全名是"track.blend1"。这是 Blender 在特定条件下自动生成的一个备份文件。我们可以忽视它，如果觉得用不到它的话，甚至可以直接删除它。可以在网上找到更多有关 blend1 的信息。

接下来，是时候为汽车创建红色材质了。

< 步骤 4> 在 Art 文件夹面板内单击右键，然后**创建 – 材质**。立即输入 carmat< 回车键 >。

我们刚刚创建了一个用于 toycar 对象的材质。顺带一提，如果想为一个图标重命名的话，Unity 的界面比较奇怪。单击名称，等待大约一两秒钟，然后再次单击它，这个过程中不要移动鼠标。然后就可以编辑名字了。尝试一下，把 carmat 改名为 carmatnew，然后再改回 carmat。

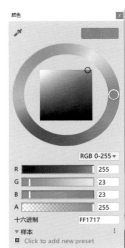

< 步骤 5> 在检查器面板中，单击"反射率"旁边的白色方块，然后在弹出的颜色选择器中选择鲜红色，如图 2.14 所示。关闭"颜色"弹出窗口。我们就快要取得成功了。

图 2.14　选择一个红色的颜色

< 步骤 6> 将 carmat 材质拖入场景面板，观察将鼠标悬停在平面和玩具车上时平面和玩具车是如何变成红色的。当玩具车变成红色时，松开鼠标左键。

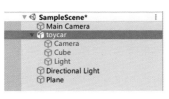

< 步骤 7> 在层级面板中，单击 toycar 旁边的三角形，与图 2.15 进行比较。

图 2.15　面板中展开的 toycar 对象

我们刚刚展开了 toycar 对象，它显示了 3 个子对象：Camera（相机）、Cube（立方体）和 Light（灯光）。这 3 个对象是从 Blender 导入的。我们也许应该把 Cube 重命名为 toycar，并且不把 blend 文件中的 Light 和 Camera 包含在内，但现在保持原样即可。接下来，我们要仔细研究一下 Toycar 的这 3 个子对象。

<步骤 8> 依次单击 Camera、Cube 和 Light，在场景面板和检查器中观察效果。选择 Light，在检查器中取消勾选以禁用它。对 Camera 做同样的操作。

Camera 和 Light 和它们在 Blender 中的样子是相同的，Cube 是汽车模型。在检查器中可以看到 Cube 的红色材质。

我们不想使用 Blender 的灯光或相机，这就是为什么要禁用它们。很快，我们就会开始更改玩具车的 Blender 文件，所以我们现在需要通过移除 Light 和 Camera 并为 Cube 重新命名来进行清理。

<步骤 9> 选择 toycar 对象中的 Cube，然后输入 f。

f 是编辑菜单中的"框选"命令的快捷键。这个命令将会对围绕着选定对象的场景视图进行框选。试着对层级中的一些其他对象进行同样的操作。使用这个方法可以快速查看可能隐藏在大型的复杂场景中的某个地方的对象。Blender 中也有一个有着相同名称的类似命令，快捷键是 <numpad>< 句号 >。

这是一个学习更多关于阴影的知识的好机会。只要启用了阴影投射，Unity 就会自动投射阴影。

<步骤 10> 选中 Cube，在检查器中试验"投射阴影"和"接受阴影"的设置。

默认设置中，"投射阴影"是"开启"状态，"接受阴影"是被勾选的状态。同时，试着更改 Plane 的接收阴影设置。实验完毕后，请把阴影设置恢复原状。

<步骤 11> 在层级中选中 Directional Light（定向光）。在检查器中更改 Transform 中"旋转"设置的 X

图 2.16　带有阴影的红色玩具车

和 / 或 Y 坐标。

这一步可以通过用鼠标拖动 X 或 Y 这两个字母来实现。当然，也可以直接在字段中输入数字。观察这对汽车和飞机的阴影和光照造成了什么样的影响。

另外，尝试更改光照的各种设置，看看都有什么可以做的。这些设置可以对场景产生巨大的影响。注意到打开一些占用许多内存的光照功能后可能出现的性能问题也是很重要的。本书将在第 21 章中探讨这些问题。

< 步骤 12> 对 Plane 进行框选。

现在，我们要把赛道带入场景中。为了使赛道更加美观，我们将临时为它创建一个蓝色的赛道材质。

< 步骤 13> 在 Art 文件夹中创建 trackmat，一个蓝色的材质。

< 步骤 14> 将 track.blend 文件（图标上带有三角形的那个）拖入"层级"。

嗯，我们现在还看不到它。这是将物体放入场景时经常出现的一个问题。首先，按照以下步骤选择 Track 的子对象。

< 步骤 15> 在"层级"中，展开 track 对象，然后选择 Track 子对象。

< 步骤 16> 在场景面板中输入 f 进行框选。与图 2.17 进行对比。

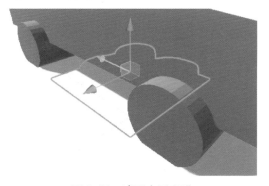

可以看到一个非常小的赛道的轮廓以及赛道下方的原本的 Gizmo。接下来，我们将关闭平面。

< 步骤 17> 在"层级"中选择 Plane 对象，然后在检查器中取消勾选。

复选框位于检查器顶部附近的 Plane 文本的左边。现在，我们可以看到部分或全部赛道了。

< 步骤 18> 将 trackmat 材质拖到"层级"中的 Track 子对象上。

图 2.17　试图查看赛道

现在赛道变成了蓝色，并且更显眼了。当然，我们想把赛道变大。实现这一目标的一个好办法是在导入设置中进行设置。

< 步骤 19> 单击 Assets/Art 文件夹中名为 track 的 Blender 对象。在检查器中，将"缩放系数"改为 30。然后单击底部的"应用"。

Unity 可能需要花费几秒钟来应用这个新的导入设置。赛道现在是之前的 30 倍大了。

<步骤 20> 为赛道做一个选定的帧，然后用鼠标滚轮稍微放大一点。与图 2.18 进行对比。

接下来，我们要移动玩具车，让它落在赛道上面，而不是漂浮在空气中。

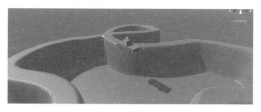

图 2.18　将赛道扩大 30 倍的结果

<步骤 21> 选择"层级"中的 toycar 对象，通过拖动场景中的箭矢来移动它。让玩具车差不多落在赛道上即可。与图 2.19 进行对比。

玩具车对于这个赛道而言太大了。我们将通过缩小汽车的比例来解决这个问题。

图 2.19　玩具车现在正停在赛道上

<步骤 22> 在"Toycar 导入设置"中，将"缩放系数"改为 0.25，应用，进行框选，然后根据情况调整玩具车的位置。

这样就好多了。请看一下图 2.20。

这看起来有点游戏的样子了！它还不能玩，但在创造新游戏时，只要做出了一些类似于你的大致设想的东西，就是一个重大突破了。让我们继续努力，引入地形。

<步骤 23> 将 terrain 拖入"层级"面板。

这看起来很奇怪，莫不是光照的原因？

图 2.20　变小的玩具车

<步骤 24> 在"层级"中展开 terrain，选择 Light 和 Camera，并在检查器中取消勾选它们。

这样就可以了。在场景视图中间，我们可以看到一个小小的地形。与图 2.21 进行对比。

在放大地形之前，我们要指定它的材质。

<步骤 25> 在 Art 文件夹中创建一个材质，命名为"terrainmat"，将它设为深绿色，并把它分配给 terrain 中的 Landscape 子对象。

我们的目标是将地形移到背景中，作为装饰。

<步骤 26> 把鼠标移动到场景面板右上角的 3D Gizmo 上，然后单击右键，选择 Top（顶部），然后取消勾选 Perspective。将屏幕与图 2.22 进行比较。

图 2.21　小小的地形

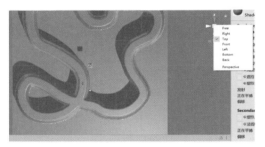

图 2.22　为 Unity 场景设置顶视图

<步骤 27> 选中 Landscape，将 Z 位置设为 –150。

这样，我们就移动了地形，准备好放大了。

<步骤 28> 将地形的导入设置的"缩放系数"改为 100，然后应用。

请注意图 2.23 中赛道和地形的相对位置。需要滑动鼠标滚轮才能在屏幕上看到。

<步骤 29> 在"层级"中创建三个 terrain 对象的副本。

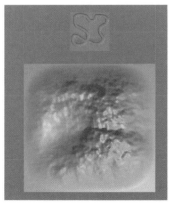

图 2.23　从上方查看绿色的地形和蓝色的赛道

　　可以通过右键单击 terrain，然后选择复制来完成。每个副本都要重复一遍这个步骤。最终会有 4 个 terrain 对象：terrain、terrain(1)、terrain(2) 和 terrain(3)。

<步骤 30> 选择 terrain(1)，然后将它移到左上方。按照图 2.24 排列 4 个地形。

<步骤 31> 选中 plane 对象并在检查器中勾选它，把它重新显示出来。

<步骤 32> 将 terrainmat 材质指定给 plane。

<步骤 33> 在检查器中，调整 X 缩放和 Z 缩放以覆盖中心区域，如图 2.25 所示。

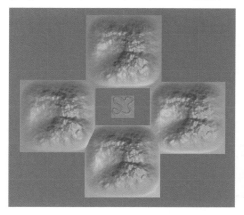

图 2.24　排列在赛道周围的地形

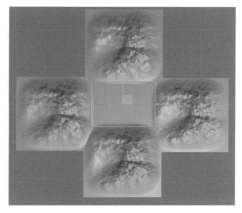

图 2.25　用 plane 对象填补中心区域

<步骤 34> 把 plane 的 Y 位置调整为 –8 左右，这样就可以看到赛道的顶部。

<步骤 35> 框选 toycar 并右键单击场景面板右上角的 3D Gizmo，勾选 Perspective。然后平移并旋转视图，得到类似图 2.26 的东西。若想了解如何在 Unity 中平移和旋转，请见下文。

图 2.26　场景的透视视图

想要平移视图时，只需按住鼠标中键并移动鼠标。想要旋转时，首先单击场景右上角的锁来解锁旋转。然后按住鼠标右键进行旋转。晕头转向的时候，可以使用框选来再次指向汽车。这些操作可能需要一点时间来适应，特别是在这个界面与 Blender 中的界面不同的情况下。

经过几十个步骤后，我们终于准备好从 GIMP 中引入这些纹理了。这个部分是最简单的。

<步骤 36> 选中 terrainmat，然后把 greentexture 拖到"反射率"左边的正方形上面。

哇，地形看上去好多了。将视图与图 2.27 进行对比。引入赛道的纹理只会比这一步稍微麻烦一点点。

<步骤 37> 选中 trackmat，将 roadtexture 拖到"反射率"左边的正方形上。

现在道路是深蓝色的，这不是我们想要的。显然，"反射率"将右边的颜色与左边的纹理贴图结合了起来。

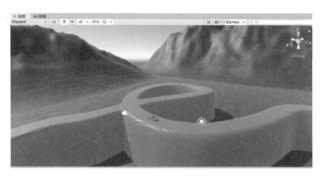

<步骤 38> 将"反射率"的颜色改为白色。

这样就好些了。不过，纹理太粗糙了。为了使它更精细，请按照以下步骤操作。

图 2.27　带有在 GIMP 中创建的简单纹理贴图的地形

<步骤 39> 在检查器的 Main Maps 部分，将"正在平铺"一项中的 X 和 Y 改为 5。

与图 2.28 进行对比。

我们还要做两件事来使场景看起来更美观。首先，这个贴图仍然不够精细。

图 2.28　应用 roadtexture

<步骤 40> 将上一步中的"正在平铺"改为 10 和 10。

<步骤 41> 在 track 的导入设置中,将"法线"改为"Calculate"并应用。移动视图,看看赛道上的光照的变化。与图 2.29 进行对比。

到目前为止,你对这个场景很满意,但还有很多事情要做。在你忘记之前,请保存好工作!

图 2.29 在 Unity 中计算的法线,产生了更好的光照和更平滑的赛道网格

<步骤 42> 文件 – 保存,保存场景。

Unity 对项目和与项目相关的场景的保存系统是分开的。这一开始可能会让人感到困惑。目前只需保存场景即可,它会自动保存包括项目在内的所有内容。这种做法感觉有些过时了,但 Unity 就是这么做的。如果想要查看更详细的解释,请参考 Unity 手册中的"保存工作"。进入 2020.3 的 Unity 文档,搜索"Save your Work",以找到手册中的相关章节。

2.6 改进汽车

在本节中,我们将使用 Blender 来改进玩具车。

<步骤 1> 启动 Blender 并加载 toycar.blend。

在这个过程中,可以让 Unity 继续运行。

<步骤 2> 将 Cube 重命名为"carmodel"。

要做到这一点,在"大纲视图"中双击 Cube,然后输入 carmodel< 回车键 >。

注意,Blender 中重命名的方式和 Unity 是不同的。

< 步骤 3> 文件 – 保存。

< 步骤 4> 最小化 Blender，然后打开 Unity 项目。

现在，我们会看到 Cube 在 Unity 中显示为 "carmodel"。额外的灯光和相机仍然存在。我们现在同时打开着 Blender 和 Unity。这可能是非常实用的。让我们尝试在 Blender 中移除灯光。

< 步骤 5> 在 Blender 中删除 "Light"，保存，然后在 Unity 中查看项目。

令人惊讶的是，这样做是可行的。我们不需要让 Unity 重新导入。它会自动检测到文件夹中出现了一个较新的版本，然后重新导入。toycar 对象现在只有两个子对象了：Camera 和 carmodel。

现在，你可能认为把 Blender 的相机也删除是个好主意。但实际上，这将改变导出过程，导致汽车旋转。所以，最好把相机留在那里。如果试图在 Unity 中删除相机，你会得到一个很奇怪的错误信息。我们只需要遵循一个古老的格言即可：如果没有坏，就不要急着去修！

< 步骤 6> 在 Unity 中，执行**文件 – 保存**。然后最小化 Unity 窗口。

我们很快就会回到 Unity 中，所以让它继续运行吧。这比退出 Unity 然后再启动它要快得多。如果有两个显示器的话，你可以跳过最小化这一步，把两个窗口放在不同的显示器上。

< 步骤 7> 回到 Blender 中，进入 Modeling 工作区。

我们要让汽车看起来更精细一些，而且要有多种颜色。我们还要修改轮胎，使它们不那么像压路机。

< 步骤 8> 选中玩具车，然后根据情况输入 <tab> 进入编辑模式。

< 步骤 9> 开启 "透视模式"，视图着色方式选择 "线框"。

< 步骤 10> 选择 "边选择模式"，并输入 <numpad>7 进入正交顶视图。

< 步骤 11> 框选上面的轮缸，然后按住 <Shift>，框选下面的轮缸。

屏幕现在应该和图 2.30 一样。

< 步骤 12> 键入 <delete> 键，在弹出的面板中选择 "边"。

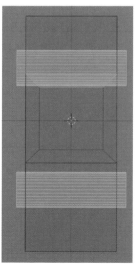

图 2.30　选择两个轮缸

　　　　我们刚刚删除了轮胎，因为我们要以更好的方式重新创建它们。我们的计划是创建一个轮胎，并用它在车身上刻出一个轮舱，然后缩小轮胎以适应轮舱。做完这一切后，我们要为其他轮胎重复这个过程。

< 步骤 13><tab> 进入物体模式，**<Shift>A – 网格 – 柱体**。

　　　　现在，3D 视图中有两个独立的对象。

< 步骤 14> 在"大纲视图"中，将"柱体"重命名为"wheel"。

< 步骤 15> 将鼠标悬停在 3D 视图中，然后 **ry90**< 回车键 >**sx0.4**< 回车键 >。

　　　　现在，我们有了一个看起来像轮胎的东西，不过它太大了。

< 步骤 16>**s0.5**< 回车键 >。

< 步骤 17><numpad>3 并与图 2.31 进行对比。

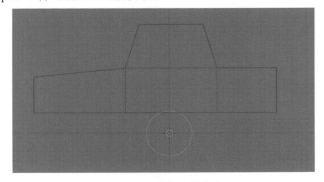

图 2.31　带轮胎的汽车

< 步骤 18> 输入 g，将轮胎移到前面，如图 2.32 所示。

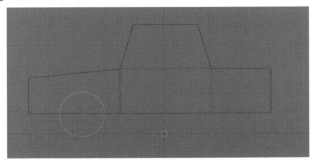

图 2.32　有前轮的汽车

< **步骤 19**><numpad>7 gx，然后将轮胎移到右边，如图 2.33 所示。

< **步骤 20**> 选中 carmodel，**添加修改器 – 布尔**。

布尔修改器将被用来制作轮舱。

< **步骤 21**> 选择"差值"，单击"物体"（不是对象类型），并选择 wheel（唯一的选项）。与图 2.34 进行对比。

首先，我们要测试一下这个修改器的效果是否令人满意。最简单的方法是应用修改器，把轮胎移开，然后旋转汽车模型，看看结果。

< **步骤 22**> 应用修改器，选中 wheel，用 gx 把它移到右边，然后用鼠标中键旋转场景。关闭透视模式并与图 2.35 进行对比。

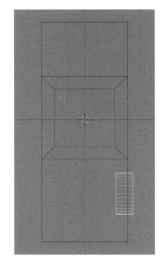

图 2.33　汽车的左前轮已经就位

图 2.34　布尔修改器

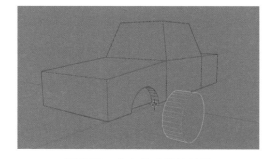

图 2.35　布尔修改器的效果

< **步骤 23**> 用布尔修改器再制作 3 个轮舱。从下面看汽车，与图 2.36 进行比较。

接下来，我们要制作更好的轮胎，并把它放到合适的位置上。之后，我们要复制这个轮胎，并最终就得到 4 个轮胎。

< **步骤 24**> 选中 wheel，<numpad>7，打开透视模式，把它和右上角的轮舱对齐。

< **步骤 25**><numpad>3，然后 s<Shift>X0.8< 回车键 >。

<Shift>X 把缩放命令限制在了 y–z 坐标平面内。换句话说，缩放不适用于 X 轴。这使轮胎变得小了一些，与轮胎相匹配。

< 步骤 26><numpad>7，然后将轮胎稍微向外移动，使其与车身分开。

在复制轮胎之前，为它添加一些细节。

< 步骤 27><tab> 进入编辑模式。关闭透视模式。<numpad>3，面选择模式，然后选择轮胎的外表面。

< 步骤 28>i0.4< 回车键 >e–0.1< 回车键 >。

< 步骤 29> 旋转场景，查看轮胎。与图 2.37 进行对比。

< 步骤 30> 切换到顶视图，使用"物体模式"，复制，并移动复制的轮胎，使 4 个轮胎分别就位。

提示：对于其中的两个轮胎，必须把轮胎复制件在 Z 轴上旋转 180 度。

< 步骤 31> 调整汽车的前部和后部，使其与图 2.38 一致。

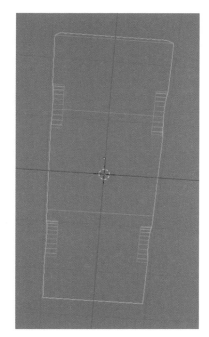

图 2.36　4 个轮舱

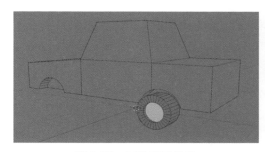

图 2.37　更美观的轮胎

图 2.38　改良后的玩具车的前部和后部

< 步骤 32> 编辑"模式"，用"面选择模式"选择其中一个车窗。

< 步骤 33>i0.05< 回车键 >e–0.05< 回车键 >。

这些是内插和挤出的指令。我们这么做是为了给车窗增加细节。

< 步骤 34> 对其他 3 个车窗重复这个步骤。

现在，我们终于完成了汽车的建模工作。在这一过程中，我们对 Blender 有了更深入的了解。虽然只用了几个命令，但我们取得了相当大的进展。

<步骤 35> 尝试不同的"视图着色"设置，旋转视图，从各个角度观察自己的作品。与图 2.39 进行比较。

我们可以为这个低多边形模型添加更多的细节，但它仍然可以被称为低多边形。对于我们的目的而言，现在这样已经足够了。

图 2.39　玩具车的最终模型

<步骤 36> 保存。

<步骤 37> 切换到 Unity，查看其中的新汽车模型。选择 Toycar 对象并输入 f。与图 2.40 进行对比。

如你所见，轮胎现在是白色的，因为它们是独立的对象，而且没有给它们分配材质。你还注意到，轮胎看起来不够光滑。

<步骤 38> 回到 Blender，在物体模式下选中所有的轮胎，然后在 3D 编辑器中右键单击，选择"平滑着色"。

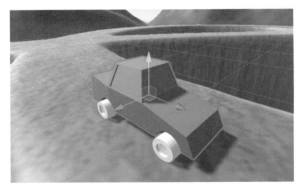

图 2.40　更新后的玩具车模型

现在，轮胎看起来更像橡胶轮胎了，这正是我们想要的。

<步骤 39> 在 Blender 中保存，退出 Blender 并切换到 Unity。

成功了。现在，轮胎虽然还是白色的，但在 Unity 中也有了平滑的阴影。之所以关闭 Blender，是因为我们暂时用不到它了。

<步骤 40> 在 Art 文件夹中创建一个深灰色的材质，为其命名为"tiremat"，并分配给四个轮胎。

我们已经在这个模型上花了很多时间了。其实应该把车窗改为灰色，但我们可以先不管它，继续下面的步骤。

<步骤 41> 保存。

下一节中，我们将把游戏玩法引入 Unity 场景中。

2.7 游戏玩法

本节中，我们目标是在赛道上移动玩具车，如果玩家把车开出了赛道，玩具车就会脱离赛道，坠落下去。

<步骤 1> 在 Unity 中，按 下 播 放键，也就是 Unity 窗 口 中上方的三角形图标。与图 2.41 进行对比。

图 2.41 场景为什么看起来这么远

这不是我们所期望的。你以为按下播放键时，会看到主相机的视角。然而事实证明，这个场景中还隐藏着其他相机，而其中一个，也就是与赛道相关的那个，有着更高的优先级。

<步骤 2> 再次按下播放键，停止游戏模式。

<步骤 3> 在层级面板中选择 Main Camera，查看右下角的小小的镜头弹出窗口，如图 2.42 所示。

图 2.42 主相机的镜头弹出窗口

<步骤 4> 在层级面板中找到其他相机，并依次选中它们。

　　如果展开 track 和 4 个 terrain 对象，你会看到这些对象都有子相机。这些相机是从 Blender 中导入的。我们要关闭它们的导入，因为我们不需要它们。

<步骤 5> 在 track 和 terrain 资源的导入设置中，在检查器中取消勾选"导入相机"和"导入灯光"。请务必应用这些更改。

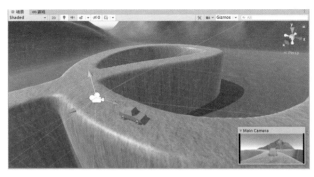

<步骤 6> 在场景面板中，选中主相机并移动它，使其位于汽车后方，如图 2.43 所示。

图 2.43　位于汽车后方的主相机

<步骤 7> 现在再按下播放键，会看到主相机的视角。再按一次播放键以停止游戏模式。

　　游戏模式非常实用，但它也存在着一定的风险。它的问题在于，Unity 允许我们在游戏模式下做出临时的更改来进行实验。但我们无法保存在游戏模式下所做的更改，而且当我们最终停止游戏模式时，所有这些改动都会丢失。为了避免出现这种情况，请按照下面的步骤，设置播放时最大化。

<步骤 8> 再次播放，单击游戏面板右上方的"播放时最大化"按钮，然后停止播放，接着再按一次播放。

　　请确保"播放时最大化"的设置保持打开状态，除非想要进行实验，并知道自己在播放模式中所做的修改会丢失。

<步骤 9> 通过键入 <Ctrl>p 来切换播放模式。

　　这个快捷键是值得记住的，因为我们将会经常这样操作。

<步骤 10> 单击"游戏"标签页，也就是那个看起来像手柄的标签页，上面显示的文本是"游戏"。

　　现在，我们在没有进入游戏模式的情况下看到了主相机的视角。

<步骤 11> 选中 Main Camera。在检查器中，拖动"旋转"部分的 X。再拖动"位置"部分的 Y，将相机调整到一个合适的过肩视角。

　　　"旋转"部分的 X 可能是 10 度左右。我们的目标是在游戏启动时让主相机有良好的初始配置。

　　　现在，是时候为这个游戏添加控制和物理了。我们首先把车抬起来。

<步骤 12> 单击"场景"标签页，回到通常的场景视图。

<步骤 13> 框选 toycar 对象，并把它抬高约 1.5 个单位。

<步骤 14> 播放然后停止播放。

　　　什么也没发生。玩具车还是漂浮在空气中。我们现在要添加物理效果，使汽车向下掉落。

<步骤 15> 在选中玩具车的情况下，在检查器中单击添加组件。如果有必要，清空搜索栏。然后单击**物理 – 刚体**。把"质量"设置为 0.3。测试（播放，观察，停止播放）。

　　　这一次，车掉下来了，直直地穿过了赛道。这是个起步阶段。我们还缺少碰撞检测。不过，与以前不同，我们现在不需要写碰撞检测的代码，只需要为赛道和玩具车添加碰撞器组件即可。

<步骤 16> 选中 toycar 中的 carmodel 子对象。

<步骤 17> 在检查器中，单击添加组件，然后单击**物理 – 盒状碰撞器**。

<步骤 18> 在层级面板中，选中所有的 4 个轮胎。

　　　这可以通过选中一个轮胎，然后按住 <Ctrl> 选中其他三个轮胎来完成。如果轮胎是相邻的，可以选择最上面的轮胎，然后按住 <Shift> 选中层级列表中最下面的轮胎，这样就会自动选择中间的所有东西了。

<步骤 19> 在检查器中，像刚刚所做的那样，添加一个"盒状碰撞器"组件。

　　　没错，我们可以同时为多个对象添加组件。而且为每个轮胎都设置盒状碰撞器确实可能不太对劲，但对于这个游戏而言，这么做是可行的。

<步骤 20> 选择层级面板中的 track 对象，展开它，并选择 Track 子对象。

<步骤 21> 在检查器中，添加组件，然后执行**物理 – 网格碰撞器**。

　　　赛道是个复杂的对象，所以我们需要一个网格碰撞器，而不是一个盒状碰撞器。网格碰撞器是很占内存的，所以最好只在必要时使用它们。

<步骤 22> 测试。

汽车下坠并停在了赛道上。这正是我们想要的结果。

<步骤 23> 在检查器中，调整玩具车的 Y 位置，使它落在赛道上，然后测试。

是时候了，我们终于可以尝试控制这辆玩具车了。我们将会创建一个非常简单的控制方案。用方向键向左或向右转向，把<空格键>指定为油门。后面也许还会添加一个刹车。我们将从转向开始做起。

<步骤 24> 在 Assets 文件夹中，双击 Scripts，然后右键单击**创建 – C# 脚本**。立即输入这个脚本的新名字：Toycarscript<回车键>。

<步骤 25> 选中层级面板中的 toycar 对象，然后将 toycarscript 拖到它上面。

检查器中显示 toycar 有了一个新组件 Toycarscript。注意，检查器会将脚本的首字母大写，但这只是外观上的显示，脚本的名字实际上并没有改变，下一步中会看到这一点。

<步骤 26> 双击 Scripts 文件夹中的 toycarscript。如果弹出了提示框，请选择 Microsoft Visual Studio 2019 作为编辑器。等待一会儿，然后查看新的 Visual Studio 窗口。你会看到 Unity 所创建的初始脚本。与图 2.44 对比一下。

图 2.44　Visual studio 显示 Unity 默认的 toycarscript

可以看到，脚本中的类的名称仍然是小写的 toycarscript。这个类有两个成员，Start 和 Update 都是空的。这个脚本没有任何作用。不妨通过测试游戏来检查一下。我们的下一个目标是使用脚本来让汽车根据方向键转向。

< 步骤 27> 用以下代码替换 toycarscript 类：

```
public class toycarscript : MonoBehaviour
{
    void FixedUpdate()
    {
        Rigidbody rigidb = GetComponent<Rigidbody>();
        if (Input.GetKey("right"))
        {
            transform.Rotate(Vector3.up, 0.5f);
        }
        if (Input.GetKey("left"))
        {
            transform.Rotate(Vector3.up, -0.5f);
        }
    }
}
```

这里使用了 FixedUpdate 而不是 Update，是因为我们想让以固定的时间间隔进行计算，而不是每一帧都进行计算。我们希望这段代码能够在不同的系统上工作，无论它们的帧率是多少。

在 Visual Studio 中输入这段代码时，可以看到颜色会被自动设置，而且编辑器会尝试用智能补全来帮助我们。通常情况下，我们不需要输入所有内容，只需要输入足够的字母让 Visual Studio 了解我们的想法。例如，只需要输入 tr< 回车键 >R< 回车键 >，就能够输入 transform.Rotate。

由于安装 Unity 和 Visual Studio 的方式的不同，代码补全可能对你而言不起作用。若想解决这个问题，请进行**编辑 – 首选项 ... 外部工具 – 外部脚本编辑器**，选择 Visual Studio Community 2019。然后重新启动 Unity 并再次尝试。

< 步骤 28><Ctrl>s，在 Visual Studio 中保存编辑。

我们将会经常这样做。是的，Visual Studio 不会自动保存编辑，所以必须记得在 Visual Studio 中手动保存，然后在 Unity 中对修改进行测试。是的，我们时不时地会忘记保存，并因为修改没有起作用而感到迷茫。值得注意的是，如果在 Visual Studio 中的文件里有未保存的修改，你会看到文件名旁边有一个星号。保存之后，这个星号就会消失。

<步骤 29> 单击 Unity 窗口，把重点放回它上面。新的脚本加载了。然后，进行测试。

现在，我们可以用左右方向键来使汽车转向了。

<步骤 30> 在 Update 函数的末尾插入以下代码：

```
if (Input.GetKey("space"))
{
    if (rigidb)
        rigidb.AddForce(
        10.0f *
        (transform.rotation * Vector3.forward)
    );
}
```

10.0f 的系数是一个与汽车发动机有关的实验性功率系数。在你的系统上，你可能需要改变这个系数。

<步骤 31> 在第一个 GetKey 调用之前插入以下代码：

```
rigidb.freezeRotation = true;
```

这么做并不会冻结转向能力，它的作用是让汽车不至于失去控制地翻滚。

<步骤 32> 在 Visual Studio 中用 <Ctrl>s 保存，然后在 Unity 中测试。

现在，我们可以驾驶汽车了，但相机还没有跟上。下面的代码将会实现这一点。

<步骤 33> 在 Scripts 文件夹中创建一个脚本，命名为"cameracript"。

把这个脚本拖到 Main Camera 上。然后为 camerascript 类输入这段代码。

```
public class camerascript : MonoBehaviour
{
    Vector3 camoffset;
    // Start is called before the first frame update
    void Start()
    {
        camoffset =
        transform.position -
        GameObject.FindGameObjectWithTag("Player").transform.
position;
    }
```

```
    // Update is called once per frame
    void Update()
    {
        transform.position =
        GameObject.FindGameObjectWithTag("Player").transform.
position
        + camoffset;
    }
}
```

这段代码把相机移动到了汽车的后上方的相对位置。

<步骤 34> 在 Visual Studio 中保存并在 Unity 中进行测试。

不，它还没有见效。我们还需要为 toycar 添加一个标签，如下所示。

<步骤 35> 选中 toycar，在检查器中的标签下拉菜单中选择 Player 标签。

<步骤 36> 测试。

现在，我们差不多有了一个游戏。这个游戏不太好操作，也算不上好玩，但我们可以驾驶汽车在赛道上行驶，同时小心翼翼地避免跌出赛道。你能驾驶汽车跑完一圈吗？如果觉得比较困难的话，可以降低 toycarscript 中的功率系数，然后再试一次。

<步骤 37> 在 Unity 中保存并退出 Unity，然后视情况退出 Visual Studio。

下一节中，我们将创建其他一些游戏对象：低多边形建筑。

2.8　用阵列修改器创建建筑物

本节中，我们将创建两个低多边形建筑物添加到游戏世界中，使其更加有趣。

<步骤 1> 启动 Blender，并在我们常用的 Art 文件夹中保存一个名为 building.blend 的文件。

我们将使用盒子建模来创建一个建筑物。

<步骤 2> 选择默认的立方体，然后输入 gz1< 回车键 >。

<步骤 3> Modeling 工作区，用"面选择模式"选择顶面，gz–1.3< 回车键 >。

<步骤 4> 选择立方体的左前面，然后输入 gy–1< 回车键 >。

我们刚刚创建了一个盒子，它将是建筑的底层。与图 2.45 进行对比。

<步骤 5> 放大以更近地查看建筑物。

<步骤 6> 选择屏幕左侧的环切图标。

<步骤 7> 在左上方的框中，将切割次数从 1 改为 8。

<步骤 8> 输入三个循环切割，每个方向一个，如图 2.46 所示。

这些环切做出了额外的几何形状，能帮助我们给建筑装上门窗。这里不必担心效率低下的问题，因为 3D 硬件可以轻松处理。

<步骤 9> 用 <numpad>1 转到正交前视图，用滚轮放大。

<步骤 10> 面 选 择 模 式。 如图 2.47 所示，通过选择 8 个矩形来选中一扇门。

可以通过单击左上方的"框选"图标，然后用"面选择模式"框选 8 个矩形。

<步骤 11> 输入 i0.03< 回车键 >。

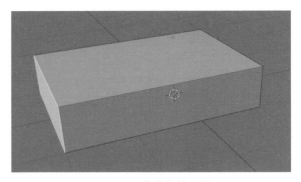

图 2.45　建筑物的一楼

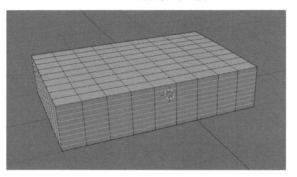

图 2.46　环切

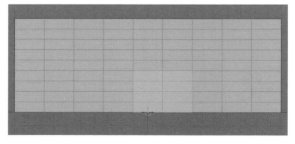

图 2.47　框选 8 个矩形，形成门的轮廓

< **步骤 12**> 用鼠标中键向下拖动视图,使视角与图 2.48 保持一致。

< **步骤 13**> 在仍然选中 8 个中心面的情况下, 输入 gy0.02< 回车键 >。然后 e–0.04< 回车键 >。

< **步骤 14**> <numpad>1 回到之前的正交前视图。边选择模式,打开透视模式,放大,查看门,框选 如 图 2.49 所 示的边。

是的, 这看上去是一条边, 但实际上我们选择的是七条边。如果感到好奇的话, 可以从另一个角度查看你选中的边, 然后回到之前的正交前视图。

< **步骤 15**> 输入 gz, 向下移动鼠标并单击, 使边几乎到达建筑的底部。

我们刚刚完成了一扇门。下一个步骤中实际包含了许多个步骤。

< **步骤 16**> 在前门附近添加三个窗口, 如图 2.50 所示。要先关闭透视模式。

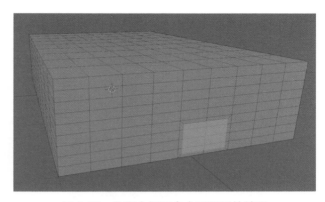

图 2.48 执行内插面命令后得到的结果

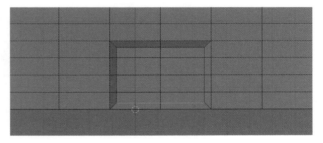

图 2.49 选择门的一个特定边

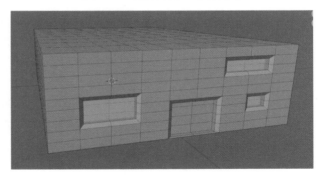

图 2.50 三个窗户和一扇门

　　　　　　　　这是一个保存的好时机。

<步骤 17> 保存。

<步骤 18> 如图 2.51 所示,通过"挤出"来为最上方创建露台。

<步骤 19> 为这一层的其他三面添加一些窗户,数量随意。使用对其他窗户所使用的内
　　　　　插和挤出的方法。可以一次性对多个窗户进行内插和挤出。

<步骤 20> 转到 Layout 工作区,检查模型。它看起来应该与图 2.52 相似。

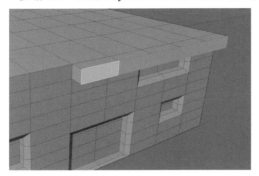

图 2.51　创建露台　　　　　　　　　　　　　图 2.52　底层

　　　　　　　　现在,我们已经准备好把各个楼层堆叠在一
起了。这可以通过"阵列"修改器来完成。

<步骤 21> 在右上方的"大纲视图"面板中将 Cube 重
　　　　　命名为"buildinglevel"。

<步骤 22> 单击修改器图标,也就是属性面板中从顶部
　　　　　往下数第 8 个图标。然后单击"添加修改
　　　　　器",选择"阵列"。

<步骤 23> 把系数改为 X = 0.000,Y = 0.000,Z = 1.000。

<步骤 24> 把"数量"改为 10,然后缩小视图。与图 2.53
　　　　　进行对比。

<步骤 25> 文件 – 保存。

<步骤 26> 在属性中把"数量"改为 5。然后添加第二
　　　　　个阵列修改器。使用默认设定。

　　　　　　　　现在,我们有了一个更宽的 5 层楼的建筑

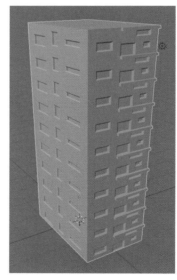

图 2.53　一个 10 层楼的建筑物

<步骤 27> 文件 – 另存为，为其命名为"buildingwide"。

<步骤 28> 退出 Blender。

<步骤 29> 在 Unity 中，找到 Art 文件夹中的建筑物并选中其中一个。关闭它的"导入相机"和"导入灯光"，应用，然后对另一个建筑重复同样的操作。

<步骤 30> 将建筑物拖入层级面板，并移动它们，使它们不与轨道重叠。

建筑物太小了，所以要按照以下步骤进行处理。

<步骤 31> 在 Art 文件夹中选择一个建筑物，将检查器中的缩放系数改为 2，应用，然后对另一个建筑重复同样的操作。

<步骤 32> 将建筑物向下移动，调整它们的位置，与图 2.54 相似。

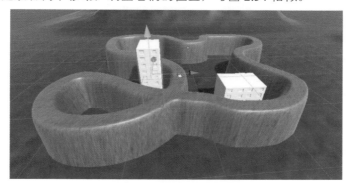

图 2.54　Unity 中的建筑物

<步骤 33> 测试。试着移动汽车，当我们开车经过时，可以看到这些建筑。与图 2.55 进行对比。

图 2.55　驾车经过时可以看到高楼

<步骤 34> 保存。

　　　　游戏现在看起来已经有模有样了。如果要开发一款真正的产品，那么这将是一个用来展示基础游戏玩法的非常早期的原型。当然，改进的空间还有很多，如以下所示。

- 汽车的窗户是红色的，它们至少应该是灰色的或者是透明的。
- 驾驶玩具车的手感很不对劲。虽然这样是可行的，但它一点也不真实。
- 玩具车从轨道上掉下来时应该翻滚并被撞毁。
- 完全没有声音。
- 没有游戏结构，比如开始游戏、得分、游戏结束提示等。
- 应该有一个赛车计时。
- 其他与玩家竞赛的车在哪里？

　　　　我们将不会实施每一项改进。这一章已经太长了。不过，我们在第 1 章为这个游戏做了一个游戏引擎的音效，把它放进去并让它根据玩具车的速度做出反应是非常简单的。

2.9　声音

　　　　第 1 章中，我们创建了汽车引擎的音效。实际上，我们已经把它放在 Sound 文件夹里了。

<步骤 1> 在项目面板的底部，转到 Assets/Sound。

　　　　可以看到，Toycarsound 资源是 Sound 文件夹中唯一的资源。

<步骤 2> 在检查器中查看导入设置。单击检查器底部靠近波形图上方的播放图标，听一下声音。

　　　　这是为了测试导入是否有效。如果没有听到任何声音，有可能是系统的扬声器没有打开，或者是音量被设为 0 了。这种情况下，可以通过打开浏览器，播放一个带有声音的视频来测试一下。

<步骤 3> 测试。

没错，现在玩游戏的时候是没有声音的。因为我们还没有把声音放入场景。

< 步骤 4> 把 toycarsound 拖到层级面板中，查看检查器。

可以看到 toycarsound 的 "Audio Source（音频源）" 组件。正是这个组件将在游戏中播放声音。

< 步骤 5> 在检查器中勾选 "唤醒时播放" 和 "循环"。

"唤醒时播放" 将在场景开始运行时播放声音。如果没有勾选 "循环"，那么声音将在播放一次后停止。

< 步骤 6> 测试。

当然，这完全不对。我们想要的是让汽车的发动机声音对汽车的运动做出反应。一个简单而实惠的方法是用下面的脚本来实现。

< 步骤 7> 在 toycarsound 对象中添加以下脚本，为其命名为 "soundtest"。

```csharp
using System.Collections;
using System.Collections.Generic;
using UnityEngine;
public class soundtest : MonoBehaviour
{
    AudioSource m_source;
    Rigidbody rb;
    // Start is called before the first frame update
    void Start()
    {
        m_source = GetComponent<AudioSource>();
    }
    // Update is called once per frame
    void Update()
    {
        rb = GameObject.FindGameObjectWithTag("Player").
 GetComponent<Rigidbody>();
        m_source.volume = 0.3f * rb.velocity.magnitude;
    }
}
```

我来解释一下这段代码。在 Start 方法中,我们获取了 AudioSource 组件。在 Update 函数中,我们获取了播放器的刚体组件,这使我们获取了速度,也就是速度矢量的大小。0.3 是一个实验性的系数,它的作用是将速度转化为引擎音效的音量。

还有一件事是,为了在本书中打印这段代码,rb 计算被分成了两行。但在 Visual Studio 中,可以把它合并为一行。

<步骤 8> 测试。

这很有效,但你希望有一个空转引擎的声音,所以做以下工作。

<步骤 9> 在 Update 函数的末尾添加以下代码:

```
m_source.volume += 0.2f;
```

这一行增加了音量的基本水平,这样就一直能听到发动机的声音了。

<步骤 10> 测试并保存。

对于这个原型,我们已经做得够多了。音效还有很多可以改善的地方,但对于初步了解 Unity 游戏中的音效而言,现在这样就足够了。

在下一章中,我们将深入研究游戏开发中所使用的 3D 概念。

第 3 章　游戏开发中的 3D 基础

本章中，我们将探索游戏开发的各种 3D 方面的内容。首先要学习的是三维坐标系的基础知识。然后，我们会介绍 Blender 和 Unity 是如何处理 3D 数学概念的。我们还将研究 Unity 和 Blender 中的相机。最后，我们将深入了解 3D 资源。

专门讲 3D 数学的书很多，所以本章只涉及一些基本的概念。如果好奇的话，可以访问 gamemath.com，免费阅读《3D 数学基础：图形和游戏开发》（第 2 版）（英文版作者 Fletcher Dunn，2011 年由 CRC 出版发行）。"基础读书"一词有点轻描淡写了，因为这本书有 850 页之多。想要开发 3D 游戏的话，不需要学习这本书中的所有内容，但如果想要学习的话，这本书是一个很好的参考。Blender 和 Unity 会帮助完成很多困难的工作，因此你只掌握基础知识就可以做得很好了。

3.1　三维坐标

这一切都要从笛卡尔（1596—1650）说起，他是一位著名的哲学家、数学家和科学家。笛卡尔最广为人知的是这三个拉丁语单词：cogito，ergo，sum，中文意思是"我思故我在"。这就提出了一个问题：电子游戏里的角色会不会思考，如果会，那它们是否存在呢？你稍后会得出这个问题的答案。同时，我们在 Unity 和 Blender 的人造 3D 世界中的定位也全靠三维坐标。笛卡尔的三维坐标系统通过列出 3 个数字，即 x 坐标、y 坐标和 z 坐标，来定位空间中的点。要想更清晰地理解三维坐标，最好是在 Blender 中创建一个盒子，然后查看它的四个角的坐标。

< 步骤 1> 启动 Blender。选中默认的立方体。

接下来，我们要将默认立方体向前、向上、向右移动。

< 步骤 2> 输入 gx1< 回车键 >gy1< 回车键 >gz1< 回车键 >。

这样可以移动立方体，使它的一个角与坐标系的原点重合。

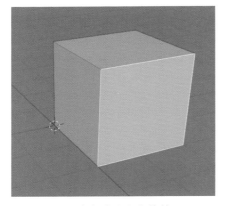

图 3.1　选中默认立方体的正面

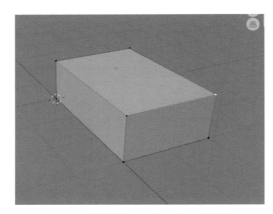

图 3.2　选择默认立方体的一个顶点

< 步骤 3> Modeling 工作区。

< 步骤 4> 选择"面选择模式"。

< 步骤 5> 选中正面，如图 3.1 所示。

< 步骤 6> 输入 gx1< 回车键 >。

这将使立方体向前伸展。

< 步骤 7> 选中顶面。然后输入 gz–1< 回车键 >。

这就把立方体向下压了 1 米。是的，这就是"–1"的效果。

< 步骤 8> 输入 n，它是"numbers（数字）"的助记符，以显示属性面板。

n 键可以切换属性面板的显示。

< 步骤 9> 点选择模式，然后选择离原点最远的点，也就是立方体右上角的顶点。

< 步骤 10> 在属性面板中，选择"全局"。将屏幕与图 3.2 进行比较。

查看属性面板中显示的顶点的 X、Y、Z 坐标。一种思考方式是，想象我们要从原点出发，向顶点移动。沿着 X 轴移动 3 米，沿着 Y 轴移动 2 米，然后沿着 Z 轴向上跳 1 米。这样我们就到达了目的地——坐标为（3,2,1）的顶点。

< 步骤 11> 在属性面板中，改变顶点的 X、Y 和 Z 坐标，观察结果。然后键入 <Ctrl>z 来撤消。接着，选中其他的几个顶点，改变它们的三维坐标，然后在属性面板中检查你的答案。

< 步骤 12> 依次输入 \<numpad\>1、\<numpad\>7 和 \<numpad\>3，看看结果。

　　　　　　在正交顶视图中，我们会看到 x 坐标和 y 坐标，正交前视图中是 x 和 z 坐标，而正交右视图中是 y 坐标和 z 坐标。

< 步骤 13> 退出 Blender，不需要保存。

　　　　　　现在，可以选择性地完成一项辅助任务。在网上搜索"Vector Math Tutorial for 3D Computer Graphics（3D 计算机图形的矢量数学教程）"。在 chortle.ccsu. edu 中，可以看到这一教程的第 4 次修订版，发布日期为 2009 年 7 月。浏览目录，并阅读书中 16 章的部分或所有内容。你可能在线性代数课程或解析几何课程中学过这些内容。你可以跳过这些内容，也可以在业余时间按照自己的进度学习。

　　在下一节中，我们将深入研究 Blender 中的 3D。

3.2　Blender 中的 3D

　　在上一节中，我们研究了 Blender 中顶点的三维坐标。

　　顺带一提，在英语中，正确的说法是用 vertex 指代一个点，vertices 指代的是多个点。我们有时会看到有人用 vertice 替代 vertex，但这种替代是无效的。不要写或说 vertice，因为这个词根本不存在。

　　Blender 是一个庞大的程序。我们将使用 Blender 制作能输出到 Unity 中的 3D 物体和动画。研究 Blender 的 2D 部分也是很有帮助的，比如最近刚被改进过的油性笔功能。本节中，我们将了解 Blender 中用到的一些 3D 概念。

< 步骤 1> 启动 Blender，删除默认的立方体。

< 步骤 2> 键入 \<Shift\>A – 网格，然后逐个单击每一种网格类型，创建所有内置的默认网格。然后随意地把它们分散地摆放在场景中。与图 3.3 进行对比。

　　　　　　Blender 可以使用插件来创建其他网格。接下来我们会尝试这么做。

< 步骤 3> 文件 – 新建 – 常规，再次删除默认的立方体。

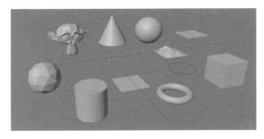

图 3.3　Blender 2.92 中的默认网格　　　　　图 3.4　在 Blender 中生成的茶壶

< 步骤 4> **编辑 – 偏好设置 – 插件**。选择"社区版"。然后启用"Add Mesh: Extra Objects"插件。关闭弹出的窗口。

< 步骤 5> **<Shift>A – Mesh – 其他项 – Teapot+** 并与图 3.4 进行比较。

< 步骤 6> 展开左下角的 Add Teapot 菜单，然后用鼠标拖动分辨率，查看从 2 到 15 的不同分辨率的茶壶。

扫码查看

这是一个过程生成网格的例子。请自由探索 Blender 中的各种其他插件和网格。这个茶壶是有历史意义的。若想了解更多相关信息，请观看一个很短的视频"The World's Most Famous Teapot: The Utah Teapot（世界上最著名的茶壶：犹他茶壶）"。这个例子也说明了一页数字就可以描绘出一个看起来很真实的茶壶。这些数字正是我们在上一节中了解到的三维坐标。

接下来，我们将进一步探索 Blender 中使用的三个轴。

< 步骤 7> **文件 – 新建 – 常规**，查看右上方的坐标轴小工具，如图 3.5 所示。

我们可以看到三个轴：红色的 X 轴，绿色的 Y 轴和蓝色的 Z 轴。在 3D 视图中，还可以看到一条长长的红线，也就是实际的 X 轴。还有一条垂直于它的长长的绿线，也就是 Y 轴。默认情况下，Z 轴是不会被显示的。

< 步骤 8> 为了打开 Z 轴的叠加显示，请单击如图 3.6 所示的"叠加"下拉菜单，然后单击 Z 轴。

现在我们可以看到一条垂直的蓝线了。这个设置不是永久性的，所以退出 Blender 并再次启动它后，就不会显示 Z 坐标轴了。

图 3.5　Blender 中的坐标轴

图 3.6　Blender 中的视图叠加

遗憾的是，Blender 和 Unity 中的坐标系是不一样的。Blender 使用的是右手坐标系。当使用正交顶视图向下看时，X 轴向右，Y 轴向上，Z 轴则向外部延伸到观察者处。在默认视图中，X 轴指向下方，Y 轴向右，Z 轴向上。这是数学中通常使用的 X–Y–Z 坐标系。

另一方面，Unity 使用的是左手坐标系，X 轴向右，Y 轴向上，Z 轴朝着与观察者相反的哦方向延伸。这是计算机图形学中常用的坐标系。若想进一步了解 Unity 和 Blender 中左手和右手坐标系，请上网搜索。

< 步骤 9> 文件 – 新建 – 常规。

我们现在要继续探索位于 3D 视图右上方的小工具。

< 步骤 10> 尝试一下缩放视图、移动视图、切换相机视角和切换透视图的小工具。

缩放工具只是简单地将视图放大和缩小，和鼠标滚轮很像，但它的缩放更平滑。图标是个小手的移动视图工具可以平移视图，和 <Shift><MMB> 拖动的效果一样。图标像相机的切换相机视角工具可以切换到相机视角，和 <numpad>0 的作用一样。最后，切换透视图工具的作用是在透视图和正交视图之间切换。

Blender 默认使用透视视图，这意味着在两个物体的大小一样时，离相机较远的物体比离相机较近的物体看起来要小。在我们接下来观察网格线的时候，也可以看到这种效果。

< 步骤 11> 将鼠标悬停在坐标系小工具上。会看到一个阴影圆圈。

然后按住左键拖动鼠标来旋转视图。与按住鼠标中键并拖动鼠标进行比较。这两种操作的效果是一样的。

< 步骤 12> 将鼠标悬停在每个彩色圆圈上，查看它们的键盘快捷键并试用一下，用小工具或是用小键盘都可以。

由于用过 <numpad>1、<numpad>3 和 <numpad>7，所以对它们很熟悉。忘记哪个 <numpad> 命令的作用时，使用小工具是一个不错的选择。

最后，让我们在 Blender 中创建一个物体，然后在它被导出到 Unity 时跟踪它的坐标。

< 步骤 13> 删除默认的立方体。

< 步骤 14> <Shift>A – 网格 – 猴头，创建默认的猴头。

< 步骤 15> 切换到正交前视图，放大猴头，编辑模式，点选择模式，选择猴头的右耳顶部（从我们的视角看，是在左边），输入 n，与图 3.7 进行对比。

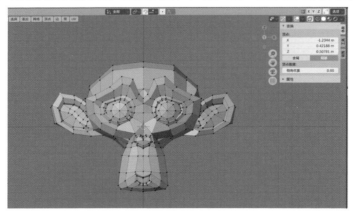

图 3.7 猴头

在变换面板中可以看到，所选的顶点位于（−1.2344，0.42188，0.50781）。我们将记下这些坐标，并稍后在 Unity 中查看。

< 步骤 16> 文件 – 另存为 ... 保存到 toycar 项目中的 Art 文件夹，为其命名为 Suzanne。

在下一节中，我们将研究 Unity 是如何处理 3D 的。

3.3 Unity 中的 3D

在上一节中，我们将内置的猴头模型保存到了一个 blend 文件中，并查看了猴头右耳上的一个顶点的坐标。现在，我们要把猴头导入 Unity，并检查坐标是否一致。

< 步骤 1> 创建一个新 Unity 项目，起名为 3Dtest。保持 Blender 处于运行状态，但如果需要的话，可以把窗口最小化。

我们刚刚把猴头保存到了 toycar 项目中，所以我们要按照如下步骤操作。

< 步骤 2> 将 Suzanne.blend 从 toycar/Assets/Art 移动到 3Dtest/Assets。

可在保持 Blender 和 Unity 处于运行状态的情况下，在操作系统中完成这一步。

< 步骤 3> 回到 Unity 中，可以看到 Suzanne 已经出现在 Assets 文件夹中了。

< 步骤 4> 单击 Assets 文件夹中的 Suzanne。查看检查器面板。

像往常一样，检查器列出了许多选项。我们现在先不管它们。

< 步骤 5> 将 Suzanne 拖入层级面板。验证检查器中的位置和旋转是否为 0。

< 步骤 6> 在层级面板中展开"Suzanne"，选择"猴头"子对象。可以看到旋转部分的 X 是 –89.98。

< 步骤 7> 右键单击场景面板右上方的坐标小工具，选中"Front"，取消勾选 "Perspective"。键入 f，框选"猴头"子对象。与图 3.8 进行比较。

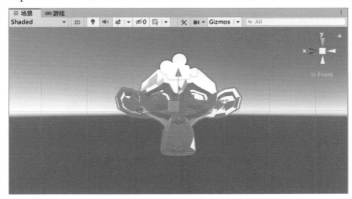

图 3.8 Unity 中的猴头

我们的目标是与 Blender 中的视图相匹配。两个视图都是从正面看猴头的。查看坐标小工具，在 Unity 中，X 轴指向左边，Y 轴向上，Z 轴没有被显示。在 Blender 中，X 轴指向右边，Z 轴向上，而 Y 轴没有被显示。为了找到右耳顶点的坐标，请按照以下步骤在 Unity 中进行操作。

< 步骤 8> **游戏对象 – 创建空对象**。如图 3.9 所示，移动这个对象的原点以与匹配右耳顶点相匹配。

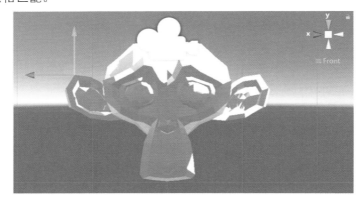

图 3.9　与猴头上右耳齐平的空的 GameObject

< 步骤 9> 查看检查器。

我们会发现，在 Unity 中，GameObject 的坐标是（1.213, 0.505, 0）。这些数字与 Blender 中猴头右耳顶点的坐标很接近。但是为 0 的 Z 坐标是正确的。

< 步骤 10> 在 Unity 中，选择正交右视图，通过沿 Z 轴滑动来将空的 GameObject 与耳朵顶部对齐。

你现在应该得到了一个接近 −0.424 的 Z 轴坐标。最终的 Unity 坐标是（1.213, 0.505, −0.424）。与 Blender 的坐标相比，Unity 中的 X 坐标的符号是相反的，Y 坐标和 Z 坐标是对调的，并且 Z 坐标的符号也是相反的。

为什么要做这样的实验呢？这是因为意识到 Blender 和 Unity 有着不一样的三维坐标系是至关重要的。我们编写在场景中移动物体的代码时，会操控这些坐标，而了解坐标轴的排列和对齐方法是有很大帮助的。

下一节中，我们将会研究 Blender 和 Unity 中的相机。

3.4　相机视图

相机是虚拟物体，也就是说，我们看不到它们，至少在渲染的场景中是这样的，无论在 Blender 还是在 Unity 中都是如此。在接下来的几个步骤中，我们将通过构建一个以猴头为主角的简单场景来复习有关 Blender 的基本命令的知识。

< 步骤 1> 在 Blender 中，创建一个新文件。

< 步骤 2> 删除默认的立方体并创建一个猴头。将猴头向上移动 1 米。

< 步骤 3> 创建一个尺寸为 20 米的平面。

< 步骤 4> 把灯光移动到位置（3.8，–2.3，3.7）。

< 步骤 5> 选择"渲染视图着色"。与图 3.10 进行对比。

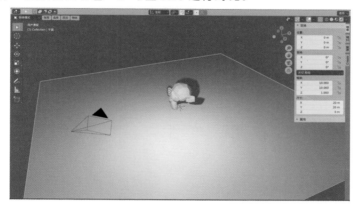

图 3.10　以猴头为主角的简单场景

把灯光移到前面，改善光照并显示阴影。

< 步骤 6> 通过输入 <numpad>0 或单击相机小工具进入相机视角。

一如既往，只有在鼠标悬停在 3D 视图编辑器中时，这些小键盘命令才能起作用。另外，Blender 需要是焦点窗口。有时，我们会把鼠标悬停在一个未被激活的 Blender 窗口上，疑惑为什么键盘上的快捷键命令没有生效。如果还没有经历过这种情况的话，你猜怎么着？迟早都会经历的。更糟糕的是，这个快捷键可能会被输入 Visual Studio 窗口并破坏代码。我已经警告过你了。

是时候回顾一下 Blender 编辑器的概念了。Blender 窗口由几个编辑器组成。你可能觉得它们是面板或窗口，但官方的说法是"编辑器"。它们并不总是很好找，尤其是它们以细长方框的形式呈现时。需要注意的是，每个编辑器的左上角都有一个下拉菜单，显示着一个该编辑器特有的神秘图标。图 3.11 圈出了 Blender 窗口中的 4 个正在运行的编辑器的图标。

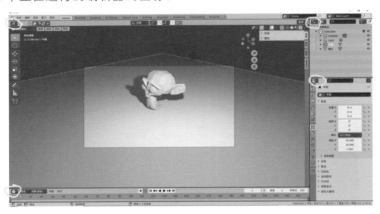

图 3.11　4 个 Blender 编辑器

<步骤 7> 将鼠标分别悬停在 4 个编辑器的图标上，将它们的名称与以下列表进行对照：

- 3D 视图
- 大纲视图
- 属性
- 时间轴

这就是 Layout 工作区的默认编辑器设置。

<步骤 8> 看看其他工作区，检查它们的编辑器。然后再回到 Layout 工作区。

虽然这次的练习没有什么实际操作，但花时间去进一步了解 Blender 是很有用的。

<步骤 9> 在这个小插曲之后，在"大纲视图"编辑器中选择 camera，然后在"属性"编辑器中对相机的位置和旋转坐标进行试验。使用 <Ctrl>z 来撤消操作。

这里值得讨论一下。相机的初始 X 位置是 7.3589 米。我们可以向左向右拖动这个数字。当这个数字增加和减少时，相机就会沿着红色的 X 轴移动。同样，Y 位置控制着沿 Y 轴的移动。Z 轴也是同理。为了便于查看，请把平面向下移动一点，以在猴头下面显示的坐标轴和网格。

旋转目前设置为（63.6，0，46.7）。旋转 X 使相机左右转动，旋转 Y 使相机倾斜，旋转 Z 使相机上下移动。在航空术语中，X 是偏航，Y 是侧滚，Z 是偏角。虽然这些坐标有着和坐标轴相同的名字，但它们不是三维坐标，而是欧拉角（Euler angles），在 Blender 中以度数来计算。欧拉角是以瑞士数学家莱昂哈德·欧拉（1707—1783）的姓氏命名的。他的姓氏"Euler"的英语发音是"oiler"，和休斯顿油人队[①]一样，而不是"you–ler"。

欧拉角是 Blender 用来描述 3D 旋转的默认数字。在计算机图形学中，四元数通常是描述旋转的首选方法。在 Unity 中处理游戏对象的旋转时，我们会用到它们。不过，并不是只有在了解四元数后才能使用它们，Unity 已经为我们把所有必要的代码写好了。

继续下一步，保存并切换到 Unity。

< 步骤 10> 文件 – 另存为…在 3Dtest/Assets 文件夹中保存 cameratest.blend。

< 步骤 11> 退出 Blender。

< 步骤 12> 在 Unity 中打开 3Dtest 项目。

之前的猴头和空的 gameobject 仍然留在那里，但我们不再需要它们了，所以要把它们都删除。

< 步骤 13> 在层级面板中删除 Suzanne 和空的 gameobject。

< 步骤 14> 在 Assets 文件夹中选中 cameratest。我们将导入一个灯光和一个相机，以在 Unity 中更仔细地研究它们。

< 步骤 15> 将 cameratest 拖入层级面板。

灯光太亮了，必须调整。

< 步骤 16> 展开"cameratest"。

可以看到其中还有导入的 Light。Unity 默认还有 Directional Light。

< 步骤 17> 关闭 Directional Light。

---

① 译注：又称"油工队"，成立于 1960 年，三年内夺得两次冠军。1996 年搬到田纳西，后于 1999 年更名为田纳西泰坦队。

　　　　　　　　像往常一样，我们需要做的是在选中 Directional Light 后，在检查器面板的顶部取消勾选它。光照还是有些过于亮了。

< 步骤 18> 在 cameratest 层级中选中 Light，在检查器中查看 Light 的属性。可以看到强度是 1000。不管它究竟意味着什么，这个数字感觉实在太高了。依次尝试将"强度"设置为 1、10 和 100，并最终设为 10。

< 步骤 19> 选择"游戏"标签页。

　　　　　　　　啊哈！现在看起来和 Blender 中的相机视角差不多了。不过 Unity 中的色调偏蓝，并且长宽比也不同。先来修改一下长宽比。

< 步骤 20> 在"游戏"面板中把长宽比改为 16：9，如图 3.12 所示。

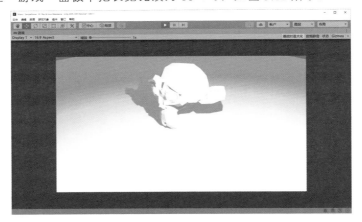

图 3.12　调整了光照后的 Unity 中的猴头

　　　　接下来，我们要去除光线的蓝色调。

< 步骤 21> 窗口 – 渲染 – 光照，单击"环境"，然后将"环境照明"的"源"改为"颜色"。关闭"照明"窗口。

　　　　　　　　可以看到，游戏现在是以黑白显示的。蓝色是由"环境照明"设置生成的。如你所见，光照是一个比较复杂的问题。第 21 章的后面部分将会探讨更多与 Unity 中的照明有关的问题。

< 步骤 22> 在 cameratest 层级中选中 Camera，在检查器中查看位置和旋转的值。就像之前在 Blender 中做的那样，尝试更改这些值。

我们很快就发现，从概念上讲，这些数字的工作原理与 Blender 中的数字很相似，但它们之间仍然存在着一些不同。例如，相机的旋转在 Unity 中是 Z，但在 Blender 中是 Y。这是因为 Unity 和 Blender 所使用的坐标系不同。

< 步骤 23> 保存。

本节中，我们研究了 Unity 和 Blender 中的一些 3D 知识，并比较了这两个应用程序之间的细微差别。接下来，我们将会探索一些可供在线使用的 3D 资源。既然只需要动动鼠标就可以获得无数免费和低价的资源，我们完全没有必要从头开始创建游戏中的每一个资源。

3.5　3D 资源

早年进行游戏开发时，还不存在游戏资源市场。绝大多数资源都是由开发者自己从头开始创建的。这种方法有它的优点。开发者掌握着完全控制权，开发者拥有这些资源，并且开发者或开发者所属公司的其他人是唯一可以访问这些资源的人。但当互联网被广泛使用后，这一切都变了。现在，网站会出售或赠送各种资源，从纹理、图片库、3D 模型，甚至是可以被轻松地转变为专业游戏的完整资源集。

现实情况是，截至 2022 年，大多数开发者至少使用过一部分预制资源，从背景物体到草地纹理。只要是你能想到的，就一定能在市场上找到它，并且往往是免费的。这一节中，我们将探索游戏开发中的 3D 资源的两个主要来源：Unity 资源商店和互联网。作为一个练习，我们将尝试获取一个低多边形的电脑显示器。

< 步骤 1> 上网搜索 "low poly computer monitor Blender（低多边形电脑显示器 Blender）"。

我们会找到许多搜索结果。其中不仅包括那些专门制作 3D 模型的公司所提供的产品，还包括关于如何在 Blender 中制作显示器的教程和延时视频。

要多么深入地对这个世界进行研究完全取决于你。你需要了解这些网站，以便能在适当的时候找到并使用其他人的作品。就目前而言，只需要大致知道能在网上找到什么东西，就是一个不错的开始了。

它有助于拓展你的视野，学习如何从其他格式的文件导入模型，而不仅仅是 .blend。许多其他常见的文件格式，比如 .obj 或 .bx，都可以被导入到 Blender

和 Unity 中。提供 .bx 和 .obj 文件的两个特别实用的网站是 turbosquid.com 和 sketchfab.com。

　　另一个非常流行的将 3D 资源导入项目的途径是 Unity 资源商店。以前，资源商店是被紧密地集成在 Unity 中的，但现在只能通过浏览器或软件包管理器访问它了。若想尝试访问资源商店的话，请按照以下步骤操作。

< 步骤 2> 访问 assetstore.unity.com，搜索 computer monitor（电脑显示器），按价格排序（从低到高）。

　　在众多有趣的免费项目中，可以看到"Low Poly O ce Props – LITE"。请自由探索并在 3Dtest 项目中尝试使用一些免费资源。

　　在第 4 章中，我们将着手开发本书所包含的两个大型项目中的第一个：DotGame3D。

第 4 章 设计 3D 重制版

本章中，我们将着手开发游戏 DotGame3D，这是 DotGame 的 3D 重制版。Unity 使这一切都变得相当简单，因为 2D 版本也是用 Unity 开发的。我们将以之前《Unity 2D 游戏开发》中的版本作为基础。我们将把这个 2D 游戏变成一个 3D 游戏，用 3D 模型替换精灵，更新代码，并完成其他必要的修改。如果时间允许的话，我们还将添加更多的关卡和功能。

4.1　2D 游戏 Dotgame

在本节中，你将从 franzlanzinger.com 下载游戏 DotGame。即使系统上已经有这个项目了，也应该下载网站上的这个版本，以确保步骤与本书兼容。我们将会玩一下这个游戏，对它有大致的了解。之后，我们还会在 Unity、Blender、GIMP 和 Audacity 中仔细研究 DotGame 的资源。

< 步骤 1> 在浏览器中，访问 franzlanzinger.com，并单击 BOOKS 标签。

< 步骤 2> 单击 Click here for Resources for 2D Game Development with Unity（单击这里以查看《用 Unity 开发 2D 游戏》的资源）。

< 步骤 3> 单击 Projects and Videos（项目和视频）。

< 步骤 4> 单击 Final DotGame 项目的链接，等待下载完成。

它大约有 130 MB，所以在快速的网络连接下，大约需要一分钟的时间来下载。

< 步骤 5> 将下载的压缩文件移动到 3DGameDevProjects 文件夹中并解压。

< 步骤 6> 将新解压的 DotGame 文件夹重命名为"DotGame_Old"。

< 步骤 7> 将 DotGame 子文件夹上移一级到 3DGameDevProjects 文件夹。

< 步骤 8> 删除 DotGame_Old 文件夹，因为它现在是空的。

现在，3DGameDevProjects 文件夹中应该包含以下子文件夹。3DTest、DotGame、Toycar 以及下载的压缩文件。我们需要保留这个压缩文件，以

防出现意外错误并需要重新开始。如果这个文件夹中还有一两个 toycar 文件，把它们移到 toycar 文件夹中。

< 步骤 9> 启动 Unity Hub，单击"打开"，并选择 DotGame 文件夹。

刚刚下载的项目使用的是 Unity 2019.3.0f6 版本。现在，我们要把这个旧项目更新到当前所使用的 Unity 版本，2020.3.0f1。

< 步骤 10> 把 DotGame 的 Unity 版本改为 2020.3.0f1。

只需要在下拉菜单中选择 2020.3.0f1 就可以了。

在 Unity hub 中更改 Unity 版本，当在下一步打开 Unity 中的项目时，要求更新到新的版本。

< 步骤 11> 单击 Unity Hub 中的 DotGame，启动 DotGame 项目。你会被提示需要将项目升级到 2020.3.0f1。确认并等待升级过程结束。

< 步骤 12> 在 Assets 文件夹中，双击 Scenes，然后双击 TitleScene。

< 步骤 13> 在游戏面板中关闭"播放时最大化"，然后播放游戏。游戏应该显示如图 4.1 所示的 TitleScene。

图 4.1　Unity 中的 DotGame 标题场景

在标题场景播放完毕后，游戏会自动跳转到菜单场景。

< 步骤 14> 将鼠标悬停在 Play DotGame 上并单击。

这个游戏是为在大屏幕上游玩而设计的，所以我们需要在打开"播放时最大化"的情况下重新开始。另外，如果这是你第一次接触这个游戏的话，显然会遇到一个亟待解决的问题：控制方式是什么？它们很简单，但如果你不知道的话，就很快会被卡住。游戏的主角名叫 Dottima，我们用键盘上的方向键移动她，用空格键射箭。还可以通过跑到炸弹上来捡起炸弹，然后用空格键投掷炸弹，点燃炸弹的引信。

<步骤 15> 停止游戏，打开"播放时最大化"，然后再开始玩。到达 Level 3 后停止游戏。

我们是在 Unity 内玩的游戏，当然，这些游戏是被设计为在 Unity 之外游玩的。压缩文件不包含 build，但项目已经被设置好了，随时可以创建一个。

<步骤 16> 文件 – 生成设置。单击"生成"，并新建一个名为"build"的新文件夹。然后继续生成。

<步骤 17> 退出 Unity，在 build 文件夹中运行 DotGame.exe。

这一次，我们将尝试通关游戏。观察不同的游戏对象，它们的外观如何以及它们是如何行动的。如果没有通过全部的 6 个关卡，可以之后再试。是的，有 6 个关卡，而唯一有点难度的关卡是第 6 关。一旦完成第 6 关，游戏就结束了。

在下一节中，我们将计划如何把这个简单的 2D 游戏变成 3D 游戏。

4.2　改造 DotGame

DotGame 3D 将是一个重制版（remake），而不是一个复刻版（remaster）。这两者之间存在着微妙的区别。复刻版是保留一款老游戏的大部分游戏玩法，并改进资源。例如，复刻版可能是把一款老 PS3 游戏复刻为 PS4 版本，改进纹理和 3D 模型，就像许多个 3A 级 PS3 游戏曾经做过的那样。复刻版也可能会改善光照、阴影和音质。复刻版是否能够改变游戏玩法是一个存在争议的问题。游戏玩法上的少许改变通常可以被接受的，但复刻版的主要目标是重现包括所有的缺陷在内的老游戏的原貌。当然，通常还是建议把之前的 bug 修复一下，但即使是这样，也需要进行权衡。

另一方面，重制版有更多改变游戏的自由，有时甚至是巨大的改变。作者本人1990 年为 NES、SNES 和 Genesis 开发并由天元（Tengen）发行的《吃豆人小姐》，就是原版街机游戏《吃豆人小姐》的重制版。重制版在原有的 4 个关卡之外增加了几十个全新的关卡，还有多人游戏、加速模式等内容。在某些情况下，当游戏与之前大相径庭时，真的不应该再称它为"重制版"，而应该称它为"续作"。

　　当原版游戏的硬件与新版本相比有很大的不同时，新游戏通常被称为"移植版"。从街机移植到游戏机在 20 世纪 90 年代很常见，有时的移植效果很差，特别是当游戏机的性能比不上原来的街机硬件时。如今，把游戏移植到性能较差的硬件上的情况已经很少见了，不过有时我们还是会看到原本在性能更强大的主机和 PC 上发行的游戏被移植到移动设备上。

　　那么，DotGame3D 应该是续作、重制版还是移植版呢？这取决于游戏会有多大的变化，以及我们是否要把 DotGame3D 移植到移动设备上。为了使事情简单化，我们将暂时搁置移植到移动设备上的计划，留待以后考虑。至于重制还是复刻，我们认为原来的 2D 游戏的流程太短、太简单了，所以我们肯定会把目标放在带有额外奖励关卡的重制版上。

4.3　控制

　　由于 3D 游戏的性质，3D 游戏的控制比摇杆和一两个按键要复杂得多。我们将需要支持近代的游戏控制器，通常称为游戏手柄，可能还需要拥有一个。如果你——也就是本书的开发者和读者——还没有游戏手柄，是时候获取一个了。挑选手柄的时候，请选择一个与所有系统都兼容的游戏手柄。只要多看看，你就可以找到同时适用于 PC 和 Mac 的控制器。

　　我们要保持操作简明易用，用左和 / 或右摇杆控制 Dottima 的移动，用 A 键控制射击。可以添加对 Dottima 受到伤害时的振动的支持。

　　通常情况下，最好在开发过程中通过实验来确定控制的感觉和细节。至少在开发过程中，我们计划支持鼠标和 WASD 键盘控制，以及游戏手柄。在测试期间尝试过一些替代方法后，我们才会对控制方式做出最终决定。

4.4　相机

　　在 3D 游戏中处理相机是很棘手的。糟糕的相机编码可能会毁掉一个 3D 游戏，所以要特别留意这一点。在开始之前，我们需要考虑这个游戏需要哪种基本的相机系统：第一人称还是第三人称？

　　一些早期的 3D 游戏只支持第一人称，也就是相机位于玩家角色的头部附近的视角。这意味着我们无法看到玩家角色。这当然不适合 DotGame，玩家角色是这个游戏的一个重要组成部分，所以她不应该是隐形的。

　　有三种基本的第三人称相机方案：固定、跟随或用户控制。固定方案是将相机放在一个固定的位置。跟随式相机根据玩家角色的移动而移动。用户控制的相机则允许玩家以各种方式控制相机，典型的做法是让相机绕着玩家旋转，可以从侧面或背后观察角色。最后，一些游戏允许存在多种相机方案，玩家可以在选项菜单中自行选择。

　　现在，我们还无法确定哪种相机方案最适合 DotGame3D，所以我们打算在时间允许的情况下，把它们都试一遍，然后再选择最佳方案。所以，话不多说，让我们开始工作吧！我们首先将把 Dottima 创建为一个 3D 角色，并创建项目。下一章中，我们要完成这些工作。

▎ 第 5 章　3D 角色 Dottima

本章将以 2D 版本的游戏为基础，开发一个 3D 版本的角色。在进行其他步骤之前，我们需要先创建 Unity 项目。然后，我们将使用 Blender 为 Dottima 建模。最后，我们将把 Dottima 导出到 Unity，并让她在标题动画中移动。

5.1　创建项目

我们已经有 2D 项目了，所以我们的计划是创建一个副本，在副本中更改名称，并在适当的地方打开 3D 设置。我们将保留原来的 2D 项目作为参考。

<步骤 1> 在操作系统中，将 DotGame 文件夹复制到 3DGameDevProjects 文件夹中的一个新建的文件夹，为新建文件夹起名为"DotGame3D"。

<步骤 2> 在 Unity hub 中，单击"打开"并选择新建的 DotGame3D 文件夹。然后单击它以启动。

<步骤 3> 测试。

我们需要确保副本仍在正常工作。到目前为止，唯一的新内容是项目的标题。游戏本身的标题场景中仍然显示着"DotGame"这个名字。我们需要通过更新标题来开始重制工作。

<步骤 4> 在层级面板中，选中 DottimaFace 并在检查器中向下滚动，直到看到 DottimaFace 的脚本。

可以看到检查器中列出了一个名为"Dottima Title（脚本）"的脚本。

<步骤 5> 在 Assets 文件夹中，双击 Scripts。双击 DottimaTitle。

像往常一样，这么做将会在 Visual Studio 中打开这个脚本。在脚本的末尾处，我们会看到使用 GUI.Box 函数调用生成标题的地方。

<步骤 6> 在 Visual Studio 中将标题文本从"DotGame"改为"DotGame 3D"，然后键入 <Ctrl>s 保存。

标题中的"3D"前有一个空格，但在提起游戏的时候，通常会省略该空格。

<步骤 7> 在 Unity 中播放。与图 5.1 进行对比。

图 5.1　3D 角色 Dottima 的标题界面

<步骤 8> 停止游戏模式。

再次强调一下在玩完之后退出游戏模式的重要性。为了帮助实现这一点，请确保"播放时最大化"处于启用状态。

<步骤 9> 在项目面板中查看 Assets/models。

在那里我们可以看到 5 个 Blender 模型。没错，2D 游戏中的一些图形是用 Blender 制作的。我们将能够重复利用这些资源！下一节中，我们将在这个文件夹中创建并存储 Dottima 的 3D 版本。

<步骤 10> 保存并退出 Unity。

其实这里没有什么保存的必要，因为我们只更改了脚本文件。如果忘记保存的话，Unity 会视情况提醒你。最好不要让 Unity 处于运行状态而不进行保存，然后去做其他事。这可能会导致修改丢失。

5.2　在 Blender 中建立 3D 模型

现在，我们已经创建了这个项目，有了一个可以存储 3D Dottima 的 blend 文件的地方。这一节中，我们将通过创建一个薄薄的圆盘来为 3D Dottima 建模，圆盘的一边是 Dottima 的面部纹理。下一节中，我们将使面部特征动画化。

< 步骤 1> 启动 Blender，在 DotGame3D 项目的 Assets/models 中保存名为"Dottima"
的模型。

Dottima 的 2D 版本称为"DottimaFace"，3D 版本称为"Dottima"。

< 步骤 2> 删除默认的立方体。

注意，我们现在看到的是 Layout 工作区中的默认 3D 视图。

< 步骤 3> 键入 <Shift>A，然后**网格 – 柱体**。

< 步骤 4> 输入 gz1< 回车键 >。

< 步骤 5><numpad>1。与图 5.2 进行对比。

我们正在以正交前视图中查看柱体。我们的计划是压扁柱体并旋转它。但首
先，我们需要为这个柱体重命名，以便不与之后要创建的其他柱体相混淆。

< 步骤 6> 在大纲视图中将柱体重新命名为"Dottima"。

下一步是旋转 Dottima，使它面向我们。查看右上角的坐标轴小工具可以发现
X 轴是水平的，所以我们将围绕这个坐标轴旋转 90 度，以达到预期效果。

< 步骤 7> 输入 rx90< 回车键 >。

很棒！但美中不足的是，这个圆盘还是太厚了。让我们从上方看看它。

< 步骤 8> 键入 <numpad>7。

再检查一下坐标轴小工具，可以发现 Y 轴对应着柱体的高，所以我们需要沿
着 Y 轴线缩小柱体，如下所示。

< 步骤 9> 输入 sy0.2< 回车键 >。

< 步骤 10> 移动视图，使其与图 5.3 大致相符。

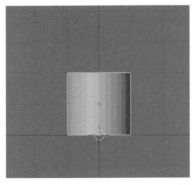

图 5.2　从圆柱体开始为 Dottima 建模

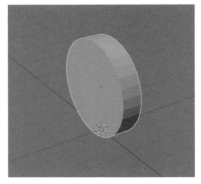

图 5.3　正在成为 Dottima 的薄圆盘

0.2 的缩放系数是一个有根据的猜测。我们随时可以用鼠标来调整比例系数，而不是输入它。为了使项目与书中的项目保持一致，请不要自行更改，至少现在不要。

可以看到，圆盘的边缘不够光滑，所以我们需要打开平滑着色。

< 步骤 11> 确保 Dottima 仍然处于被选中的状态，然后单击右键，从中选择平滑着色。与图 5.4 进行对比。

接下来，我们要用较小的圆盘为眼球和瞳孔建模。我们已经决定不完全忠实于原创美术作品。只要能看出新的 3D 角色 Dottima 是 Dottima，或是 Dottima 的 3D 表亲，就可以了。我们将使用图 5.1 作为大致的参考。在这种情况下，有两个显示屏是非常实用的，一个显示屏用来参考图像，另一个用来显示 Blender 窗口。

< 步骤 12> 在 Layout 工作区选择"线框视图着色方式"，打开透视模式。与图 5.5 进行对比。

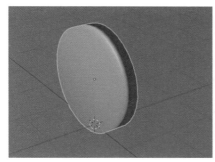

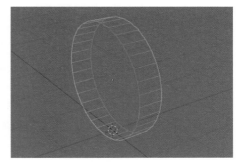

图 5.4　带有平滑着色的 Dottima　　　　图 5.5 开启了透视模式的线框视图着色方式

< 步骤 13> 键入 <numpad>1<numpad>< 句号 >。

这将放大视图，使 Dottima 看起来非常大且居于屏幕中央。

< 步骤 14> 键入 <Shift>Ds0.2< 回车键 >。

这将复制 Dottima，并将她按 0.2 的系数缩放。

< 步骤 15> 在大纲视图中把"Dottima.001"重命名为"right eye"。

< 步骤 16> 移动右眼，使其与图 5.6 大致相符。

当然，这一步是通过 g 命令完成的。把右眼放置在与图 5.6 中的参考图像大致相同的位置即可。

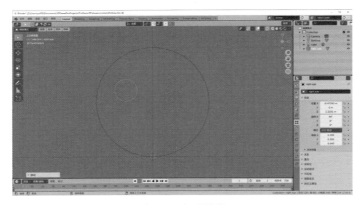

图 5.6　右眼就位

< 步骤 17> 键入 <Shift>Dgx1< 回车键 >。

< 步骤 18> 将 "right eye.001" 重命名为 "left eye"。

< 步骤 19> 对左眼的位置进行微调，使其与右眼对称。

进行这一调整时，我们要键入 "gx"，然后用鼠标进行调整。仔细观察网格线，确保眼睛是对称摆放的。

< 步骤 20> 通过移动眼睛使其成为 Dottima 网格的一部分来改变大纲视图中的层级。这可以通过按住 <Shift> 分别将两只眼睛拖到大纲视图中的 Dottima 上面来实现。

< 步骤 21> 在大纲视图中展开 Dottima 和两只眼睛。与图 5.7 进行对比。

不需要为这些柱体对象重命名。

< 步骤 22> 将鼠标悬停在 3D 视图中，键入 <numpad>7。

正交顶视图显示眼睛在 Dottima 的内部。为了能看到它们，我们现在需要把它们向前移动。

< 步骤 23> 选中一只眼睛，然后按住 <Shift> 选中另一只，使两只眼睛都同时被选中。

这么做的时候，新选中的眼睛会变成黄色，之前选中的眼睛会变成红色。这表明你已经选中了两只眼睛。

< 步骤 24> 键入 gy，移动鼠标，然后在大部分的眼睛都在 Dottima 之外时单击左键，如图 5.8 所示。

请记住，随时可以键入 <Ctrl>z 来撤消操作，如果需要撤消多个操作的话，就反复 <Ctrl>z。

图 5.7　带有眼睛的 Dottima 的层级

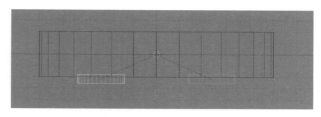

图 5.8　眼睛在正确位置的 Dottima

<步骤 25> 切换到正交前视图，用 <Shift>D 创建瞳孔，缩放系数为 0.35。将它们向前移动到如图 5.9 所示的位置。

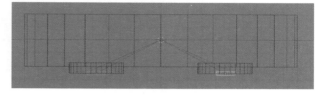

图 5.9　眼睛有瞳孔的 Dottima

<步骤 26> 如上文所述，通过将"left eye.001"重命名为"left pupil"来更改大纲视图中的层级，对右眼进行类似的操作。然后在大纲视图中将两个瞳孔移至它们各自对应的眼睛下。

展开后的层级现在应该和图 5.10 一样。

图 5.10　Blender 大纲视图中显示的 Dottima 的眼睛和瞳孔的层次结构

<步骤 27> 关闭透视模式，使用"实体视图着色方式"。

<步骤 28> 为了以更好的视角查看 Dottima，请键入 <numpad>442222。

<步骤 29> 选中 Dottima 并与图 5.11 进行对比。

现在,是时候为 Dottima 上色了。不过在那之前,先把工作保存一下。

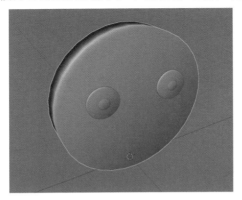

图 5.11　有了眼睛和瞳孔的 Dottima

<步骤 30> 保存。

在下一节,我们将探索 Blender 中的纹理和纹理绘制。在之前的项目中,我们在 Unity 中为 Blender 对象创建了材质和颜色。这一次,我们将在 Blender 中完成这一过程,并将材质和纹理导出到 Unity 中。

5.3　为 Dottima 绘制纹理

我们的计划是为 Dottima 绘制纹理中的面部特征,并将眼睛涂成黄色,瞳孔涂成黑色。我们会先处理眼睛和瞳孔。首先,我们将为眼睛创建黄色的材质。

<步骤 1> 在"大纲"视图中选中 left eye。

<步骤 2> 在"属性"编辑器中,单击靠近图标栏底部的"材质属性"图标。

如果还没有尝试过的话,逐个把所有的属性图标都单击一遍是很有教育意义的,从顶部的"活动工具和工作区设置"开始,一直到最后的"纹理属性"。材质属性图标就在纹理属性图标的上方。"材质属性"图标就在"纹理属性"的上方。

"材质属性"部分显示了当前所选中的对象的名称,下面则显示了当前为空的材质列表。

<步骤 3> 单击"新建"。

　　我们立即得到了一个默认材质，它的名称为"材质.001"。你可能会好奇 001 这个数字是怎么来的，其中的缘由确实比较难猜。实际上，默认的立方体有一个材质，当我们删除它后，这个材质仍然存在。这导致任何新材质的初始名称都会是"材质.001"，之后是"材质.002"，等等。

　　为了保持有条有理，我们将把"材质.001"重命名为"yellow material"。

<步骤 4> 双击材质列表中的"材质.001"，将其重命名为"yellow material"。

　　注意，对 yellow material 的引用也自动改变了它的名字。接下来，我们将真正把这个材质变成黄色。

<步骤 5> 用 Blender 中的选色器选择把"基础色"改为黄色，如图 5.12 所示。

　　为了在 3D 视图中实际看到黄色材质，请按照以下步骤进行操作。

<步骤 6> 选择"材质预览视图着色方式"。

<步骤 7> 选中 right eye，通过使用新建按钮左边的下拉菜单"浏览要关联的材质"，将黄色材质关联到右眼。

<步骤 8> 使用刚刚用来把眼睛变为黄色的方法，把瞳孔变成黑色，Dottima 变成紫色。进行这一步时，要创建一个黑色的材质和一个紫色的材质。与图 5.13 进行对比。

　　我们当然可以就这样不管它了，但现在的 Dottima 看起来和 2D 版本的她太不一样了。我们将使用纹理绘画为 Dottima 绘制纹理。我们将用黑色墨水绘制 Dottima 的睫毛、鼻子和嘴。

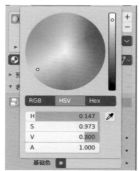
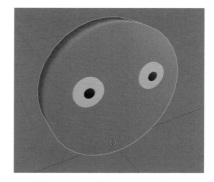

图 5.12　"yellow material"选为基础色　　图 5.13　带有紫色、黄色和黑色材质的 Dottima

<步骤 9> 如果没有选中 Dottima 的话，选中它，然后选择 UV Editing 工作区。与图 5.14 进行比较。

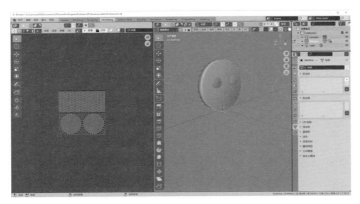

图 5.14　UV 编辑模式下的 Dottima

可以根据需要进行缩放。如果不小心取消了对 Dottima 的选择，在右侧的面板中输入 a，再次选中她。

如你所见，现在显示着两个面板。左边的面板是 UV 编辑器，右边的面板是编辑模式下常见的 3D 视图。3D 视图实用实体视图着色方式显示了 Dottima。UV编辑器显示了 Blender 是如何将 Dottima 的柱体网格的面映射到一个正方形的纹理上的。这个纹理还不存在，所以我们需要先创建它。

<步骤 10> 在 UV 编辑器中，执行命令**图像 – 新建**，命名为"Dottima Head"，取消勾选 Alpha，颜色设为**紫色**，然后确定。

现在，UV 编辑器中显示了 Dottima Head 图像，一个在 UV 面下方的纯紫色图像。该图像也被放大了。

<步骤 11> **图像 – 另存为 ...** 在 DotGame3D Unity 项目的 Assets/models 中，把图像保存为 dottima_texture.png。

我们并不是必须要把这张图片保存在这里，但尽快设置好这个纹理的保存位置是很有好处的。我们使用的是 .png 文件格式，在可以选择的情况下，这是我们首选的纹理图像格式。png 格式的使用范围很广，它是非专有的，并且具有我们需要的所有功能，包括无损压缩以及通过可选的 Alpha 通道支持透明度。

现在，我们已经准备好进入 Texture Paint 工作区了。

<步骤 12> 选择 Texture Paint 工作区。

左边的面板显示了绘画模式下的图像编辑器，可以直接在纹理上进行 2D 绘画。右边的面板显示了纹理绘制模式下的 3D 视图编辑器，可以直接在 3D 网格上绘制。我们还没有完成所有设置，但已经快了。

<步骤 13> 在左边的图像编辑器中，找到"浏览要关联的图像"下拉菜单，然后选中 Dottima Head。确保你仍然处于纹理绘制模式。

现在，我们呢可以在图像编辑器中绘画了。如果愿意的话，可以用一个大的白色画笔，用鼠标尝试绘制，但要记得用 <Ctrl>Z 来撤销测试操作。如你所见，3D 模型没有任何变化。这是因为它还没有设置好。

<步骤 14> 在属性面板中选择"材质属性"。

应该可以看到我们在步骤 8 中创建的紫色材质。

<步骤 15> 单击紫色基础色左边的黄点，选择"图像纹理"，然后将其关联到 Dottima Head。最后，选择属性面板顶部的名为"活动工具与工作区设置"的图标。

恭喜！我们现在已经设置好了纹理，做好了进行纹理绘制的准备。

<步骤 16> 文件 – 保存。

为了进行一些实验，我们需要保存，然后在实验完毕后重新加载文件。

<步骤 17> 试试 2D 图像面板和 3D 视图面板中的不同绘画工具。实验完毕后，加载上一步保存的文件，或进行多次撤消。

<步骤 18> 将鼠标悬停在 3D 视图面板上，然后键入 <numpad>1。

<步骤 19> 放大 Dottima，使其与图 5.15 大致相符。使用鼠标滚轮进行缩放，<Shift>MMB 进行平移。

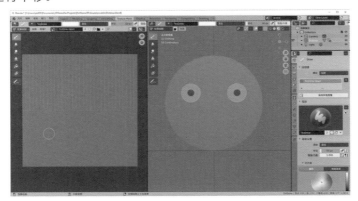

图 5.15　为 Dottima 的面部特征设置纹理绘制

<步骤 20> 在属性面板的拾色器中选择黑色，然后画出睫毛、鼻子和嘴巴。在这个过程
中，请根据需要调整画笔半径。尽量与图 5.16 保持一致。

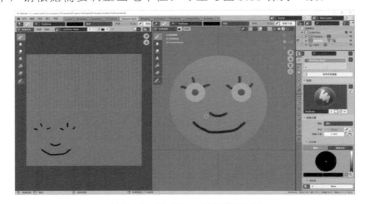

图 5.16 Dottima 的面部特征

<步骤 21> 修饰背部。键入 <Ctrl><numpad>1 来显示背部。

具体怎么做完全取决于你。想画什么就画什么。比如，图 5.17 中的红色蝴蝶
结怎么样？请再画一些红色蝴蝶结以外的东西。这是发挥个人创造力的好机会。

请注意，现在图像绘制面板上的"图像"旁边有一个星号。这意味着需要保
存图像文件。

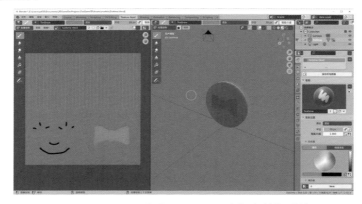

图 5.17 要不要为 Dottima 画一个红色的蝴蝶结

< 步骤 22> 图像 * – 保存。

这将保存与图像绘制面板相关联的图像文件。Blender 这里也使用的是星号这个惯例标记，表示图像已经被更改了，需要保存。

< 步骤 23> 文件 – 保存并退出 Blender。

如果忘记保存图像，"文件 – 保存"命令将不会弹出提示，但如果试图在图像文件中还有未保存的改动时退出 Blender，Blender 会弹出提示，并让你进行保存。

现在，我们已经准备好在 Unity 中试用 Dottima 了。

5.4　在 Unity 中控制 Dottima

现在，我们将把 Dottima 导入 Unity 并控制她在标题场景中的运动。

< 步骤 1> 在 Unity 中载入 DotGame3D。

现在，层级面板中应该含有 TitleScene，并且选择的是游戏面板。

< 步骤 2> 选择场景面板。

应该可以在左边看到 2D 的 Dottima 精灵。我们的第一个目标是导入 Dottima 的 3D 模型，并用它来替换 DottimaFace 游戏对象。

< 步骤 3> 在 Assets/models 文件夹中，选中 Dottima。

文件夹中也可以看到 dottima_texture.png 资源，这是我们之前在 Blender 中保存的纹理绘制结果的图像。我们将不会直接使用这个纹理，因为 Dottima 的 blend 文件将为我们引用它。

< 步骤 4> 在 Dottima 的导入设置中，取消勾选"导入相机"和"导入灯光"，然后单击"应用"。

我们不需要这些相机和灯光。

< 步骤 5> 将 Dottima 从 Assets/models 文件夹拖到层级面板中。与图 5.18 进行对比。

3D 的 Dottima 看起来又黑又小，并且背对着我们。我们将按部就班地解决这些问题。

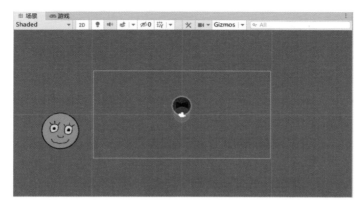

图 5.18　Dottima 导入 Unity，还需要进一步处理

<步骤 6> 游戏对象 – 灯光 – 定向光。

这样就可以了。Dottima 看上去好一些了。为了进一步改善光照，在检查器中编辑灯光的旋转。

<步骤 7> 将定向光的旋转改为（0，0，0）。

这样做的效果是让定向光直直地从相机处指向远方。Dottima 现在的尺寸大约是所需尺寸的一半，所以我们要在导入设置中更改缩放系数，如下所示。

<步骤 8> 在 Assets/models 中选中"Dottima"，然后在检查器中把缩放系数改为"2"，然后应用。

现在，Dottima 的尺寸与原来的 2D DottimaFace 游戏对象差不多了。接下来，我们将把 Dottima 转过来，让她面向相机。

<步骤 9> 在层级面板中选中 Dottima，展开它，选择 Dottima 子对象，然后在检查器中把 Y 轴旋转改为 180。

接下来，我们要用 Dottima 替换 DottimaFace。当我们在检查器中查看 DottimaFace 时，可以看到它有一个脚本组件，其中包含名为 DottimaTitle 的脚本。我们将尝试让 Dottima 使用相同的脚本。如果运气好的话，它能直接成功。

<步骤 10> 在层级面板中选中 Dottima，用移动工具把它移到 DottimaFace 之上。

<步骤 11> 选中 DottimaFace 并在检查器中禁用它。与图 5.19 进行对比。

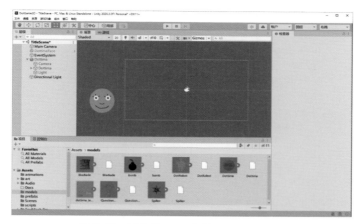

图 5.19　TitleScene 中的 Dottima 设置

< 步骤 12> 转到 Assets/scripts，双击 DottimaTitle。

脚本将被在 Visual C 中打开。这就是我们在本章开始时为了把游戏的标题更新为 DotGame 3D 而进行过修改的那个脚本。现在是一个深入研究这个脚本的好时机。

```
using System.Collections;
using System.Collections.Generic;
using UnityEngine;
using UnityEngine.SceneManagement;

public class DottimaTitle : MonoBehaviour
{
    float timer = 7.0f;
    // Start is called before the first frame update
    void Start()
    {

    }
    // Update is called once per frame
```

```
                void Update()
                {
                    float delta;
                    delta = Time.deltaTime;
                    gameObject.transform.Translate(
                        new Vector3(delta * 4.0f, 0.0f, 0.0f));
                    timer -= delta;
                    if (timer < 0)
                    {
                        SceneManager.LoadScene(GameState.MenuScene);
                    }
                }
                private void OnGUI()
                {
                    GUI.backgroundColor = Color.clear;
                    GUI.color = Color.yellow;
                    GUI.skin.box.fontSize = (int)(Screen.width / 9.0f);
                    GUI.Box(new Rect(
                        0.0f,
                        Screen.height * 0.1f,
                        Screen.width,
                        Screen.height * 0.3f),
                        "DotGame 3D");
                }
            }
```

可以看到，有一个 timer 变量被初始化为 7.0f，这应该仍然有效。OnGUI 函数只是绘制出了游戏的标题，所以同样，这应该也可以正常工作。Update 函数通过调用 Translate 函数来移动 gameObject，直到 timer 达到 0。然后，它就会使场景退出并转换为 MenuScene。

< 步骤 13> 将 DottimaTitle 脚本拖到层级面板中的 Dottima 上。

是时候尝试运行它了。

< 步骤 14> 测试。

这似乎是可行的。为了理解发生了什么，我们将在游戏运行时在场景面板中查看游戏。

<步骤 15> 如果没有取消游戏面板中的"播放时最大化"的话,请取消。把布局改为
"2×3",然后测试。与图 5.20 进行对比。

图 5.20 使用 2×3 布局运行 DotGame

在 2×3 布局中,我们可以同时看到场景和游戏面板。Dottima 在屏幕上移动,就
像她的 2D 表亲那样。唯一的区别是,现在缺少了挤压的动画。

<步骤 16> 使用默认布局。

<步骤 17> 保存并退出 Unity。

目前为止,我们只把 Dottima 放入了 TitleScene 中。我们当然很想把她放到
游戏里。但我们还没有做好准备。那些关卡目前是为 2D 设置的。在关卡场景被
设置成 3D 网格并有了视角相机后,我们就会把 Dottima 带入关卡场景中。

下一章中,我们将把 2D 游戏中的 DotRobot 角色重制为 3D 版本。

第 6 章 Blender 建模和动画

目前，我们已经以 2D 游戏 *DotGame* 为基础，把主角转换成了 3D 版本。我们把简单的标题场景动画更新为 3D 了，但还需要对游戏本身进行实质性的修改，才能重制为 3D 版本。我们的总体计划是把游戏中的所有角色升级为 3D，然后重建 3D 的关卡场景，最后更新代码，使游戏能够使用新的 3D 资源。

在本章中，我们将继续升级 DotGame3D 的美术资源。我们将重点关注"DotRobot"角色。幸运的是，这个角色是用预渲染技术创建的。预渲染是一种计算机图形技术，使用这种技术时，我们建立一个 3D 对象，可以选择性地对其进行动画处理，然后使用 3D 程序的渲染引擎来生成 2D 精灵。这可以产生看起来很真实的精灵，而且往往比在 2D 绘画程序中绘制精灵要容易得多。对于"DotRobot"角色，我们将能够使用 3D 模型，忽略生成精灵这一步，直接在 Unity 中运行角色的动画。这听起来很容易，但还是需要完成一些操作。

6.1 重制 3D 的 Dotrobot

我们已经成功了一半了，因为我们已经有了一个 3D 模型。预渲染技术就是这样的。

<**步骤 1**> 在 Blender 中，加载 Assets/models 文件夹中的 DotRobot.blend。与图 6.1 进行对比。

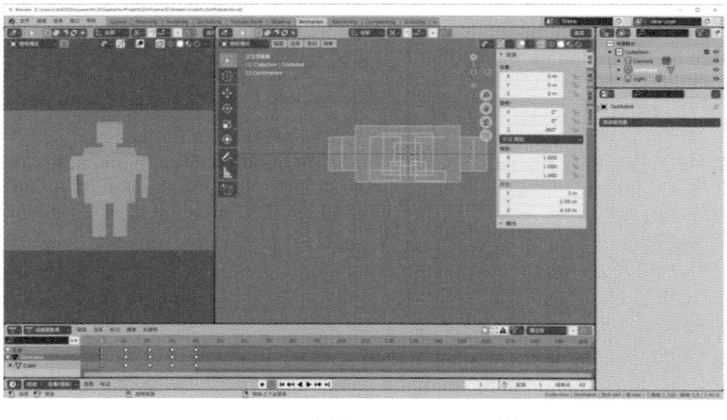

图 6.1 Blender 中的 DotRobot 模型和动画

可以看到，我们正在使用 Animation 工作区。

<步骤 2> 键入 <空格键>，观看动画。然后再次键入 <空格键> 以停止动画。

这是一个简单的行走动画。Blender 窗口有两个 3D 视图，一个动画摄影表，下面是时间轴以及右边常见的大纲视图和属性面板。

<步骤 3> 依次将鼠标悬停在 6 个编辑器类型的图标上，看看你是否能找到它们，并且全部的 6 个面板是否都显示出来了。

知道所有编辑器面板的位置和它们的作用是很重要的，特别是在切换工作区的时候。

<步骤 4> 在右侧的 3D 视图中，切换到"渲染视图着色方式"，并输入 <numpad>442222。与图 6.2 进行对比。

机器人是浅蓝色的。这是为什么呢？是材质的问题吗？

<步骤 5> 将视图着色方式改为"材质预览"。

这使得机器人变成了白色，所以蓝色的色调应该来自于光照。在 Blender 中，材质预览视图着色方式是在关闭光照的情况下渲染视图的，所以我们可以看到材质的真实颜色。

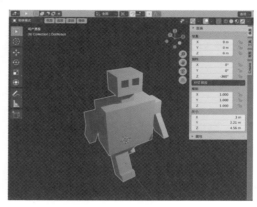

图 6.2　行走的机器人

<步骤 6> 转到 Layout 工作区，在大纲视图面板中选择 Light。

果然，我们现在可以看到，属性面板中的颜色被设置为浅蓝色。虽然我们可以让机器人保持原样，但既然都到这里了，不妨绕个小弯，给 DotRobot 制作纹理。

6.2　为 Dotrobot 制作纹理

本节中，我们将为 DotRobot 找到一个纹理，然后用它来使 DotRobot 看起来有金属质地。一个很好的免费纹理资源网站是 ambientCG.com。这个网站上的内容目前使用 CC0 许可，允许我们为任何目的使用相关的资源，而不需要标明版权。这意味着不需要注明出处，但如果你想的话，注明出处当然是很好的。对于 ambientCG.com 来说，建议的出处说明为"Contains assets from ambient CG.com, licensed under CC0 1.0 Universal"。

　　当然，互联网上存在着数不胜数的免费纹理，但这个网站至少能给你一些保证，他们的资源是免费使用的，不会构成版权侵犯。

< 步骤 1> 进入 ambientCG.com 并浏览该网站。

　　　　我们甚至不需要创建一个账号。这个网站专门提供 PBR 纹理。PBR 是"Physically Based Rendering（基于物理的渲染）"的首字母缩写。这种类型的纹理有着出色的逼真度。在 DotGame3D 中，我们并不是特别在意逼真度，只要纹理看起来不错就可以了。

< 步骤 2> 搜索 Metal 038。选择它并单击下载 1K–JPG。

< 步骤 3> 从下载文件夹中，把 zip 文件复制到 DotGame3D 项目中的 Assets/models 文件夹。在那里解压文件。

　　　　查看解压后的名为 Metal038_1K–JPG 的文件夹时，可以看到 5 个贴图：Color（颜色）、Displacement（位移）、Metalness（金属感）、Normal（常规）和 Roughness（粗糙度）。我们不会使用所有这些贴图。我们只对颜色贴图感兴趣。

　　　　当变得更加专业时，你会了解其他贴图的作用以及如何将它们与材质相结合。

< 步骤 4> 在 Blender 中打开 DotRobot.blend。

　　　　和以前一样，在 Blender 中为物体制作纹理时，首先要做的是对其进行 UV 编辑。

< 步骤 5> 打开 Layout 工作区。在时间轴编辑器中，将当前帧设置为 0。

　　　　这可以通过编辑"起始"和"结束点"指示器左边的"当前帧"指示器来实现。或者，也可以把蓝色的帧数小工具向左拖到 0。这一步需要在开始 UV 编辑之前完成。

< 步骤 6> 转到 UV Editing 工作区。

< 步骤 7> 在 UV 编辑器面板上，单击**图像 – 打开**，选择 Metal038_1K_ Color.jpg。然后单击"打开图像"。与图 6.3 进行对比。

　　　　3D 视图中的机器人没有被选中，所以接下来我们要选中它。

< 步骤 8> 在 3D 视图中，通过单击 DotRobot 来选中它。机器人会有一个橙色的轮廓。

< 步骤 9> 在 3D 视图中切换到编辑模式。

出现了很奇怪的事情。我们只能看到机器人的腿了。这是一开始创建 DotRobot 时留下的一个"隐藏"操作造成的。为了取消隐藏，请按照以下步骤操作。

<步骤 10> 键入 <alt>H 和 a，鼠标悬停在 3D 视图中。与图 6.4 进行对比。

<步骤 11> 转到 Texture Paint 工作区。

我们现在还不会开始进行纹理绘制，但这个工作区非常适合被用来设置 DotRobot 的材质。

<步骤 12> 在属性面板中选择"材质属性"图标。

<步骤 13> 单击"基础色"旁边的小黄点，然后单击"图像纹理"。

<步骤 14> 单击"浏览要关联的图像"下拉菜单并选择 Color 贴图。查看图 6.5。

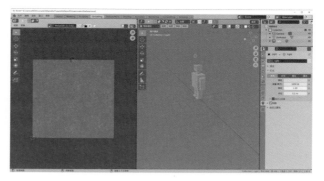

图 6.3　UV 编辑中的 DotRobot

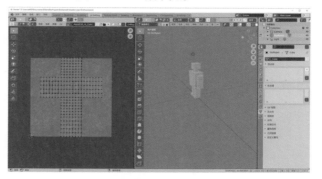

图 6.4　在编辑模式下取消隐藏 DotRobot

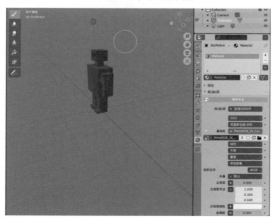

图 6.5　使用下载的 Color 贴图作为基础色

机器人现在已经有了纹理，但和我们想象中的不太一样。腿和胳膊的纹理非常失真。为了解决这个问题，请按照以下步骤操作。

<步骤 15> 返回到 UV Editing 工作区。

<步骤 16> 在 3D 视图中，输入 U，然后在弹出的菜单中选择"智能 UV 投射"。

<步骤 17> 选择"渲染视图着色方式"，物体模式，然后放大查看机器人。与图 6.6 进行对比。

机器人看起来很不错。是时候保存了。

<步骤 18> 图像 – 另存为，将图像保存在 Assets/models 中。

<步骤 19> 文件 – 保存。

我们已经准备好在 Unity 中试用 DotRobot 了。

图6.6　设置了纹理的DotRobot

6.3　初次导入 Unity

本节中，将在 Unity 中查看 DotRobot。我们要创建一个实验性的场景来展示 .blend 文件。我们将把这个场景称为"Staging（预发布）"场景。我们不会在真正的游戏中使用这个场景。它只是开发过程中的一个实用的工具。首先，创建这个场景。

<步骤 1> 在 Unity 中打开 DotGame3D。

<步骤 2> 单击"场景"面板顶部的 2D 图标。这将关闭"场景"面板的 2D 模式。

<步骤 3> 编辑 – 项目设置 ... 这将打开"项目设置"弹出窗口。

<步骤 4> 单击"编辑器"，在"默认行为模式"部分选择 3D 模式。关闭弹出窗口。

这将使整个项目进入 3D 模式。在将 2D 项目转换为 3D 项目时，这一步和第二步都是必要的。

<步骤 5> 在项目面板中转到 Assets/Scenes。

<步骤 6> 创建一个新的场景，命名为 Staging，双击它以打开。

<步骤 7> 编辑 – 首选项 – Scene View（场景视图），勾选"在原点创建对象"。如果不这样设置的话，Unity 会在场景的支点处创建新的对象，这可能会令人迷惑。

<步骤 8> 游戏对象 – 3D 对象 – 平面，然后输入名称 Stage< 回车键 >。放大并与图 6.7 进行对比。

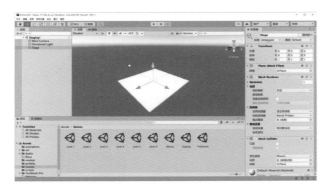

图 6.7　创建 Stage

在测试其他对象的外观和位置时，有一个 Stage 对象是很有帮助的。注意，2D 图标没有高亮显示，Stage 的 Transform 设置是（0, 0, 0），（0, 0, 0），（1, 1, 1）。

< 步骤 9> 转到 Assets/Models，单击 DotRobot。

< 步骤 10> 在检查器中，查看 DotRobot 的导入设置。选择"Model"，将缩放系数改为 0.1。取消勾选"导入灯光"和"导入相机"，然后应用。

当查看 Rig、Animation 和 Materials 的设置时，我们发现这个模型没有动画数据。这是个坏消息。为什么会没有动画数据呢？

< 步骤 11> 把 DotRobot 拖到层级面板中，在场景面板中放大查看它。

机器人就在那里，放大查看它的时候，我们可以看到纹理，但是它没有动画，正如我们在发现没有动画数据时所预料到的那样。事实证明，Unity 不能导入动画，因为这个模型并没有被绑定。

我们现在需要从开发过程中离开一下，学习与绑定（rig）和绑定动画（rigged animation）有关的知识。是的，我们需要在 Blender 中重做动画，方法是为 DotRobot 建立绑定，然后为这个绑定制作动画。只有这样，才能将动画导入 Unity 中。此外，我们需要使用 .fbx 格式而不是 .blend 格式。这些都不是很直观，所以在处理 DotRobot 本身之前，最好先用一个简单的例子测试一下。

< 步骤 12> 保存并退出 Unity。

严格来说，退出 Unity 并不是必须的，但是我们接下来一段时间都只会使用 Blender，所以我们先关闭 Unity。

6.4　测试

在这一节中，你将在 Blender 中创建一个简单的测试网格，然后你将为它制作一个装备，为它制作动画，然后用 bx 格式导出到 Unity。这是个简单但有教育意义的练习。这样，当你在下一节为 DotRobot 做更复杂的装配和动画时，会更得心应手。

几个世纪以来，数学家用来解决问题的方法就是这样的：碰到要解决一个难题时，先找到一个类似的、更简单的问题并着手解决它。

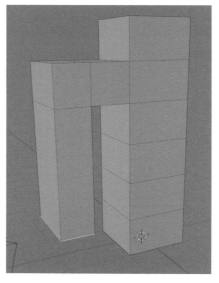

< 步骤 1> 在 Blender 中，在 Assets/models 文件夹中创建一个新文件，命名为 testrig.blend。

< 步骤 2> 选中默认的立方体，将其重命名为"tower"。

< 步骤 3> 键入 sz4< 回车键 >gz4< 回车键 >，Modeling 工作区，<numpad>< 句号 >。

< 步骤 4> 将环切的切割次数设置为"5"，对 tower 进行环切。使用"挤出"来与图 6.8 相匹配。

假设 tower 是机器人的身体，而挤出的部分是手臂。我们将尝试用绑定来摆动这个手臂，类似于 DotRobot 中的手臂运动。

图 6.8　Blender 中用于测试绑定的测试网格

绑定，有时也称为"骨骼（skeleton）"，是一组影响相关网格的骨骼。网格动画化的原理是动画化绑定的骨骼，而这会相应地改变附近的点的位置。用这种方式做动画的好处是，只需几根骨骼就可以控制一个包含数百甚至数千个点的复杂网格。

< 步骤 5> Layout 工作区。<numpad>< 句号 >。

接下来，我们将添加骨架（armature），一组使网格动画化的骨骼。骨架需要在物体模式下创建。

< 步骤 6><Shift>A – 骨架。打开透视模式以查看骨架。

现在，我们可以看到在被拉伸的立方体底部有一个小骨架。

< 步骤 7><tab> 切换到编辑模式。

< 步骤 8> 选择骨架的顶端，然后输入 gz2< 回车键 >ez3< 回车键 ><numpad>3，然后与图 6.9 进行比较。

< 步骤 9> 挤出另外三根骨骼，如图 6.10 所示。

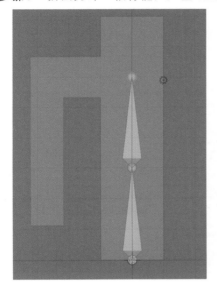

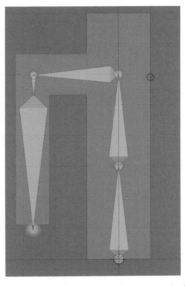

图 6.9　测试绑定的两根骨骼　　　　图 6.10　测试绑定的骨架已设置完成

< 步骤 10> 选中底部的骨骼，也就是我们创建的第一个骨骼，然后键入功能键 <F2>，输入 root 作为新名称。

如果这个功能键不起效，你可能需要找出启用键盘上的功能键的方法。上网搜索"功能键"和你的键盘或笔记本电脑的产品名称应该会很有帮助。

建议为绑定中的所有骨骼都起一个名字，尤其是底部骨骼。在这次的测试中，可以忽略这个建议，只为另外一根骨骼重新命名。

< 步骤 11> 将骨架中的最后一根骨骼重命名为"armbone"。

< 步骤 12> 在大纲视图中，展开"骨架"，直到它看起来和图 6.11 一致。

<步骤 13> 在大纲视图中选择 root 骨骼，然后在下面的属性编辑器中，单击"骨骼属性"
图标，也就是图标栏中最下面的那个图标。取消勾选"形变"。

在默认情况下，骨骼有能力使与之相关的网格变形。但 root 骨骼通常只用来
定位网格，而不是让它变形。

<步骤 14> 取消勾选所有其他骨骼的"形变"，除了 armbone。

在本次测试中，我们将只让 armbone 使手臂形变，其他的都保持原样。接下
来，我们将使骨架成为 tower 网格的父级。这需要在物体模式下完成。

<步骤 15> 键入 <tab> 以进入物体模式。在大纲视图中选中 tower，然后 <Ctrl>- 选中"骨
架"。将鼠标悬停在 3D 视图中，然后输入 <Ctrl>p 并选择"骨架形变 附带
空顶点组"，如图 6.12 所示。

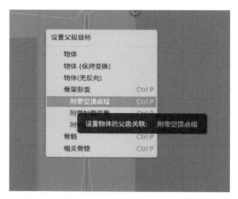

图 6.11　在大纲视图中展开的骨架　　　图 6.12　把带有空顶点组的骨架设为父级

"附带空顶点组"这一短语指的是与 5 根骨骼中的每一根相关的顶点组。每
个骨骼只能对其顶点组中的顶点进行形变。现在，这些顶点组全都是空的。

<步骤 16> 在大纲视图中选择 tower 物体，它现在是骨架的一个子级了。

<步骤 17> 单击"物体数据属性"，查看顶点组。我们只会看到一个组：armbone。

<步骤 18> 切换到编辑模式，选中手臂的底部 4 个顶点。

<步骤 19> 单击顶点组列表下面的"指定"按钮。

现在的顶点组由这 4 个顶点组成。我们可以通过取消选中所有内容，然后
单击"选择"按钮来检查这是否有效。现在，我们终于做好测试绑定的准备了。

<步骤 20> 物体模式，选中"骨架"。

<步骤 21> 姿态模式，选中"armbone"，输入 ry 并
移动鼠标。与图 6.13 进行比较。

因为做动画会花一些时间，所以是时候
保存一下了。

<步骤 22> 文件 – 保存。

现在我们有了一个骨架，剩下的事情就
容易多了。

<步骤 23> 转到 Animation 工作区。

<步骤 24> 通过单击 Blender 窗口的中下方的时间轴
编辑器中的小的圆形图标，打开自动
插帧。

<步骤 25> 在右下角将动画的结束点从 250 改为 20。

<步骤 26> 从"动画摄影表"切换到"动作编辑
器"。选择第 1 帧。

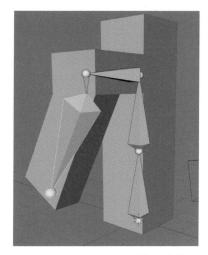

图 6.13 armbone 正在使手臂移动

<步骤 27> 在右边的 3D 视图中，<numpad>1。打开透视模式。

<步骤 28> 在仍然选中 armbone 的情况下，输入 ry，调整手臂向左摆动。与图 6.14 进行
对比。

<步骤 29> 在第 10 帧，向右摆
动手臂。

<步骤 30> 在第 1 帧选择关键
帧，键入 <Shift>D，
复制，在第 20 帧单
击，把它复制到那里。

<步骤 31> 在时间轴上按下"播
放"三角，测试动画。

<步骤 32> 文件 – 保存。

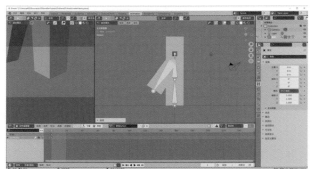

图 6.14 臂骨向左摆动，自动插帧在第 1 帧插入关键帧

需要注意的是，我们现在需要用 fbx 格式把动画导出到 Unity，而不是直接
用 .blend 格式。好在，这只会比保存为 .blend 稍微复杂一点点。

<步骤 33> 文件 – 导出 – FBX。在"物体类型"部分中，单击"骨架"，按住 Shift 单击"网
格"。然后单击"导出 FBX"，确保文件名为"testrig.fbx"。

fbx 文件格式通常用于存储和传输 3D 数据。Blender 和 Unity 都能很好地支持这种格式。

< 步骤 34> 文件 – 保存。

这一步其实并不是必须的，但这么做也可以保存 fbx 导出设置。现在，我们要保持 Blender 处于运行状态。

< 步骤 35> 在 Unity 中打开 DotGame3D。

将动画从 Blender 带入 Unity 需要几个步骤。我们应该仍在 Staging 场景中，stage 和 DotRobot 在画面中央。和之前一样，DotRobot 的动画失效了，所以现在我们要引入 Testrig。

< 步骤 36> 在 Assets/models 中，单击每个 testrig 图标，找到扩展名是 ".fbx" 的那个。至少有两个 testrig 图标，它们的全名显示在界面的底部。单击 testrig.fbx。

其他 testrig 图标的扩展名包括 ".blend" 和 ".blend1" 等。我们将不会使用它们。

< 步骤 37> 在项目面板中展开 testrig 图标。

可以看到两个骨架图标、两个 tower 图标和一个 Material 图标，如图 6.15 所示。

图 6.15　在 Assets/models 中展开的 testrig.fbx 文件

< 步骤 38> 单击 testrig，在检查器中检查导入设置。像之前使用 DotRobot 的时候那样，逐一单击所有 4 个按钮：Model、Rig、Animation 和 Materials。注意，我们现在有一个动画了！

< 步骤 39> 在检查器中单击动画的播放按钮来测试动画，如图 6.16 所示。

动画会循环播放，并与 Blender 的动画一致，正如我们所期望的那样。我们可以通过拖动双重线来使动画放大。现在，我们已经做好了把动画放到 stage 上的准备。

图 6.16　在检查器中测试动画

<步骤 40> 把 testrig.bx 拖到层级面板中。

嗯，它太大了，但无所谓，这只是一个测试。

<步骤 41> 播放游戏，然后停止。

这并不奏效。我们还需要完成一个步骤。

<步骤 42> 把右边的骨架（带有三角形图标的那个）拖到层级面板中的 testrig 的上面。

<步骤 43> 测试。

动画将只播放一次，然后就会停止。为了循环播放，请按照以下步骤操作。

<步骤 44> 在项目面板中选中 testrig.fbx。在检查器中，单击 Animation，勾选"循环时间"，然后应用即可。

<步骤 45> 测试。

终于完成了！动画正在播放和循环。这个过程并不算特别简单，但我们将来会经常重复本节中的这些步骤。最终，这会变得轻而易举的。本节是一个工作流（workflow）的好例子。随着时间的推移，游戏开发者、动画师、程序员甚至配乐师都会而发展出自己的工作流程。一个好的工作流将大有益处，并在随着你不断地重复它而变得越来越快，甚至可能快上数年的时间。随着所使用的工具的发展，工作流也会发生变化，有时甚至是翻天覆地的变化。我们将在下面的章节中把新工作流应用于 DotRobot，对它进行测试。

<步骤 46> 保存并退出 Unity。

在下面的小节中，我们将回到 Blender，为 DotRobot 进行绑定。

6.5 绑定 DotRobot

在这一节中，我们的目标是复制并改进项目中已经存在的非绑定动画。

<步骤 1> 将 DotRobot.blend 载入到 Blender 中。

在 Animation 工作区选择"动画摄影表"，查看 DotRobot 动画的关键帧。注意，DotRobot 只有一个动画，一个简单的步行循环。在第 0、20 和 40 帧，机器人是直立的。在第 10 帧，右腿和左臂向前伸展，左腿和右臂向后伸展。在第 30 帧时，左右两边是对调的。

很明显，我们将需要为手臂和腿部设置骨骼。在这个过程中，同时为头部制作一个动画可能会很有意思。我们将通过在步行过程中轻微地左右转动头部来做到这一点。还可以给身体和脚做动画，但为了让这个角色保持相对简单，我们先不会这么做。

事实证明，DotRobot.blend 中的这些动画需要删除，以便放入骨架并用骨架创建动画。最简单的做法是重建机器人的网格，为它贴上纹理，创建骨架，然后再制作动画。有时候，从头开始会更好，现在这种情况正是如此。把它看成是一种学习经验。

< 步骤 2> 建一个 .blend 文件，命名为 DotRobotRigged.blend。

< 步骤 3> 查看图 6.17，将它用作参考图像。

这是一次很好的复习练习。我们将从一个立方体开始，使用环切、挤压和缩放来在 Modeling 工作区建立网格。这一过程中，你可以在原图的基础上进行小幅度的改进。

下面的步骤会提供一些说明。这些领域对你而言应该已经很熟悉了。

< 步骤 4> 选中默认的立方体，将其重命名为 DotRobot，进入 Modeling 工作区，将鼠标悬停在 3D 视图上，gz1< 回车键 >。

< 步骤 5> 输入 sy0.4< 回车键 ><numpad>< 句号 >，用鼠标滚轮拉远一点。

< 步骤 6> 面选择模式，选择顶部的面，e0.1< 回车键 >s0.4< 回车键 >sx0.5< 回车键 >e0.3< 回车键 >。与图 6.18 进行比较。

图 6.17　新 DotRobot 网格的参考图像

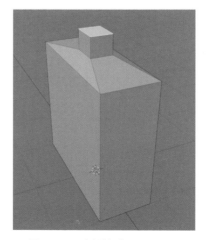

图 6.18　重新构建 DotRobot

<步骤 7> 输入 e0.1< 回车键 >s2< 回车键 >e0.5< 回车键 >。

我们刚刚做好了身体、颈部和头部。接下来，我们将添加一些环切，为添加四肢做准备。

<步骤 8> 创建 3 个环切，如图 6.19 所示。

<步骤 9> 为每条腿各选中身体底部的 6 个面，然后 e1.5 < 回车键 >。

<步骤 10> 键入 a 来选中全部，然后 gz1.5< 回车键 >。

<步骤 11> 为每条腿创建 5 个环切。挤出 0.2 米以制作脚，如图 6.20 所示。

<步骤 12> 创建手臂，如图 6.21 所示。上臂挤出 0.5，下臂挤出 1。还需要放入 1 个环切。

只剩下最后一件事要做了，那就是添加眼睛。

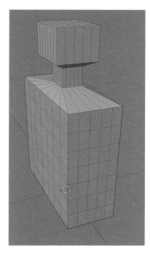

图 6.19　DotRobot 的环切

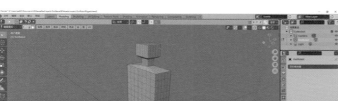

图 6.20　挤出脚

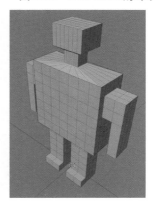

图 6.21　缺少眼睛的 DotRobot

<步骤 13> 在头部添加 4 个环切，并挤出两个 2×2 的眼睛，使用 0.25 个单位的负挤出。

这个机器人看起来与参考图片略有不同。主要是头部比较小，并且头部和肩部的形状是锥形的。现在，我们要保存一个备份，以防万一。

<步骤 14> 文件 – 保存。文件 – 另存为 ...，命名为 "DotRobotModelBackup.blend"。退出 Blender。启动 Blender，加载 DotRobotRigged.blend。

在接下来的几个步骤中，我们将为新创建的模型进行贴图，做法与本章前面的贴图部分的做法非常相似。

< 步骤 15> 转到 UV Editing 工作区。

< 步骤 16> 在 UV 编辑器面板上，单击**图像 – 打开**，打开 Metal038_1K_ Color.jpg。

< 步骤 17> 在 3D 视图中，进入物体模式，如果还没有选中 DotRobot 的话，请选中它。

< 步骤 18> 回到编辑模式，并输入 a 来选中所有。

< 步骤 19> **右键单击 – UV 展开面 – 智能 UV 投射**。单击"确定"。

< 步骤 20> Texture Paint 工作区，单击"材质属性"。

< 步骤 21> **基础色 – 图像纹理**。

< 步骤 22> 浏览要关联的图片 – **Metal38_1K_Color.jpg**。

< 步骤 23> Layout 工作区。使用"渲染视图着色方式"。为了观察 DotRobot，根据需要拉远。用 g 命令移动照明，以照亮 DotRobot 的正面。

　　　　　这只是为了确保 DotRobot 看上去不错。

< 步骤 24> **文件 – 保存**。

　　　　　现在，我们已经做好放入骨架的准备了。

< 步骤 25> 在 Layout 工作区，如果还没有选中 DotRobot 的话，请选中它。**<Shift>A –
骨架**。

< 步骤 26> 键入 <numpad>1，选中 DotRobot，<numpad>< 句号 >，实体视图着色方式，与图 6.22 进行对比。

< 步骤 27> 选中"骨架"，切换到编辑模式，线框视图着色方式，使用挤出（ex 和 ez）和移动命令（gz）建立图 6.23 所示的骨架。

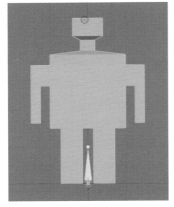

图 6.22　开始为 DotRobot 制作骨架

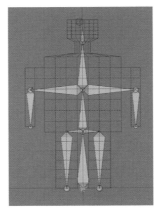

图 6.23　DotRobot 的骨架

< 步骤 28> 仍然在编辑模式下，用 <F2> 功能键命名 root bone、armr（右臂）、arml（左臂）、legr（右腿）、legl（左腿）和 head 骨骼。其他骨骼的名称可以保持不变。

< 步骤 29> 在物体模式下，选择 DotRobot，**<Ctrl>– 选择"骨架"**，将鼠标悬停在 3D 视口，<Ctrl>p"附带空顶点组"。然后选择 DotRobot。

< 步骤 30> 切换到编辑模式，选择"物体数据属性"。在顶点组列表中选择 head 骨骼。可能需要通过滚动列表来找到它。

现在，我们将开始手动把顶点分配到顶点组。

< 步骤 31> 打开透视模式，点选择模式，框选头部的顶点。

< 步骤 32> 单击顶点组列表下面的"指定"。

< 步骤 33> 对于手臂，选中末端的顶点，对于腿，选中整条腿。

< 步骤 34> 通过单击顶点组列表中的相关骨骼，并使用"选择"和"弃选"按钮来检查指定，看看是否高亮显示了正确的顶点。

< 步骤 35> 物体模式，选中"骨架"，姿态模式。用 rx 或 rz 旋转它们，检查手臂、腿和头的骨骼是否工作。

现在，骨骼已经可以工作了。我们将保存并进入下一节，为 DotRobot 设置行走动画。

< 步骤 36> 文件 – 保存。退出 Blender。

6.6　为 DotRobot 重新制作动画

在本节中，我们将在 Blender 中为 DotRobot 的骨架制作动画。这个过程与直接为网格制作动画的过程很类似。我们将把 DotRobot 放入姿态模式，并操控骨骼，使 DotRobot 摆出简单的步行循环的姿势。在后面的章节中，我们将会探索一个更逼真和复杂的人形角色的步行循环。

< 步骤 1> 在 Blender 中加载 DotRobotRigged.blend。

DotRobot 处于姿态模式中，准备好做动画了。

< 步骤 2> 转到 Animation 工作区。

< 步骤 3> 键入 <Ctrl><numpad>3，鼠标悬停在右边的 3D 视图中。

这样就可以用正交左视图查看面向右边的 DotRobot。

<步骤 4> 线框视图着色方式。

<步骤 5> 输入 <numpad>866 来获得更好的视图。

<步骤 6> 在物体模式下，在大纲视图中选中"骨架"，将鼠标放在右边的 3D 视图，然后输入 <numpad>< 句号 >。

  与图 6.24 进行对比。

<步骤 7> 在右下方的时间轴编辑器中，将动画的结束点从默认的 250 改为 40。

  步行循环将有 40 帧的动画，这已经足够多了。

<步骤 8> 单击"自动插帧"，一个靠近时间轴编辑器中央的黑色圆点。

  每当我们在某一帧进行了更改，这个模式就会自动添加合适的关键帧。我们将从第 1 帧开始，把手臂和腿移到伸展位置。第 1 帧应该是以蓝色突出显示的。

<步骤 9> 在右边的 3D 视图中，进入姿态模式，打开透视模式，使用渲染视图着色方式。

<步骤 10> 输入 a 来选中所有骨骼。与图 6.25 进行对比。

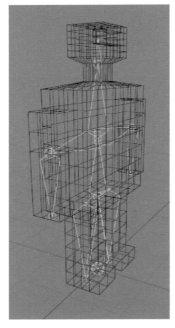

图 6.24　DotRobot 骨架，动画制作准备就绪

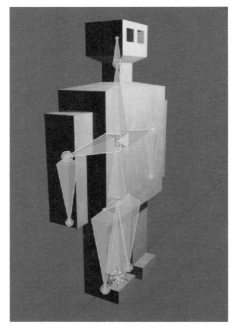

图 6.25　DotRobot 骨架与选中的骨骼

<步骤 11> 输入 i，鼠标悬停在右边的 3D 视图中，选择"位置 + 旋转"。

　　现在，动画摄影表填充了每个骨骼的关键帧。当鼠标悬停在摄影表上时，我们可以输入 <Ctrl>< 空格键 >，把它放大为全屏显示。然后，再次输入 <Ctrl>< 空格键 > 来恢复原始布局。

<步骤 12> 移动到第 21 帧和第 41 帧，重复步骤 11。

　　移动到不同的帧可以通过拖动当前帧数来完成，也可以在右下角的"起始"和"结束点"旁边的文本框中输入所需帧数。

<步骤 13> 将鼠标悬停在动画摄影表中，输入 <Ctrl>< 空格键 > 并与图 6.26 进行对比。骨骼顺序可能与此不同，但这无关紧要。

图 6.26　第 1、21、41 帧是关键帧的动画摄影表

<步骤 14> 键入 <Ctrl>< 空格键 >，恢复 Animation 工作区的布局。

<步骤 15> 转到第 11 帧，然后使 DotRobot 摆出如图 6.27 所示的姿势。

　　这可以通过选中 arml、armr、legl 和 legr 骨骼后输入 rx30 或 rx–30 来完成。

<步骤 16> 转到第 31 帧，使 DotRobot 的手臂和腿摆出向另一边摆动的姿势。

<步骤 17> 通过单击时间轴编辑器中间底部的指向右边的三角形来播放动画。

　　动画播放了，但是当它从第 40 帧循环到第 1 帧时，会卡顿一下。之所以会出现这种情况，是因为我们需要把第 41 帧和第 1 帧的关键帧设置为循环模式，以实现更平滑的过渡。下面的步骤将会说明该怎样使自动插帧算法知道在循环时不要减慢动画的速度。

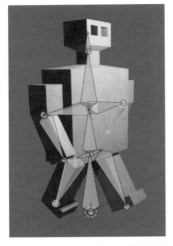

图 6.27　DotRobot 的第 11 帧的步行循环

图 6.28　用于使动画循环的曲线编辑器

< 步骤 18> 停止播放动画，然后在右边的 3D 视图中，输入 a，选中所有的骨骼。

< 步骤 19> 把编辑器类型改为 "曲线编辑器"。输入 <Shift>E 并选择 "使用循环"，如
图 6.28 所示。

我们现在还不会开始学习曲线编辑器的相关知识，只是先用它的这个功能解
决一下那个恼人的卡顿。我们成功了吗？

< 步骤 20> 回到 3D 视图，播放动画。

应该成功了，我们得到了一个非常流畅的动画。接下来，为了好玩，我们将
再对动画进行一次修改。

< 步骤 21> 在第 11 帧把头转向左边，在第 31 帧转向右边，然后测试动画。

这个转动是通过选中 head 骨骼，输入 rz，用鼠标调整角度来完成的。动画
现在已经制作完成，准备好输出了。

< 步骤 22> 在选择了 "网格" 和 "骨架" 的情况下进行常规的 fbx 导出。

< 步骤 23> 文件 – 保存，然后退出 Blender。

6.7 再次导入 Unity

这一节中，我们将在 Unity 中测试 DotRobotRigged.fbx 文件。

<步骤 1> 在 Unity 中打开 DotGame3D 项目。

层级面板中应该仍有 Staging 场景，和我们退出 Unity 时一样。

<步骤 2> 在 Assets/models 中，选择 DotRobotRigged.fbx 并在检查器中查看导入设置。

<步骤 3> 将 Model 中的缩放系数改为 0.1。

<步骤 4> 在 Animation 部分，按以下方法测试动画：把播放窗口放大，勾选"循环时间"复选框，然后播放。

为了放大播放窗口，请按住"骨架 | 骨架 Action"文本并向上拖动。现在，窗口应该和图 6.29 一样。

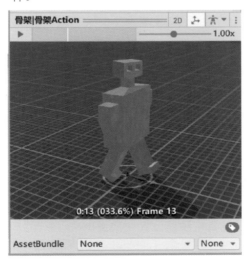

图 6.29　Unity 中的 DotRobot 动画

<步骤 5> 在 Staging 场景中，移除 Main Camera、Directional Light 和 Stage 游戏对象以外的一切内容。

<步骤 6> 在控制台面板中，查看是否出现了关于"顶点未被指定重量或骨骼（Vertices not having weight or bones assigned）"的警告信息。没关系，这无关紧要，因

为这正是我们想要的。通常情况下，所有的顶点都会被指定骨骼，但这个例子中我们将不会这样做。

< 步骤 7> 回到项目面板，把 DotRobotRigged.fbx 图标拖到层级面板中。我们会收到一条关于应用导入设置的变更的提示。继续并应用这些更改。

DotRobot 网格出现在平台中心。

< 步骤 8> 展开 DotRobotRigged.fbx，可以看到两个"骨架"图标。把三角形的那个图标拖到层级面板中的 DotRobotRigged 游戏对象中。

< 步骤 9> 测试游戏。

应该可以看到一个小小的有动作的 DotRobot 出现在平台中间。

< 步骤 10> 调整相机、照明、平台的颜色，并在项目设置中打开阴影。结果应该看起来像图 6.30 那样。

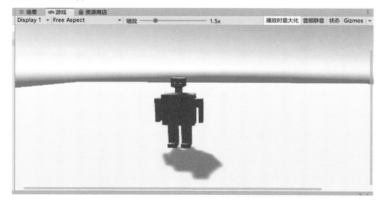

图 6.30 平台上的 Rigged DotRobot

阴影设置位于**编辑 – 项目设置 – 质量**中的阴影部分。我们将需要为大多数质量级别打开阴影。

阴影之前被设置为"禁用阴影"，大概是因为这个项目是在 Unity 的旧版本中作为 2D 项目创建的。

< 步骤 11> 保存，然后退出 Unity。

希望转换 DotGame 中的其他对象能更简单一些。下一章中，我们将继续进行转换。

第 7 章　更多美术资源

这一章中，我们将从 Unity 资源商店导入资源，并把它们纳入 DotGame3D。我们将探索网络上的其他网站，以获取包括网格和纹理在内的免费美术资源。最后，我们将把 DotGame 中的大部分其他美术资源升级为 3D 版本。

7.1　Unity 资源商店

Unity 资源商店很不错，可用于广泛扩展 Unity 的功能。它也是一个寻找免费资源的好地方。在本节中，你将从 Unity 资源商店获得一些免费的资源，并将它们纳入 DotGame3D。可以从中找到大多数对游戏有用的东西，并将它们放入 Staging 场景中。

< 步骤 1> 在 Unity 中加载 DotGame3D。

< 步骤 2> 在层级面板中把 DotRobotRigged 重命名为"DotRobot"，如果需要的话。

< 步骤 3> 窗口 – 资源商店。

在 2020.3.0f1 版本的 Unity 中，你会看到一条显示"资源商店已迁移（The asset store has moved）"的信息。在 Unity 的早期版本中，资源商店是直接集成到 Unity 编辑器中的。为了提高编辑器的性能，Unity 公司决定只保留网页版本的资源商店。

< 步骤 4> 单击"Search Online（在线搜索）"按钮。

这将打开默认浏览器并进入 assetstore.unity.com 网站。你可能已经自动登录了。如果没有的话，请先登录。

< 步骤 5> 在顶部的搜索区搜索"book"。会搜索到一个由"VIS GAMES"发布的名为"Books"的项。单击选中。

< 步骤 6> 浏览该页面并查看 4 张图片。

可以发现，这个资源中包含 4 本书。

< 步骤 7> 单击"添加至我的资源"。接受 EULA 条款 ①。

　　　　　EULA 是"终端用户许可协议"英文全称的首字母缩写。请阅读它，如果同意该协议，请接受它。如果不同意，则需要找到其他方法来创建或找到类似的占位符资源。

< 步骤 8> 进入"我的资源"。

　　　　　可以看到一个以当前账户从资源商店获取的所有资源的列表。新资源将出现在最顶端。

< 步骤 9> 单击"在 Unity 中打开"。

　　　　　Unity 中将会弹出"包管理器"窗口，其中列出了"我的资源"。

< 步骤 10> 单击书籍。

　　　　　右边可以看到这个资源的详细描述。如果在资源列表中没有看到"Books"，请单击"包"下拉菜单中的"我的资源"。

　　　　　请注意，这些步骤取决于你在 Unity 中的特定下载记录，以及资源商店网站目前所使用的界面。

< 步骤 11> 单击"下载"，然后单击"导入"，然后在弹出的 Import Unity Package 中，单击"全部"，然后单击"导入"。关闭"包管理器"弹窗。

< 步骤 12> 在 Assets 文件夹中，双击新创建的 Books 文件夹。

< 步骤 13> 双击 example_scene，查看该场景。与图 7.1 进行对比。

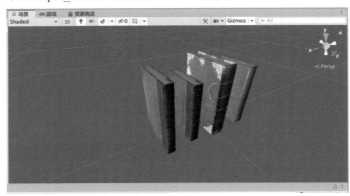

图 7.1　来自 Unity 资源商店的四本书

---

① 译注：软件版权方为了销售软件产品而单方面拟制的且可反复使用的协议。

这些书对建立关卡而言是很有用的。接下来，我们会试着把这些书放到 Staging 场景中。

<步骤 14> 转到 Assets/Scenes，双击 Staging 场景。

<步骤 15> 回到 Books 文件夹，然后双击 Prefabs。把 book_0001a 拖到 Staging 场景中。把其他的书也拖进场景，把其中一些书的 Y 旋转改为 90，把所有的书的缩放改为（3, 3, 3）。试着做出如图 7.2 所示的场景。

图 7.2　书和机器人

还需要一个地面，搜索一下如何？我们现在已经打开了资源商店标签页，因此下一步我们将会使用它。

<步骤 16> 在资源商店中，搜索 floors，勾选"价格"部分的"免费资源"。浏览一下，然后选择或直接搜索 A3D 的 Five Seamless Tileable Ground Textures（五个无缝可铺设地面纹理）。

这些纹理可以应用于一个简单的平面游戏对象。试用方法如下。

<步骤 17> 单击"添加至我的资源"，像之前那样在 Unity 中打开它。下载并导入。

<步骤 18> 进入 Assets 文件夹，然后进入新的 Five Seamless Tileable Ground Textures 文件夹。试试这个示例场景，并与图 7.3 进行对比。

我们不会用到所有的纹理，而只会在平台上试用灰色石头纹理。

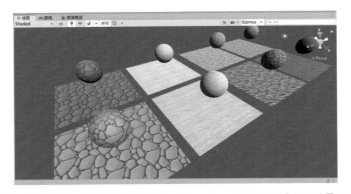

图 7.3　从 Unity 资源商店获取的 Five Seamless Tileable Ground Textures

<步骤 19> 在 Staging 场景中，选择 Stage，在检查器中展开
　　　　　Materials（材质），单击"元素 0"右侧的靶心
　　　　　图标，如图 7.4 所示。

<步骤 20> 在弹出的材质选择窗口中，搜索并选择 Grey
　　　　　Stones。

　　　　这个材料的"正在平铺"太小了。这导致石头在
　　　场景中显得很大。

<步骤 21> 回到新资源的 Materials 部分，单击 Grey Stones
　　　　　材质。在检查器中，将"正在平铺"设置从（3，3）改
　　　　　为（20，20），或其他比较大的值。与图 7.5 中的
　　　　　Staging 场景进行对比。

图 7.4　更改平台的材质

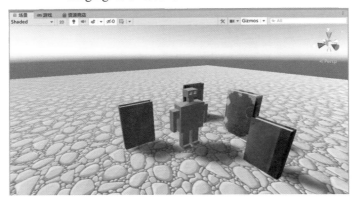

图 7.5　全新的地面

利用 Unity 资源商店中数以千计的免费或低价的资源，可以非常迅速地构建漂亮的、复杂的场景。而且，在这个过程中，可以从游戏开发者同行那里学到不少知识。

< 步骤 22> 文件 – 保存。

Unity 资源商店并不是唯一的选择，还可以通过其他途径来为自己的作品获取合适的资源。

7.2 网络中数以百万计的网格

若想在整个互联网中搜索网格，请搜索"Free 3D models"。本书的篇幅不足以深入地讨论所有向你提供了超棒美术作品的网站、公司和独立 3D 艺术家。在这种情况下，互联网本身就能提供极大的帮助。搜索"best websites for 3D models（提供 3D 模型的最好的网站）"，并以其中的一些评价和清单作为起点。

在下载资源之前，请看看下面这些基本准则。

● 了解这些资源的来源，找出创建这些资源的艺术家的名字。

● 即使没有必要，也要注明来源。

● 找出详细的许可条款，特别是在资源免费的情况下。如果找不到许可信息，就不要使用该资源。除非是已进入公版领域的资源。

● 检查多边形计数。你可能需要保持合理的多边形计数，因为这些资源将被用于实时游戏引擎。虽然我们可以在 Blender 中减少多边形计数，但一开始就避免这个问题会省事得多。

对于 DotGame3D，你将只会使用 Unity 资源商店提供的资源以及你自己创建或根据本书改编的资源。本书中的许多资源，以及来自 franzlanzinger.com 的资源都使用 CC–BY 或 CC0 许可证。若想了解这些许可证的更多信息，请在网上搜索。

Polycount（多边形计数）一词是 polygon count 的缩写。通常情况下，3D 模型中的多边形只有三角形和四边形。请注意，四边形会被游戏引擎转换为两个三角形，所以真正的上限是由此产生的三角形数量。截至 2022 年，每个场景的最大多边形计数通常为 10 万，PC 和游戏主机为 100 万或更多。尽可能地保持多边形计数较少。这将使得低端设备上的下载时间减少，并且帧率提高。

最好提前考虑到 10 年后的情况，届时上限会更高。为此，在一开始创建资源时，就创建高精细度的网格和高分辨率的纹理，然后在当前的游戏中使用这些资源时，使用自动化工具来降低它们的多边形计数和分辨率。

7.3 免费的纹理

如果使用的是别人创建的 3D 资源，一般会得到作为软件包的一部分的纹理。当你自己创建 3D 资源时，可能需要创建或获取用在模型上的纹理，除非模型在没有纹理的情况下就看起来不错，或是能使用自己的纹理库中的纹理。通常，你会先为网格建模，然后引入纹理，就像你在本章前面部分中为 DotRobot 做的那样。在网上搜索和使用纹理是非常容易的，但同时也是令人不知所措的。

就像之前为 3D 网格所做的那样，搜索"best websites for free textures（提供免费纹理的最好的网站）"。你会在 thegraphicsassembly.com 找到一篇有关免费 PBR（基于物理的渲染）纹理的文章。makeitcg.com 上也有一篇好文章，介绍了 20 多个下载免费纹理的最佳网站。当然，也可以在 Unity 资源商店中搜索纹理。和网格一样，在使用这些纹理或网络上的任何其他资源时，请留意许可条款。

无论如何都不要从网上截取图片并将其用作纹理。游戏开发中的这种行为的性质等同于非法取样另一位音乐家的版权歌曲。远离法律纠纷的最佳方法是从头开始创建自己的资源并拥有它的版权。其次是仔细记录所有外部资源的来源，并在必要时为它们付费。

在下一节中，我们将回到 DotGame3D 上，并转换 2D 版本中的其余 3D 资源。

7.4 来自 2D 游戏的 3D 模型

在 Assets/models 中，还有四个 3D 模型需要转换：Blockade、QuestionMark、bomb 和 Spiker。我们将从 Blockade 开始。

< 步骤 1> 在 Unity 中加载 DotGame3D。

< 步骤 2> 把 Blockade 模型拖到 Staging 场景中。

很明显，Blockade 模型太大了。

< 步骤 3> 在 Blockade 的导入设置中，将缩放系数改为 0.1，并取消勾选"导入相机"和"导入灯光"。

<步骤 4> 移动 Blockade，以便更好地看到它。

　　　　我们之后可能会对这个对象做一些调整。我们确实有必要垂直拉伸它，并修复 UV 贴图，但现在可以先等等。

<步骤 5> 对于 QuestionMark、bomb 和 Spiker，重复步骤 3 中的操作，更改导入设置。

<步骤 6> 把 QuestionMark、bomb 和 Spiker 拖到舞台场景中。

　　　　只差 Dottima 了。一开始的时候，她对于这个场景而言也会显得太大，但我们已经为另一个场景调整过她的缩放系数了。我们将在 Transform 中而不是在导入设置中调整她的缩放。

<步骤 7> 将 Dottima 拖入场景，然后在检查器中把 Transform 中的缩放改为（0.07，0.07，0.07）。与图 7.6 进行对比。

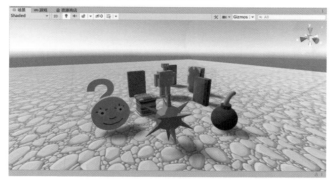

图 7.6　平台已经设置完毕

<步骤 8> 保存。

　　　　是的，这还不是很完整。仍然缺少着一些图形元素：箭矢、炸弹爆炸和引信的动画。我们之后将会把这些带入游戏。接下来，我们将铺设一个关卡，然后就可以开始玩游戏了。

7.5　带有碰撞的 3D 游戏场地

　　第 1 关的游戏场地将由地面和一些书组成。就像 2D 版本一样，Dottima 的目标是找到出口。我们会在过程中熟悉 Dottima 的基本动作的操控方法的。不必担心路上的障碍物或怪物。我们将从创建另一个场景开始。

< 步骤 1> 进入 Assets/scenes。创建一个新场景，命名为 "3DLevel 1"。

< 步骤 2> 返回到 Staging 场景。

< 步骤 3> 在项目面板中，进入 Assets/prefabs。

< 步骤 4> 将 Stage 游戏对象拖到 prefabs 文件夹中。

这将创建一个名为 "Stage" 的预制件，我们可以在 3DLevel 1 中使用它。在 prefabs 文件夹中，可以看到 2D 游戏遗留下来的 8 个预制件。这些预制件被用于在各种场景中创建游戏对象的模板。游戏对象是从预制件继承而来的，所以我们可以对预制板进行修改，并让这些修改出现在所有继承的游戏对象中。将一个游戏对象拖入 Assets 文件夹或其中的一个子文件夹的行为会自动创建一个新预制件。

< 步骤 5> 回到 3DLevel 1 中，将 Stage 预制件拖入层级面板中。将场景视图与图 7.7 进行比较。

可能需要调整场景视图。选择一个自由的、透视的视图并拖动 MMB，这样就可以让 Stage 的小工具显示在屏幕中央了。这将是阅读或回顾 Unity 手册中的 "Scene 视图导航" 部分的好时机。如果不熟悉这些控制方法，可以在这个非常简单的场景中多尝试一下。

图 7.7　重建 3D 版本的第 1 关：地面

< 步骤 6> 将 Stage 预制件重命名为 "floor"。同时将 Stage 游戏对象重命名为 "floor"。

是的，重命名预制件并不会重命名继承的游戏对象，所以如果想为游戏对象重命名的话，需要手动操作。

< 步骤 7> 回到 Staging 场景中，创建一个 Dottima 预制件，存储在 Assets/prefabs 中。

< 步骤 8> 在 3DLevel 1 中创建一个 Dottima 预制件的实例。把位置改为（0，0，0），旋转为（0,180,0）。在 Dottima 的左边放置一个 book_0001a 的实例。与图 7.8 进行对比。

这看起来还不太像个关卡。在放置更多书本之前，我们要尝试移动 Dottima 并

让她与书碰撞。碰撞指的是书保持静止状态，Dottima 无法穿过书。我们还会把书变得更大一些。

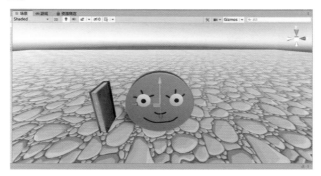

图 7.8 Dottima 和一本书

和在 2D 游戏中一样，我们将需要放入碰撞器和刚体组件。我们还将放入一个简单的角色控制器，这样就可以控制 Dottima 的移动了。我们将先从最简单的事情开始做起：用键盘上的四个方向键移动 Dottima。

< 步骤 9> 选中 Dottima，在检查器中单击添加组件。在"物理"部分添加一个"盒状碰撞器"。

请注意，在 2D 版本中，游戏对象有一些来自 2D 物理部分的碰撞器等组件。请确保在 3D 游戏中避免使用这些 2D 组件，比如说这个组件。

你可能会好奇，为什么要为一个圆形物体使用盒状碰撞器呢？简单来说，对于这个游戏而言，盒装碰撞器已经足够好了，而且它比其他方法更容易处理。盒状碰撞器的计算效率非常高，所以最好尽可能地使用它们。另一个也许更重要的优势是，盒状碰撞器允许我们快速调整碰撞器的几何形状，对游戏进行微调。通常情况下，让盒状碰撞器略小于与之相关的对象，会让游戏给人更宽松的感觉。

接下来，我们将调整 Dottima 的盒状碰撞器。

< 步骤 10> 通过选择非透视的"Back"视图来调整场景视图，然后通过选中 Dottima（如果还没有选中的话）来进行框选，然后输入 f，放大显示 Dottima。

将视图与图 7.9 进行比较。

我们需要对那个绿色的方框，也就是盒状碰撞器，进行一些调整。

<步骤 11> 在检查器中,单击"编辑碰撞器"旁边的"编辑边界体积"图标。

　　现在可以看到 Dottima 底部有 5 个绿色小方块。只有外侧的 4 个方块是可以移动的。

图 7.9　带有盒状碰撞器的 Dottima

<步骤 12> 小心地拖动外侧的四个方块,使绿色方框框住 Dottima。

<步骤 13> 转到顶视图,在那里继续调整碰撞器。

　　只需要把顶部的方块向下拖动一点就可以了。与图 7.10 进行对比。

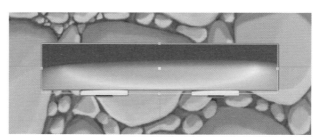

图 7.10　从顶部调整 Dottima 的盒装碰撞器

<步骤 14> 给 Dottima 添加一个刚体组件。

<步骤 15> 关闭重力。在 Constraints 部分,冻结所有三个旋转。

　　Dottima 将不会使用重力,至少目前如此。我们可以在以后的关卡中再打开它。

　　下一个小目标是在玩游戏时移动 Dottima。我们将通过编写一个简短的脚本来实现这一目标。这个脚本最终将取代 2D 游戏中的 DottimaController 脚本。

<步骤 16> 在 Assets/scripts 文件夹中创建 DottimaScript 并将其分配给 Dottima。

<步骤 17> 在 Visual Studio 中编辑 DottimaScript,使其看起来像下面这样。

```
using System.Collections;
using System.Collections.Generic;
using UnityEngine;
public class DottimaScript : MonoBehaviour
{
    private Rigidbody rb;
    // Start is called before the first frame update
```

```
void Start()
{
    rb = GetComponent<Rigidbody>();
    rb.velocity = new Vector3(0.0f, 0.0f, -0.5f);
}
// Update is called once per frame
void Update()
{
}
}
```

这段脚本访问了刚体组件并将速度矢量设置为了(0.0f, 0.0f, -0.5f)。请记住,这些数字后面的 f 向 Unity 表示这些数字是浮点数而不是双精度浮点数。一般来说,我们在整个 Unity 游戏中都使用的是浮点数, 所以我们将需要在小数常数的末尾输入 f。为了保持一致,我们在 0.0 后面也加上了 f。Z 矢量是负的, 因为 Z 轴指向远离相机的地方, 而我们希望把 Dottima 向相机的方向移动。

正确输入这段代码并且在 Unity 中没有收到错误信息后, 就可以准备测试代码了。

< 步骤 18> 测试。

在测试过程中, 应该可以看到 Dottima 在向你移动。与图 7.11 进行对比。

图 7.11　Dottima 向镜头移动

"播放时最大化"应该仍然处于开启状态，所以我们更容易看到小小的 Dottima 向我们移动，并看起来越来越大。接下来，我们要把相机移动到 Dottima 的初始位置附近。

<步骤 19> 选择"游戏"标签页，在层级面板中选择 Main Camera，在检查器中试验相机的 Z 位置。

最初的 Z 位置是默认的 –10。我们可以用鼠标拖动 Z，如图 7.12 所示。

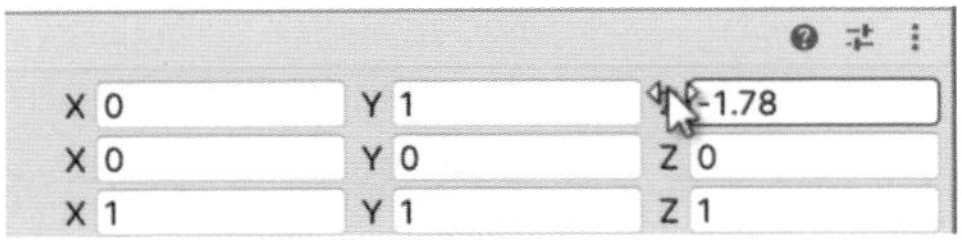

图 7.12　拖动主相机的 Z 位置

如你所见，在这个图中，Z 位置是 –1.78，这将使我们能更近距离地查看 Dottima 和书。我们还需要把相机向下倾斜。

<步骤 20> 设置主相机的 Z 位置为 –1.78，X 旋转改为 15。测试一下。

这一次，我们可以看到 Dottima 慢慢地向下移动，离开了相机的视野范围。接下来，我们将放入使用键盘方向键的控制。

<步骤 21> 在 DottimaScript 中如下修改 Start 和 Update 函数：

```
void Start()
    {
        rb = GetComponent<Rigidbody>();
    }
    // Update is called once per frame
    void Update()
    {
        float speed = 2.0f;
        Vector3 moveInput = new Vector3(
          Input.GetAxisRaw("Horizontal"),
          0.0f,
          Input.GetAxisRaw("Vertical"));
        rb.velocity = moveInput.normalized * speed;
    }
```

我们从 Start 函数中删除了初始速度，因为不再需要它了。然后，我们放入了一个简单的速度计算，它接收水平轴和垂直轴的输入，并将它们转换为 Dottima 的速度。

< 步骤 22> 用方向键、WASD 键和游戏手柄测试游戏。

没错，Unity 自动让我们能够使用游戏手柄以及方向键和 WASD 键。这比想象中的简单多了。我们甚至可以在游戏运行时连接和断开游戏手柄，而一切都会继续按照预期工作。如果有多个游戏手柄的话，可以尝试一下。如果在运行游戏时是第一次使用游戏手柄的话，为了使游戏手柄可用，你可能需要退出游戏，并在设置完毕后再次运行游戏。

现在我们已经做好了解决碰撞检测问题的准备。你可能已经注意到了，Dottima 会直接穿过书，这不是我们想要的。

< 步骤 23> 为 book 游戏对象添加一个网格碰撞器和一个刚体。在刚体中，取消勾选"使用重力"，并勾选 is kinematic。

虽然对书使用盒状碰撞器可能会更好，但书的网格非常简单，更容易设置。

< 步骤 24> 测试。

嗯，很有趣。说到有趣，不妨试试下面的步骤。

< 步骤 25> 取消勾选"Y 冻结旋转"，然后测试一下。

现在，Dottima 可以在 Y 轴上旋转，但其他方面还是不变。我们现在要撤消这个操作，但也许将来我们会在某些情况下允许 Y 轴旋转。

< 步骤 26> 撤消上一步骤。

< 步骤 27> 保存。

尽管这一小节才进行到一半，但现在是保存的好时机。接下来，我们要真正开始处理本节的重点内容：构建一个游戏场地。

首先要解决的是：那本书相对于 Dottima 而言实在是太小了。

< 步骤 28> 在场景视图中，切换到"back（正交后视图）"。

换句话说，在视图小工具中打开背面，关闭透视。

< 步骤 29> 框选书（book_0001a）。

< 步骤 30> 在选中书的情况下，在检查器中把"缩放"从（2，2，2）改为（4，4，4）。拉远并将场景视图与图 7.13 进行对比。

图 7.13 书被放大了

< 步骤 31> 将 book_0001a 重命名为 "booka"。

这只是为了使 4 本书的命名更加简洁。

< 步骤 32> 将 booka 拖到 prefabs 文件夹中,从而创建一个预制件。在弹出的窗口中选择 "原始预制件"。

使用预制件实例创建预制件时,会显示这个弹出窗口。另一个选项 "创建预制件变体" 在这里是没有必要的。如果愿意的话,可以在《Unity 使用手册》中阅读更多关于预制件变体的内容。在这个项目中,我们不会使用预制件变体。

为了简明起见,在制作这个关卡时,我们将只使用 "booka" 预制件。之后再把其他书带进来。我们将尝试创建一个与 2D 游戏中的第 1 关相似的迷宫,但在我们的重新创建关卡中,不完全还原也没有关系。毕竟,这不是一个复刻版,而是一个重制版。Assets/scenes 文件夹中仍然有第 1 关,所以如果愿意的话,可以回顾一下旧场景。这么做的时候,需要在场景面板中打开 2D 模式。看完第 1 关后,回到 3DLevel 1。

< 步骤 33> 在场景面板中,选择 Top(正交顶视图),并框选 booka。

< 步骤 34> 把其他书籍拖动到场景中,并按图 7.14 所示摆放。

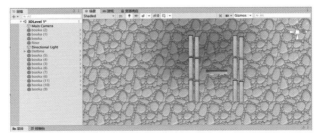

图 7.14 摆放 12 本书

< 步骤 35> 测试。

感觉游戏还可以，只不过，Dottima 在沿墙移动的时候有时会被卡住。现在还不用担心这个问题。这和书的位置有些松散有关。我们可以在游戏真的具有可玩性之后再回顾这个问题。

接下来，我们将为旋转的书籍创建一个预制件。

< 步骤 36> 在 12 本书的下方中央创建一个 booka 实例，并将它的 Y 旋转改为 90。把它的名字改为"bookar"，并用它创建一个预制件。与图 7.15 进行对比。

< 步骤 37> 使用新的预制件再创建 3 本旋转后的书，并将 4 本旋转后的书摆放在一起，如图 7.16 所示。

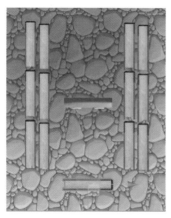
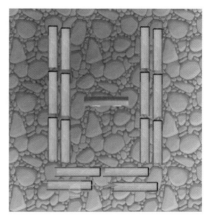

图 7.15　一本旋转后的书放置在底部　　　　图 7.16　4 本旋转的书

< 步骤 38> 测试。

目前为止，一切顺利。为了创建一个完整的关卡，我们还要添加更多书。可以看到，这么做会导致层级面板变得冗杂。为了解决这个问题，我们将创建一个 playfield 对象，并使所有书和地面成为它的子对象。这样就可以在处理场景的其他部分时轻松地隐藏所有书了。

< 步骤 39> 创建一个空的游戏对象，命名为"playfield"。

< 步骤 40> 拖动选中所有书，并将它们拖到层级面板中的 playfield 对象上。

< 步骤 41> 把 floor 也放到 playfield 游戏对象中。新的层级面板看起来和图 7.17 一致。

< 步骤 42> 测试。

我们在坚持遵循及早并频繁测试的理念。使用像 Unity 这样的系统进行游戏开发的巨大优势是，在做了一些更改之后，可以立即测试游戏，无论这些更改是大是小。这样一来，当出现问题时，我们就能得到提示，知道可能是什么原因导致了问题的发生：很可能就是刚刚做的那个改动。

在游戏开发的史前时代，连续几天甚至几个月写代码而不进行测试是很常见的做法，而且往往是必须的。这使得测试和调试变得相当困难。如今，哪怕只花几秒钟做一个改动，也可以马上做测试。

言归正传，你可能已经注意到了，很难看到位于这些书之间的 Dottima。我们需要把镜头往上移。

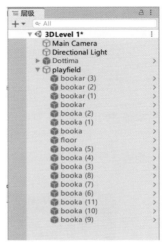

图 7.17　更好的层级面板

< 步骤 43> 选中 Main Camera，使用游戏视图，试验一下相机的位置和旋转的变换。也可以尝试改变视野（field of view，FOV）。

我们最终必须决定如何处理相机。在做出决定之前，一个合适的静止相机将允许我们布置关卡并测试基本的运动。

< 步骤 44> 在 Main Camera 的 Transform 中把位置改为（1，2，–1.7），旋转改为（35，0，0），视野 60。与图 7.18 进行对比。

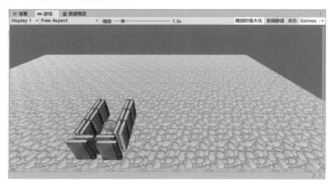

图 7.18　新的主相机设置

< 步骤 45> 在场景面板中，使用"top"视图，大致按图7.19所示放置水平和垂直的书籍。使用框选和 <Ctrl>D 来复制几组书。它们还将是"playfield"游戏对象的子对象。

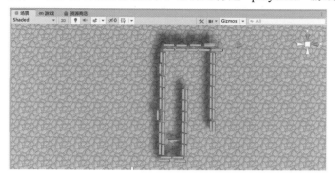

图 7.19　开始构建游戏场地

< 步骤 46> 测试。保存。

到目前为止是有效的。书籍可以自由摆放，而不是像2D游戏那样排列在一个固定的网格中，是很有趣的。我们将在下一步中继续放置其余的书。

< 步骤 47> 如图7.20所示，放置更多书。

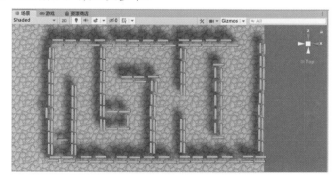

图 7.20　第一个 3D 关卡的俯视图

在测试之前，我们可能需要把地面移到右边。

< 步骤 48> 视情况调整地板的 X 和 Z 位置，将地面向右居中。

拉远场景的顶视图，与图7.21进行比较。地面的新位置应该在（2.6，0，2.0）左右。

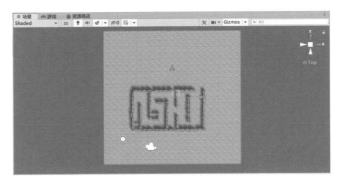

图 7.21　将地面置于中央

< 步骤 49> 测试游戏。与图 7.22 进行对比。很明显，相机的位置已经不合适了。

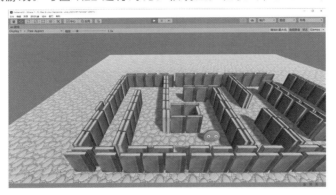

图 7.22　测试游戏场地

< 步骤 50> 把主相机的 X 位置改为 2.7，视野为 80。再次测试。如果有必要的话，调整
　　　　主相机的位置以使迷宫居于中心，并且一览无余。

　　　　就目前而言，这样已经可以了。我们可以看到整个游戏场地，并且能够将
　　　Dottima 从她的起始位置移动到出口。这几乎可以算得上是一个可玩的游戏了，尽
　　　管还缺了许多元素。现在是时候休息一下，想想如何把怪物加进来，并使相机可
　　　以移动。我们将在下一章中完成这些工作。

< 步骤 51> 保存并退出 Unity。

第 8 章　首个可玩的版本

在这一章中，我们要让游戏的前 3 关可以玩起来。让游戏可玩，往往是一个重要的里程碑。感受一下玩游戏的过程是至关重要的。从某种程度上说，当前版本的游戏已经可以玩了，只不过当我们能做的仅仅是移动主角的时候，很难算得上是一款游戏。我们有必要增加箭矢类武器和一些可以射击的怪物。暂时还不会添加音效，图形也不会是最终版，但有一些与真正的游戏类似的东西肯定会有帮助。

8.1　移动相机

在这一节中，我们将致力于使相机跟随 Dottima 移动，从而使游戏有一个更好的视角。

<步骤 1> 将 DotGame3D 加载到 Unity。选中 Main Camera。

我们现在的目标很简单，就是把相机移动到一个合适的位置，让玩家可以看到 Dottima 和她周围的环境。

<步骤 2> 选择"游戏"选项卡，将相机的 X 位置移到 0。

这将使相机与 Dottima 的初始位置保持一致。

<步骤 3> 把视野改为 40 度。

之前，为了看到整个游戏场地，我们把视野设定得比较大。这个较小的视野更适合移动的相机。

<步骤 4> 将 X 旋转改为 50。

这使得玩家能够更不受阻碍地看到 Dottima。与图 8.1 进行对比。

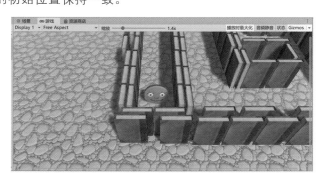

图 8.1　为了使主相机可以移动，要对它进行设置

现在，是时候为相机的移动写一个简短的脚本了。

<步骤 5> 创建一个脚本，命名为"MainCamera"，将其添加到 Main Camera 上，并将
其移动到 scripts 文件夹中。

```
using System.Collections;
using System.Collections.Generic;
using UnityEngine;

public class MainCamera : MonoBehaviour
{
    GameObject player;
    // Start is called before the first frame update
    void Start()
    {
        player = null;
    }
    // Update is called once per frame
    void Update()
    {
        if (!player) player = GameObject.Find("Dottima");
        if (player)
        {
            transform.position = new Vector3(
                player.transform.position.x,
                2.0f,
                player.transform.position.z - 1.6f
                );
        }
    }
}
```

player 变量在开始时被初始化为 null，以便 Update 函数工作。update 代码尝
试找到玩家，如果成功的话，它就会把相机放置在一个固定的与玩家的偏移角度。Y
组成部分的计算假定玩家的 Y 位置为 0。如果想在玩家的 Y 位置可能为非零的情
况下使用这段代码的话，认识到这一点是非常重要的。

<步骤 6> 测试并保存。

现在看起来好多了。把
Dottima移动到出口附近后,
将屏幕与图 8.2 进行对照。

你可能会觉得相机距
离 Dottima 太近了,但你以
后可以根据游戏中发生的
其他情况轻松地调整。在
下 一 节 中, 你 将 把 游 戏
扩 展 到 三 个 关 卡, 并 为
Dottima 提供怪物和武器。

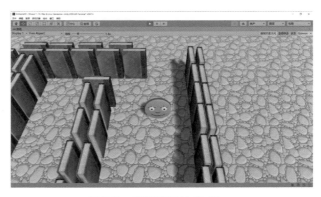

图 8.2　接近出口的 Dottima

8.2　3 个关卡

这一节中,我们将另外创建两个关卡,把第 1 关复制两次,在第 2 关引入尖刺球
(spiker),在第 3 关引入一个阻挡物(blocker)。我
们将调整 2D 版本的尖刺球和阻挡物的代码,使其
在 3D 版本中工作。我们还将添加检测 Dottima 何
时到达出口的代码,以及进入下一关的代码。

<步骤 1> 选中 3DLevel 1 场景。在层级面板中,单
击 3DLevel 1 右边的三个点,选择"场
景另存为"。与图 8.3 进行对照。

<步骤 2> 在 Assets/Scenes 文 件 夹 中 以 3DLevel
2.unity 的名字保存该场景。

<步骤 3> 以类似的方式创建第 3 关。

我们现在有了 3 个除了名字以外都一样
的关卡。最好对所有 3 个关卡进行测试,确
保它们能运行,以避免发生一些非常糟糕的

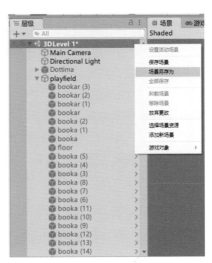

图 8.3　如何复制一个场景

意外状况。即使"觉得"没有必要，进行测试也可以在开发过程中为你节省很多麻烦。

< 步骤 4> 转到 3DLevel 2。选择场景视图。

< 步骤 5> 调整视图，使其与图 8.1 大致相符。

可以通过在场景视图右上角的场景小工具中选择自由和透视视图来做到这一点。然后通过拖动鼠标右键并使用键盘方向键或者滚动鼠标中键来调整视图。

接下来要做的是在场景中添加尖刺球，并使它们发挥作用。为了使预制件显得更整洁，新建一个文件夹：Assets/3Dprefabs。

< 步骤 6> 新建 Assets/3Dprefabs 文件夹。

我们的计划是将 spiker 和 blockad 等 3D 预制件放入这个文件夹。我们将把 Dottima 和书留在之前的 prefabs 文件夹中，尽管它们是 3D 预制件。这也许不是整理预制件的最佳方式，但我们暂时会采用这种做法。

< 步骤 7> 进入 Staging 场景。

< 步骤 8> 选择 3Dprefabs 文件夹。

< 步骤 9> 在 3Dprefabs 文件夹中，为 Spiker、Blockade、DotRobotRigged、bomb 和 QuestionMark 创建预制件。创建原始预制件，而不是变体。

< 步骤 10> 保 存 Staging 场 景，然 后 转 到 3DLevel 2。

< 步骤 11> 将 Spiker 拖入场景，如图 8.4 所示。与 2D 版本相比，这个尖刺球看起

图 8.4　第 2 关中的尖刺球

来太大了，所以我们要在预制件中更改缩放。

< 步骤 12> 在 3Dprefabs 中选择 spiker 预制件，在检查器中把缩放改为（0.7，0.7，0.7）。

< 步骤 13> 测试游戏。

我们可以看到尖刺球，但它没有动作，并且 Dottima 可以直接穿过它。为了使这个游戏可玩，我们需要加入碰撞检测，并让 Dottima 在与尖刺球相撞时死亡。我们还需要添加箭，以让 Dottima 能够攻击尖刺球。我们将在之后的章节中完成这一工作。

8.3　3D 尖刺球

在这一节中，我们将为尖刺球制作动画并加入碰撞检测。该动画将使用代码完成。我们还将把 2D 游戏中的运动代码移植过来。

< 步骤 1> 选择层级面板中的 Spiker 游戏对象。

< 步骤 2> 添加一个刚体组件，关闭重力。

< 步骤 3> 添加一个球体碰撞器，编辑碰撞器以使它和尖刺球相符。与图 8.5 进行比较。
这很好，事实上，我们鼓励球体碰撞器略微小于尖刺球的网格。

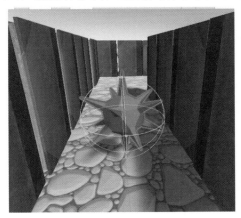

图 8.5　为尖刺球添加一个刚体和球体碰撞器

< 步骤 4> 测试。

我们可以通过让 Dottima 与尖刺球碰撞来推动它。接下来的步骤可能不是必要的。我们知道，尖刺球的 y 位置应该永远为 0，所以我们要为刚体添加以下限制条件。

< 步骤 5> 在选中 Spiker 的情况下，在检查器面板的 Rigidbody 部分的 Constraints 部分勾选"冻结 Y 位置"。
这将确保尖刺球一致在地面上，不会因为某些原因而飞到空中。
接下来，我们将添加旋转动画。

< 步骤 6> 创建以下脚本，命名为"Spiker3D"，并将其分配给 Spiker。

```
using System.Collections;
using System.Collections.Generic;
using UnityEngine;

public class Spiker3D : MonoBehaviour
{

    private Rigidbody rb;
    private Vector3 eulervel;
    // Start is called before the first frame update
    void Start()
    {
        rb = GetComponent<Rigidbody>();
        eulervel = new Vector3(0, 100.0f, 0);
    }
    // Update is called once per frame
    void FixedUpdate()
    {
        Quaternion deltaRotation =
            Quaternion.Euler(eulervel * Time.fixedDeltaTime);
        rb.MoveRotation(rb.rotation * deltaRotation);
    }
}
```

这段代码与 Unity 手册中 MoveRotation 部分的代码非常相似。如果感兴趣的话，请阅读这一部分的说明。

<步骤 7> 测试。

可以看到尖刺球在旋转，和 2D 游戏中一样。最大的区别在于，现在的旋转是通过使用 Unity 代码旋转刚体来完成的，而不是在 Blender 中预先渲染几个帧，然后循环播放这些动画帧。这样做出来的动画更加平滑，占用的内存更少，而且可以轻松地进行调整。举个例子，可以通过把 eulervel 向量改为（0，10.0f，0）来使尖刺球慢速旋转。试试吧！

我们的下一个目标是把 2D 的 spiker 脚本移植到 3D 版本中。

<步骤 8> 查看 Assets/scripts 中的 Spiker.cs 脚本，试着理解这段代码。

如果读过《Unity 2D 游戏开发》这本书，你可能还记得这段代码。它设置了

一个方向矢量变量，用来跟踪尖刺球的当前运动方向。当尖刺球与什么东西碰撞时，方向就会改变，并且会反弹一下。

经过思考，这段代码在 3D 中也应该是可行的，只需要稍加调整。必须把 rigidbody2D 组件更改为一个刚体。Vector2 将被改为 Vector3，其 Y 分量为 0。

可以把这段代码和现有的 Spiker3D 代码结合起来，但单独为它创建一个脚本会更简明。是的，一个游戏对象可以有多个脚本，并且所有脚本都会同时运行。

< 步骤 9> 在 Visual Studio 中编辑 Spiker.cs 并将其另存为 SpikerMove.cs。

< 步骤 10> 编辑 SpikerMove.cs，使之与以下代码相匹配。

```csharp
using System.Collections;
using System.Collections.Generic;
using UnityEngine;
public class SpikerMove : MonoBehaviour
{
    public float speed;
    private Rigidbody rb;
    private int direction;  // four directions 0,1,2,3
                            // down, left, up, right

    void Start()
    {
        rb = GetComponent<Rigidbody>();
        direction = 0;
    }
    private Vector3 dirVector;
    private void FixedUpdate()
    {
        if (direction == 0) dirVector = new Vector3(0.0f, 0.0f, -1.0f);
        if (direction == 1) dirVector = new Vector3(-1.0f, 0.0f, 0.0f);
        if (direction == 2) dirVector = new Vector3(0.0f, 0.0f, 1.0f);
        if (direction == 3) dirVector = new Vector3(1.0f, 0.0f, 0.0f);

        rb.velocity = dirVector.normalized * speed;
    }
    private void OnCollisionEnter(Collision collision)
    {
```

```
            Vector3 newPosition = new Vector3(
                transform.position.x – dirVector.x * 0.07f,
                0.0f,
                transform.position.z – dirVector.z * 0.07f);

            rb.MovePosition(newPosition);
            direction = (direction + 1) % 4;
        }
    }
```

除了删除 2D 引用，我们还删除了 2D 动画代码，并将类的名称改成了 SpikerMove。我们还把碰撞输入代码中的弹跳偏移量改成了 0.07f。这个 0.07 是通过实验得到的。OnCollision 回车键则比较棘手。请确保把 dirvector.y 改为 dirvector.z，还有 transform.position.y。

<步骤 11> 将 SpikerMove 附加到 Spiker 游戏对象上。

<步骤 12> 在检查器中，在 Spiker Move 部分把速度改为 1。

<步骤 13> 测试。

尖刺球现在会在书本之前弹来弹去并改变方向。在放入更多尖刺球之前，是时候更新一下预制件了。

<步骤 14> 将 Spiker 拖到 Assets/3Dprefabs 中的 Spiker 预制件上。

<步骤 15> 把两个额外的尖刺球实例放在游戏场地中的某处。

<步骤 16> 测试。

现在，尖刺球部分已经做得足够好了。它们有时会被卡在角落里，但现在先不要在意。尖刺球还不能对 Dottima 造成伤害。我们将稍后放入这段代码。

<步骤 17> 保存并退出 Unity。

下一节中，我们将在 Blender 中为 Dottima 创建 3D 箭矢武器。

8.4 Dottima 的 3D 箭矢

在本节中，我们将为箭矢武器创建一个 3D 模型。然后，我们将移植发射箭矢和处理箭矢与尖刺球的碰撞的代码。

< 步骤 1> 启动 Blender，在 Assets/models 中保存项目，命名为"arrow.blend"。

我们将使用熟悉的盒子建模技术来制作箭矢的 3D 模型。它的外形将与 2D 游戏中的箭矢相似。

< 步骤 2> 在大纲视图中把 cube 重命名为"arrow"。

< 步骤 3> 输入 s<Shift>y 0.2< 回车键 >。

<Shift>y 命令对其他两个轴进行缩放，因此缩放是沿着 X 轴和 Z 轴发生的，而 Y 轴没有被缩放。

< 步骤 4> 放大以获得更好的视图。

< 步骤 5> 输入 sy2< 回车键 >。

< 步骤 6> 选择 Modeling 工作区。然后选择左上角的"框选"图标。再次放大。

< 步骤 7> 将鼠标悬停在箭矢上，输入 <Ctrl>r，然后滚动鼠标滚轮，得到 7 个环切。然后在不移动鼠标的情况下左键单击两次。

与图 8.6 进行对比。

图 8.6　箭矢的 7 个环切

这就是箭矢的主体了。我们现在要创建箭头和箭羽。这是一个使用镜像修改器的好时机，这样我们就只需要在一边制作箭羽，而另一边将会自动创建。

< 步骤 8> 在属性编辑器中选择"修改器属性"，添加一个镜像修改器。只选择 X 轴，如图 8.7 所示。

< 步骤 9> 确认"镜像"名称右边的"编辑模式"和"实时"是否处于开启状态。可以通过它们是否为蓝色来判断。在图 8.7 中，可以看到在 Y 轴按钮上方看到它们处于开启状态。

现在，我们已经准备好在箭矢的后端制作箭羽了。

图 8.7　使用镜像修改器

< 步骤 10> 使用面选择模式，选中正面最左边的面，如图 8.8 所示。

< 步骤 11> 输入 e0.5< 回车键 >。

注意镜像修改器的作用。当我们处理箭矢右侧的箭羽时，镜像修改器为我们创建了左侧的箭羽，并且我们可以实时看到结果。这是一个非常便利且常用的修改器，因为许多模型，包括机械和有机物模型，都是对称的。

图 8.8　选中这个面

< 步骤 12> 在仍然选中挤出的面的前提下，输入 gy–0.2< 回车键 >。

< 步骤 13> 转到边选择模式，选中挤出的面的右边缘。我们要把这条边也移到左边。输入 gy–0.4< 回车键 >。

与图 8.9 进行对照。

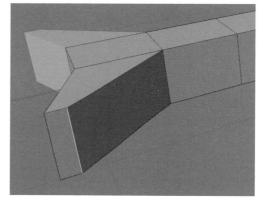

图 8.9　箭矢的背鳍

< 步骤 14> 仍然使用边选择模式，通过拖动 MMB 转动视图，然后选中前面的四个边，如图 8.10 所示。

< 步骤 15> 输入 gy0.4< 回车键 >。

< 步骤 16> 在面选择模式下，选择正面的较大的面，输入 e0.6< 回车键 >。

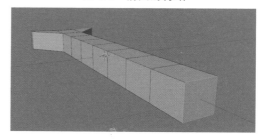

图 8.10　选中前面的边

< 步骤 17> 在边选择模式下，调整边以与图 8.11 相符。可以通过使用 gy 命令并移动鼠标调整两条垂直边来完成这一工作。

接下来只需要把箭头削尖就行了。我们将应用镜像修改器，这只能在物体模式下进行。

< 步骤 18> 使用 Layout 工作区。

< 步骤 19> 在属性编辑器中选择"修改器属性"。

< 步骤 20> 应用镜像修改器，如图 8.12 所示。

这具有停止镜像过程和创建镜像几何体的作用。

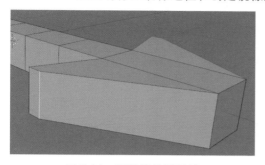

图 8.11　调整箭头的形状　　　　　　　　　图 8.12　应用镜像修改器

< 步骤 21> 回到 Modeling 工作区，使用"点选择模式"。

< 步骤 22> 使用"线框视图着色方式"，打开透视模式。

< 步骤 23> 旋转视图，框选前面的 4 个顶点，并将其缩小为很小的正方形，如图 8.13 所示。

这一步很棘手。框选须慎用，在打开 X 射线的情况下，一次性地选中前面的 4 个顶点，因为这样实际上得到的是相互叠加的两组 4 个顶点。如果点选顶点，就不能选中所有 8 个顶点，也就无法正常进行缩放了。

< 步骤 24> 返回到 Layout 工作区，检查箭矢。与图 8.14 进行对比。

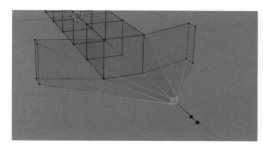

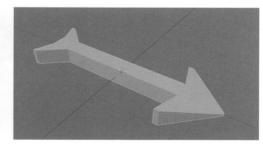

图 8.13　让箭头变尖　　　　　　　　　　图 8.14　3D 箭矢模型

< 步骤 25> 保存 Blend 文件。

我们要用 Unity 来使箭矢变成红色。

8.5 Unity 中的箭矢：Dottima 实例化箭矢

这一节中，我们将把上一节中的 3D 箭矢带入 Unity，添加一个旋转的动画，并为它创建一个预制件。然后，我们将查看 2D 游戏中的射箭代码，并将其中的一部分移植到 DotGame3D 中。

<步骤 1> 在 Unity 中加载 DotGame3D。

<步骤 2> 在 Assets/models 中选择箭矢模型。

<步骤 3> 在检查器中，取消勾选"导入相机"和"导入灯光"，将缩放系数设置为 0.07，然后应用。

<步骤 4> 切换到 Staging 场景，把一个箭矢放入场景中。

<步骤 5> 在 models 文件夹中创建一个红色材质，重命名为"Arrow Material"，将其分配给箭矢模型。场景现在应该看起来和图 8.15 相似。

现在可以把箭矢变成一个预制件了。

<步骤 6> 进入 3Dprefabs 文件夹，将 arrow 拖入该文件夹。

<步骤 7> 保存 Staging 场景，并进入 3DLevel 2 场景。
一个快速的方法是使用**文件 – 打开最近的场景**，然后选择需要的场景。

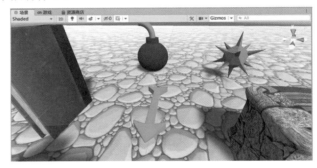

图 8.15　Staging 场景中的一个红色箭矢

<步骤 8> 把一支箭矢放入场景中，并将视图调整为图 8.16 的样子。在游戏中，箭矢不会像这样被初始化到场景中。相反，它们将在玩家按下"射击"按钮或"射击"键时被创建。现在只是在做测试。

图 8.16　3D Level 2 中的一支箭矢

＜步骤 9＞ 为箭矢创建一个新脚本，命名为"ArrowAnimation"。

＜步骤 10＞ 将 ArrowAnimation 脚本分配给层级面板中的 arrow。

接下来，我们要做一件有些奇怪的事情。我们要从 Spiker3D 脚本中复制并粘贴 Spiker3D 类，但不是复制全部内容，而只是大括号内的内容。

＜步骤 11＞ 打开 Spiker3D 脚本，通过拖动鼠标来选中 Spiker3D 类的内容。

＜步骤 12＞ 键 入 ＜Ctrl＞c，然 后 在 ArrowAnimation.cs 中 做 同 样 的 高 亮 显 示，键 入 ＜Ctrl＞v。

现在，ArrowAnimation.cs 中应该有以下代码。

```
using System.Collections;
using System.Collections.Generic;
using UnityEngine;
public class ArrowAnimation : MonoBehaviour
{
    private Rigidbody rb;
    private Vector3 eulervel;
    // Start is called before the first frame update
    void Start()
    {
        rb = GetComponent<Rigidbody>();
        eulervel = new Vector3(0, 100.0f, 0);
    }
    // Update is called once per frame
    void FixedUpdate()
    {
        Quaternion deltaRotation =
 Quaternion.Euler(eulervel * Time.fixedDeltaTime);
        rb.MoveRotation(rb.rotation * deltaRotation);
    }
}
```

我们的计划是让箭矢在它的 Z 轴上旋转。就快成功了。这段代码使得箭矢沿 Y 轴旋转。只是为了好玩，尝试一下吧。

＜步骤 13＞ 保存 ArrowAnimation.cs 并测试游戏。

嗯，没什么效果。没有看到旋转。你能猜到原因吗？实际上，并没有什么猜测的余地。屏幕的底部应该可以看到一条红色的错误信息。它指出，这个箭矢没有刚体组件

<步骤 14> 给箭矢添加一个刚体组件。关闭重力，冻结 Y 位置。

我们在这里使用的刚体设置与尖刺球的设置相同。

<步骤 15> 再次测试游戏。

这下可以了，箭矢现在可以旋转了，虽然不是以我们想要的方式。

<步骤 16> 在第 14 行，设置 eulerlevel 的地方，将 Vector3 改为（0, 0, 100.0f），然后再次测试。

没错，箭矢现在正以每秒 100 度的速度沿其 Z 轴旋转。这正是我们想要的，但或许箭矢应该旋转得快一点。

顺带一提，你可能想知道为什么有些常数带有 f，有些却没有。背后的原因是，整数常数不需要 f，但带有小数点的常数，比如 1.3f——甚至 1.0f——都需要在后面加上 f。不过也可以偷懒，输入 0 而不是 0.0f，或者甚至输入 100 而不是 100.0f。

<步骤 17> 将箭矢的旋转速度从 100 度 / 秒改为 500 度 / 秒。

真棒！现在的箭矢看上去很有杀伤力。

接下来，我们要让 Dottima 发射一支箭。2D 代码中包含着这个部分，所以我们要仔细研究一下它是如何完成的。在 DottimaController.cs 脚本中查找 GetKeyDown(space) 并检查其后的代码。有一条用来创建箭矢的语句。首先，我们要让这个语句在 DottimaScript 中发挥作用。

<步骤 18> 在 DottimaScript 的 Update 函数末尾插入以下代码：

```
if (Input.GetKeyDown("space"))
{
    GameObject ar = Instantiate(
    shot,
    new Vector3(
        transform.position.x,
        transform.position.y,
        transform.position.z ),
```

```
                Quaternion.Euler(0, 0, 0)
            );
    }
```

<步骤 19> 在 rb 声明后将 shot 变量声明为公共 GameObject。

DottimaScript 类的开头应该是这样的：

```
private Rigidbody rb;
public GameObject shot;
```

现在，我们已经做好测试的准备了。

<步骤 20> 测试。测试时，在迷宫中移动 Dottima 时按下空格键。

空格键不起作用。我们会在控制台面板中得到以下错误信息：**"Unassigne dReferenceException: The variable shot of DottimaScript has not been assigned. You probably need to assign the shot variable of the DottimaScript script in the inspector**（DottimaScript 的变量 shot 没有被分配。你可能需要在检查器中对 DottimaScript 脚本的 shot 变量进行分配）。"

Unity 窗口的底部也以红色字体的显示了异常消息。正如第二条错误消息所讲的那样，有一个简单的解决方法。

<步骤 21> 在层级面板中选中 Dottima，然后将 arrow 游戏对象拖到检查器中的 Shot 部分。

检查器现在看起来和图 8.17 一样。

<步骤 22> 再次测试，然后保存。

好了，这是个不错的开始。每当我们按下空格键，一个旋转着的、位置固定不变的箭矢就会被出现在迷宫中。为了让箭矢飞起来，我们还有一些工作需要完成。我们将在下一节处理这部分工作。

图 8.17 在检查器中指定 shot 变量

8.6　Unity 中的箭矢：箭矢的移动和方向

这一节中，我们将输入代码，使箭矢向指定方向移动。我们还需要根据 Dottima 的移动方向来决定正确的方向。

< 步骤 1> 检查 Arrow.cs 中的 direction（方向）代码。

可以看到，有一个方向变量存储了四个可能的方向之一的代码。FixedUpdate 函数中计算了一个 dirVector 变量，接着是为箭矢设置速度矢量。注意，刚体 "rb" 是 2D 类型的。接下来，我们将创建这个代码的 3D 版本。

< 步骤 2> 在 scripts 文件夹中创建一个名为 Arrow3D 的脚本，并将其分配给 arrow。

arrow 游戏对象现在有两个脚本，分别是 ArrowAnimation 和 Arrow3D。

< 步骤 3> 在 Arrow3D 类的开头插入以下几行。

```
public float speed;
private Rigidbody rb;
public int direction; // four directions 0,1,2,3
                      // down, left, up, right
```

这几行与 Arrow.cs 的开头相似，不过不需要 animation 变量，而且 rb 现在是一个 3D 刚体。

< 步骤 4> 在 Start 函数中，插入以下代码。

```
rb = GetComponent<Rigidbody>();
```

再次注意，与 Arrow.cs 不同，这里的 GetComponent 不再是 2D 的了。

< 步骤 5> 用以下代码替换 Update 函数。

```
private Vector3 dirVector;
private void FixedUpdate()
{
    if (direction == 0) dirVector = new Vector3(0.0f, 0.0f, -1.0f);
    if (direction == 1) dirVector = new Vector3(-1.0f, 0.0f, 0.0f);
    if (direction == 2) dirVector = new Vector3(0.0f, 0.0f, 1.0f);
    if (direction == 3) dirVector = new Vector3(1.0f, 0.0f, 0.0f);

    rb.velocity = dirVector.normalized * speed;
}
```

该代码根据方向为箭矢选择一个速度矢量。

<步骤 6> 在 Visual Studio 中保存。在检查器中，设置速度为 0.3，方向为 0。

<步骤 7> 测试。

箭矢现在会朝下飞了。

<步骤 8> 测试其他三个方向，把方向设置为 1、2、3，并将 Y 旋转调整为 90、180、270。

为了测试，速度被设置得比较低。之后当游戏可玩时，我们会提高速度。

接下来，我们将根据 Dottima 的方向发射箭矢。

<步骤 9> 编辑 DottimaScript 以与以下代码相匹配。

```
using System.Collections;
using System.Collections.Generic;
using UnityEngine;
public class DottimaScript : MonoBehaviour
{
    private Rigidbody rb;
    public GameObject shot;
    private int direction;
    private float yrot;
    // Start is called before the first frame update
    void Start()
    {
        rb = GetComponent<Rigidbody>();
    }
    // Update is called once per frame
    void Update()
    {
        float speed = 2.0f;
        Vector3 moveInput = new Vector3(
            Input.GetAxisRaw("Horizontal"),
            0.0f,
            Input.GetAxisRaw("Vertical"));
        rb.velocity = moveInput.normalized * speed;
        float x, z;
        x = rb.velocity.x;
        z = rb.velocity.z;
```

```
        if (x != 0 || z != 0)
        {
            if (z < x) if (z < -x) direction = 0;
            if (z > x) if (z < -x) direction = 1;
            if (z > x) if (z > -x) direction = 2;
            if (z < x) if (z > -x) direction = 3;
        }
        if (Input.GetKeyDown("space"))
        {
            if (direction == 0) yrot = 0.0f;
            if (direction == 1) yrot = 90.0f;
            if (direction == 2) yrot = 180.0f;
            if (direction == 3) yrot = 270.0f;
            GameObject ar = Instantiate(
                shot,
                new Vector3(
                    transform.position.x,
                    transform.position.y + 0.2f,
                    transform.position.z),
                    Quaternion.Euler(0, yrot, 0)
            );
            ar.GetComponent<Arrow3D>().direction = direction;
            if (x != 0 || z != 0) ar.GetComponent<Arrow3D>().
speed += speed;
            }
        }
    }
```

将代码与 DottimaController 中的代码进行对比。虽然有一些细微的差别，但逻辑是非常相似的。这段代码正在根据 Dottima 的速度矢量的 X 分量和 Z 分量计算 Dottima 的方向。然后实例化一个朝向该方向的箭头。

<步骤 10> 选中层级面板中的 arrow 游戏对象，把检查器中的速度改为 1，方向改为 0。

<步骤 11> 测试并保存。

接下来，我们要做一些清理工作。箭矢的预制件需要被更新。

<步骤 12> 在层级面板中把 arrow 拖到 3Dprefabs 中的 arrow 预制件上面。

<步骤 13> 删除层级面板中的箭头。

如果现在测试游戏的话，会得到一个错误，因为 shot 变量不再被分配了。你可以通过在检查器中检视 Dottima 来确认这一点。

< 步骤 14> 从 3Dprefabs 中把 arrow 预制件拖到 Dottima 的 shot 变量中。

< 步骤 15> 测试并保存。

效果应该和之前完全一样，但不再需要在场景中放置 arrow 游戏对象了。

下一节中，我们将为箭矢的碰撞检测输入代码。

8.7　Unity 中的箭矢：箭矢的碰撞检测

目前，这些箭矢会直接穿过书本和尖刺球。这当然是不正确的。首先，我们要让箭矢与书发生碰撞。

< 步骤 1> 创建一个 arrow 预制件的实例，如图 8.18 所示。将 Y 位置改为 0.1。

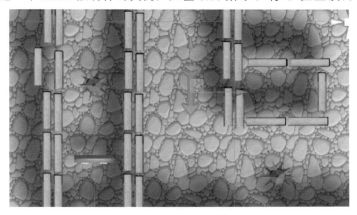

图 8.18　箭矢碰撞的测试性设置

我们正在使用正交视图，并把箭矢放在了一个应该撞到下面的一本书并停止的位置。箭矢的速度应该是 1，方向是 0，代码是向下。我们把箭矢抬高了一点，所以它不会与地面相撞。

< 步骤 2> 测试一下。

箭矢穿过下面的书后继续向下飞。

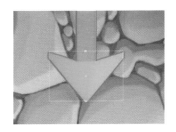

图 8.19 箭矢的 3D 盒状碰撞器

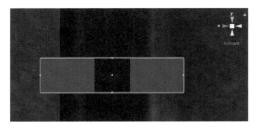

图 8.20 箭矢在 Y 方向上的 3D 盒状碰撞器

< 步骤 3> 为箭矢添加一个盒状碰撞器，并调整它以与箭头相匹配，如图 8.19 所示。

< 步骤 4> 通过使用正交前视图，在 y 方向上也调整盒子碰撞器，如图 8.20 所示。

< 步骤 5> 在检查器中，在 Constraints 部分冻结所有三个旋转。

我们不希望物理引擎使这支箭矢转向。

< 步骤 6> 测试。

箭矢现在击中了书，并停在那里继续旋转。或许，让箭矢在固定时间后消失会比较好。我们很快就会实现这一点。

< 步骤 7> 把一个尖刺球放到箭矢的移动路径上，进行测试。

这似乎也能起作用。箭矢弹开它遇到的任何尖刺球并继续前进。你可能已经注意到了，Dottima 射出的箭不会与书或其他东西相撞。这是因为我们还没有更新预制件。

< 步骤 8> 在 3Dprefabs 中更新箭矢的预制件并进行测试。

再次重申，我们一直在遵循"实施小改动并立即测试"的游戏开发哲学。这不仅是一个非常可靠的创造好游戏的方法，它也很有趣，因为我们可以经常游玩自己的游戏。而且，如果这并不有趣的话，我们可以得到宝贵的反馈，了解游戏该如何被改进。

接下来，我们将从 2D 项目中引入 deathTimer 的代码。这段代码很简单。我们添加了一个叫 state 的状态变量，0 代表活着，1 代表死亡。好吧，这似乎反了，但无所谓。当箭矢处于死亡状态时，deathTimer 会减少，而当 deathTimer 达到 0 时，箭矢就会被销毁。下面是这部分的代码。

< 步骤 9> 在 Arrow3D 中，通过在顶部插入两个变量的声明来声明这两个变量，如下所示：

```
private float deathTimer;
private int state;  // 0 = alive, 1 = dying
```

这些变量被声明为私有的，因为我们很确定它们不需要被任何其他游戏对象访问。

< 步骤 10> 在 Start 中初始化它们，如下所示：

```
deathTimer = 1.0f;
state = 0;
```

< 步骤 11> 在 Update 中插入这段代码。

```
if (state == 1)
{
    deathTimer -= Time.deltaTime;
}
if (deathTimer < 0.0f) Destroy(gameObject);
```

< 步骤 12> 在类底部的封闭括号之前插入以下函数。

```
private void OnCollisionEnter(Collision collision)
{
    if (state == 1) return;
    state = 1;
}
```

这并不完全是最理想的代码。我们刚刚意识到，就算去掉这两行中的第一行，代码的作用也是完全一样的。这种事情在编程过程中时有发生。我们将会保持原样，因为这比修改它要省事，而且之后的步骤中会用到这一行。

< 步骤 13> 测试并保存。

箭矢与任何东西相撞后，deathTimer 就会开始计时，1 秒后箭矢就会被销毁。这里可以添加一个箭矢消失的动画，但我们将把这项工作放到以后再完成。

接下来，我们要摧毁任何与箭矢相撞的尖刺球。为此，我们首先要为它们添加标签。

<步骤 14> 选中 3Dprefabs 中的 Spiker 预制件。单击"打开预制件"。

<步骤 15> 在检查器中，在"标签"部分选择 Spiker 标签。

　　　　　这种情况下，通常需要创建一个新标签，但我们已经有一个 Spiker 标签了。它是为 2D 项目创建的。

<步骤 16> 把 OnCollisionEnter 函数改成下面这样。

```
private void OnCollisionEnter(Collision collision)
{
    if (state == 1) return;
    if (collision.gameObject.tag == "Spiker")
    {
        Destroy(collision.gameObject);
    }
    state = 1;
}
```

　　　　　这段代码检查与箭矢相撞的是否是一个尖刺球，如果是，尖刺球就会被摧毁。

<步骤 17> 测试。

　　　　　成功了，但是箭矢在碰撞并摧毁尖刺球后还在继续前进。为了解决这个问题，请按照以下步骤操作。

<步骤 18> 在 FixedUpdate 函数的开头，插入以下代码：

```
if (state == 1)
{
    rb.velocity = Vector3.zero;
    return;
}
```

　　　　　这段代码检查箭矢是否正在消亡，如果是，它就会把速度设置为 0。

<步骤 19> 再次测试并保存。

　　　　　现在箭矢的行为与 2D 游戏相当吻合了。我们可以控制着 Dottima 跑来跑去，消灭尖刺球。这开始有些像是真正的游戏了。我们现在或许可以停下来，称其为第一个可玩的版本。不过，增加 3D 阻挡物还是很简单的，所以不妨先把这项工作完成。

8.8　3D 阻挡物

　　本节中，我们将添加一个 3D 阻挡物。这个阻挡物是一块大石头，Dottima 跑到它身边可以推动它。也可以通过用箭矢射击来推动它。

< 步骤 1> 加载第 3 关（2D 版本）并测试。

　　　　这是为了回顾 2D 游戏是如何运作的。在这个场景中，有一个阻挡物，我们的目标是让 Dottima 把它推开，使她可以到达出口。

< 步骤 2> 在检查器中查看 Blockade 游戏对象。

　　　　如我们所料，Blockade 有一个 2D 刚体和一个 2D 盒状碰撞器。在 3D 版本中，我们也准备添加刚体和盒状碰撞器组件。请注意，它没有脚本！这将是很简单的。

< 步骤 3> 进入 3DLevel 3 并进行测试。

　　　　它可以工作，不过在尝试射箭时会得到一个错误。Dottima 对象已经过期了。

< 步骤 4> 回到 3DLevel 2，在 3Dprefabs 中使用这个场景中的 Dottima 游戏对象创建一个 Dottima 预制件。

< 步骤 5> 回到 3DLevel 3，删除现有的 Dottima 游戏对象，用 3Dprefabs 中的新预制件的实例来代替它。

< 步骤 6> 测试一下。

　　　　Dottima 现在可以射箭了，但是这个关卡中还没有什么可以射的。稍后，我们会在这个关卡中放入一些尖刺球。你可能注意到了向左和向右射击的问题。这个问题将在未来的章节中得到解决。

　　　　首先，我们要放置一个阻挡物。

< 步骤 7> 从 3Dprefabs 创建一个阻挡物实例，如图 8.21 所示。

　　　　这个阻挡物太小了，让我们把它放大一点。

图 8.21　3D 第 3 关中的 Blockade 实例

< 步骤 8> 将 Blockade 的缩放改为（2，2，2）。测试一下游戏。

如我们所料，阻挡物和 Dottima 之间没有发生碰撞。

< 步骤 9> 为 Blockade 添加一个刚体组件。关闭重力，冻结 Y 位置和所有旋转。

< 步骤 10> 添加一个盒状碰撞组件并编辑碰撞器以与阻挡物匹配。可以输入盒状碰撞器的大小为（0.2，0.2，0.2），中心为（0，0.1，0）作为开始。

< 步骤 11> 再次测试。

阻挡物起到的作用似乎和 2D 游戏中的阻挡物一样。

< 步骤 12> 更新 Blockade 预制件。

< 步骤 13> 删除场景中的 Blockade 游戏对象，然后用预制件创建一个新对象。

如图 8.22 所示。

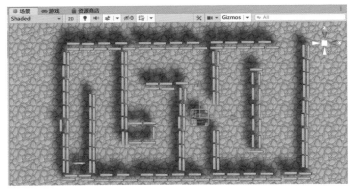

图 8.22 放置新的阻挡物

< 步骤 14> 测试一下，看看是否能推开阻挡物并到达出口。

< 步骤 15> 在关卡中放置一些尖刺球，测试并保存。

我们做得越来越好了。从某种程度上来说，这个游戏是可玩的。不过，仍然缺少许多基本元素，比如声音、游戏结构和有趣的怪物。我们将在后面的章节中解决这些问题。

第 9 章　游戏结构

这一章比较短，我们将从 2D 游戏中把大部分游戏结构移植过来。我们将为各个关卡添加代码，还将为 Dottima 增加一个生命计数器，当她的生命值耗尽时，会显示一条"游戏结束"信息。我们还将添加一个简单的分数显示。

9.1　游戏状态

这一小节中，我们将从 2D 游戏中引入 GameState 游戏对象。我们将看到这个游戏对象如何跟踪游戏状态的。它与是 2D 还是 3D 无关，所以我们可以原封不动地使用它。2D 游戏中没有为它创建预制件，所以要先创建一个。

< 步骤 1> 转到 Level 1 场景。

< 步骤 2> 在层级面板中选中 GameState，在 3Dprefabs 中为它制作一个预制件。

< 步骤 3> 在 3DLevel 1 中创建一个 GameState 预制件的实例。

< 步骤 4> 测试。

　　　　创建 GameState 不应该有任何效果，所以似乎没有测试的必要。然而，测试只需要几秒钟就可以完成，所以为什么不呢？我们在检查是否会收到任何意外的错误信息。既然没有，就可以继续下一步了。

　　　　但等等，在射箭时可能出现了错误信息。为了解决这个问题，在这个关卡中删除 Dottima，用 3Dprefabs 中的 Dottima 预制件的实例代替它。然后检查所有其他的关卡是否也有这个问题。

< 步骤 5> 回到 Level 1，同样在 3Dprefabs 中为 Scoring 制作一个预制件。

< 步骤 6> 就像之前对 GameState 所做的那样，在 3DLevel 1 创建一个 Scoring 的实例。

<步骤 7> 测试。

这次我们会看到一个分数（Score）、一个生命计数器和一个关卡级别，和 2D 游戏中的一样。所有这些都是在 Scoring 脚本中处理的。可以看到计时器从 100 开始倒计时，Dottima 有 5 条命，以及一个关卡指示器。

我们的下一个目标是让 Dottima 从一个关卡走到另一个关卡。为此，我们需要更改生成设置。

<步骤 8> 文件 – 生成设置 ...

在这里，我们可以看到 2D 游戏留下来的生成设置。我们将要删除 6 个 2D 场景，用 3 个 3D 场景代替它们。

<步骤 9> 在"Build 中的场景"面板中选中所有 6 个关卡，右键单击，然后从弹出的快捷菜单中"移除选择"。

现在，Build 中只有两个场景了：TitleScene 和 Menus。

<步骤 10> 确保 3DLevel 1 仍然是当前场景，然后单击"添加已打开场景"。

<步骤 11> 用同样的方式添加 3DLevel 2 和 3DLevel 3，然后关闭"生成设置"弹出窗口。

<步骤 12> 选中 TitleScene 并开始测试游戏。不要忘记，**文件 – 保存项目**。

令人惊讶的是，单击 TitleScene 中的 Play DotGame 时，会开始播放 3DLevel 1。不过还不能移动至 3DLevel 2。我们将需要把 2D 游戏中的 ExitLocation 对象放到 3D 版本中。我们还注意到，当从选项屏幕移动到 3DLevel 1 时，屏幕会变暗。我们稍后将会找出这个 bug 的源头。

<步骤 13> 检视 Level 1 中的 ExitLocation 游戏对象。

如你所见，它只是一个放置在关卡出口附近的 2D 盒状碰撞器。

<步骤 14> 转到 3DLevel 1。

<步骤 15> **游戏对象 – 创建空对象**，命名为 ExitLocation 并把它拖到出口处，如图 9.1 所示。

<步骤 16> 添加一个盒状碰撞组件，并编辑它，以与图 9.2 相匹配。

在这张图中，为了更清楚地看到盒状碰撞器，我暂时关闭了 floor 游戏对象。在本书的版本中，盒状碰撞器的大小是（0.67, 1, 0.29）。你所设置的大小可能有所不同。Y 的大小应该保持为 1。

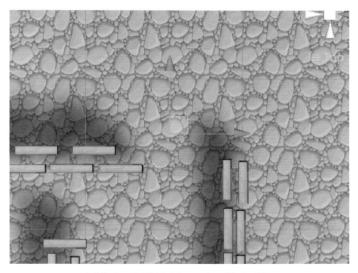

图 9.1　放置 ExitLocation 游戏对象

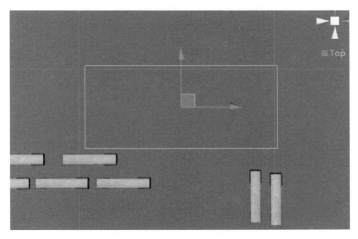

图 9.2　编辑 ExitLocation 的盒子碰撞器

　　现在，我们要从 2D 游戏的 DottimaController 脚本中引入一些代码，并根据需要进行调整。

< 步骤 17> 在 DottimaScript 的顶部插入以下声明。

```
public float levelCompleteTimer = 2.0f;
public const int lastLevel = 3;
```

必须把 lastLevel 的值从 6 改为 3，因为目前只有 3 个关卡。

< 步骤 18> 在 Update 函数的开头，插入以下代码：

```
if (GameState.state == GameState.levelComplete)
{
    rb.velocity = Vector3.zero;
    levelCompleteTimer -= Time.deltaTime;
    if (levelCompleteTimer < 0.0f)
    {
        Scoring.gamescore += 500;
        GameState.level++;
        SceneManager.LoadScene(GameState.level +
            GameState.SceneOffset);
    }
}
```

< 步骤 19> 在脚本的结尾，插入以下碰撞代码：

```
private void OnCollisionEnter(Collision collision)
{
    if (collision.gameObject.name == "ExitLocation")
    {
        Scoring.gamescore += (int)Scoring.levelTimer;
        Scoring.levelTimer = 100.0f;
        if (GameState.level < lastLevel)
            GameState.state = GameState.levelComplete;
        else
            GameState.state = GameState.theEnd;
    }
}
```

< 步骤 20> 在顶部的 using 部分，插入以下代码：

```
using UnityEngine.SceneManagement;
```

为了获取对 SceneManagement 函数的访问，这行代码是必要的。

<步骤 21> 测试，从 Menus 场景开始。

应该可以一直走到 3DLevel 2，但之后就会被卡住，因为我们还没有为第 2 关设置 ExitLocation。

<步骤 22> 进入 3DLevel 1，像往常一样在 3Dprefabs 中为 ExitLocation 创建一个预制件。

<步骤 23> 在 3DLevel 2 和 3DLevel 3 中添加 ExitLocation、GameState 和 Scoring。

<步骤 24> 测试，从 Menus 场景开始。

现在这应该可以一直运行到第 3 关结束。处理游戏结束的代码还没有被添加，这正是我们接下来要做的。

<步骤 25> 在 Update 中的 levelComplete 部分之后插入以下代码。

```
if (GameState.state == GameState.gameOver)
{
    rb.velocity = Vector3.zero;
    levelCompleteTimer -= Time.deltaTime;
    if (levelCompleteTimer < 0.0f )
    {
        Scoring.lives = 5;
        GameState.level = 1;
        GameState.state = GameState.gamePlay;
        SceneManager.LoadScene(GameState.MenuScene);
    }
}
if (GameState.state == GameState.theEnd)
{
    rb.velocity = Vector3.zero;
    levelCompleteTimer -= Time.deltaTime;
    if (levelCompleteTimer < 0.0f)
    {
        Scoring.lives = 5;
        Scoring.gamescore += 1000;
        GameState.level = 1;
        GameState.state = GameState.gamePlay;
```

```
            SceneManager.LoadScene(GameState.MenuScene);
        }
    }
    // At the end of a level, stop updating Dottima
    if (GameState.state == GameState.theEnd) return;
    if (GameState.state == GameState.levelComplete) return;
    if (GameState.state == GameState.gameOver) return;
```

<步骤 26> 再次从 Menus 场景开始进行测试。

> 我们现在有了一个相当不错的游戏结构。可以游玩所有 3 个关卡并到达终点。但有一个问题是，Dottima 现在是不死的。我们输入了"Game Over"的代码，但没有办法触发它。下一节中将会处理这个问题。

<步骤 27> 保存。

> 哦，等等，有一个简单的方法能够解决画面变暗的问题。请按照以下步骤操作。

<步骤 28> 转到 3DLevel 1。**窗口 – 渲染 – 光照**。单击"生成照明"。

> 现在，从 Menus 场景开始播放时，第 1 关应该和平时一样明亮。

<步骤 29> 对第 2 关和第 3 关重复以上操作。测试并保存。

9.2 游戏结束

这一节中，我们将使 Dottima 能够失去生命，如果她的生命数耗尽，就意味着游戏结束了。我们可以重新利用 2D 代码来完成这个任务。

<步骤 1> 加载 3DLevel 2。

> 这时 Dottima 会遭遇尖刺球的首个关卡。我们要让 Dottima 在与尖刺球碰撞时失去一条生命。

<步骤 2> 在 DottimaScript 类中插入以下声明：

```
private int dottimaState = 0;  // 0 no bomb, 1 with bomb, 2 dying
private float deathTimer = 1.0f;
```

<步骤 3> 在 OnCollisionEnter 函数中插入这段代码。

```
if (collision . gameObject . tag == "Spiker" )
```

```
    {
        dottimaState = 2;
    }
```

<步骤 4> 将下面这段代码插入 Update 函数中：

```
if (dottimaState == 2)
{
    float shrink = 1.0f — 2.0f * Time . del taTime;
    trans form. localScale = (
        new Vector3 (
        transform.localScale.x * shrink, .
        transform. localScale.y * shrink,
        transform. localScale.z * shrink)) ;
    deathTimer -= Time . deltaTime ;
    if (deathTimer < 0.0f)
    {
        deathTimer = 1.0f;
        Scoring. lives-- ;
        dottimaState = 0 ;
        gameObject. trans form. localScale =
            new Vector3(0.07f, 0.07f,  0.07f) ;
        game0bject. transform. position =
            new Vector3(-0.06f, 0.0f,  0.6f) ;
        if ( Scoring.lives == 0)
        {
            GameState. state = GameState . gameOver ;
        }
    }
}
```

这段代码中的绝大部分都是从 2D 版本中复制过来的，只是删除了旋转的代码，因为这在 3D 版本中不再起作用，因而也不再需要了。重置 Dottima 的魔数（magic number）在 3D 版本中是不同的，因为 Dottima 的初始位置和大小并不相同。

<步骤 5> 测试游戏。

现在应该能够通过把 Dottima 撞到尖刺球上杀死她 5 次，然后得到"Game Over"这样表示游戏结束的提示，接着可以重新开始游戏。当 Dottima 死亡时，她会在 1 秒内逐渐缩小，然后被重置到初始位置。

　　为了使这段代码发挥作用，Dottima 在每一关都必须处于同一初始位置。记住，如果有必要的话，让这段代码处理不同的初始位置。

　　作者我有必要在此做个说明：是的，这段代码中的一些地方很不优雅，尤其是对于在教科书上发表的代码而言。这不只是因为作者很懒，而是故意为之的。这是来自现实的打击。当你试图在自己或外部设定的最后期限内编写游戏时，总会发生意外情况。在开发游戏时，要不断地对代码质量和尽早完成它的必要性进行权衡。有时，快速而简单地写出代码会更清晰、更好。

　　另一方面，如果知道未来会发生什么，那么最好的准备方式是使代码适合于更广泛的用途，而不仅仅是针对当下的需要。

　　这一章可以告一段落了。

< 步骤 6> 保存，退出 Unity 并备份。

　　是的，我们需要定期备份工作。甚至最好建立一个源码控制系统。源码控制比较复杂，不在本书的覆盖范围内，但如果有这个倾向的话，请务必使用源码控制。

第 10 章　更多游戏对象和一个大型关卡

本章中，我们将从 2D 游戏中引入 DotRobot 和 Bombs 的代码。我们终于可以试用新的 DotRobot 模型了。我们还将为 Dottima 添加拾取和投掷炸弹的代码，以便让她能摧毁 DotRobot。此外，我们还将创建一个全新的、更大型的关卡。

10.1　游戏对象

在几章之前，我们在 3Dprefabs 文件夹中创建了一个 DotRobotRigged 预制件。在继续处理 DotRobot 游戏对象之前，我们将为它们创建一些新的关卡。我们将使用第 8 章中的技巧，复制现有的 3DLevel 3，以这种方式来创建第 4 关、第 5 关和第 6 关。

< 步骤 1> 选中 3DLevel 3。在 Assets/Scenes 文件夹中，将这个场景另存为 3DLevel 4、3DLevel 5 和 3DLevel 6。

< 步骤 2> 在 DottimaScript 中将 "lastLevel" 常数设置为 6。

< 步骤 3> 在生成设置中添加新的关卡，确保它们按顺序排列。

< 步骤 4> 从 TitleScene 开始生成并测试游戏。

　　　　 测试成功之后，就可以把 DotRobot 放到 3DLevel 4 里了。

< 步骤 5> 选择 3DLevel 4，将 3Dprefabs 文件夹中的 DotRobotRigged 预制件的实例放入场景中，如图 10.1 所示。

< 步骤 6> 测试并观察 DotRobot 的动画。

　　　　 这个机器人还无法与环境进行交互。它只会循环播放它的动画。

< 步骤 7> 检视 prefabs 文件夹中的 2D DotRobot 预制件。

　　　　 可以看到，2D DotRobot 有一个 Animator、一个脚本、一个 Rigidbody 2D 和一个 Box Collider 2D 组件。我们将为 3D DotRobot 创建类似的组件，Animator 除外。

< 步骤 8> 为 DotRobotRigged 游戏对象添加一个刚体组件和一个盒状碰撞器组件。对于刚体组件，冻结 Y 位置和所有三个旋转。

< 步骤 9> 编辑盒状碰撞器以与 DotRobot 匹配。如图 10.2 所示，盒状碰撞器应该框住
DotRobot。

图 10.1　将 DotRobotRigged 放入 3DLevel 4

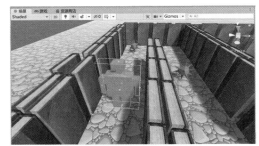

图 10.2　为 DotRobot 设置盒状碰撞器

< 步骤 10> 测试。

现在，Dottima 可以像推开阻挡物一样关卡中推动 DotRobot。尖刺球会与
DotRobot 碰撞，DotRobot 会与书本碰撞。到目前为止，一切都很顺利。

< 步骤 11> 创建一个新脚本，命名为"DotRobot3D"，并将其指定给 DotRobotRigged。

< 步骤 12> 在 DotRobot3D.cs 中键入以下代码：

```
using System. Collections ;
using System. Collections . Generic ;
using UnityEngine ;

public class DotRobot3D : MonoBehaviour
{
    public float speed;
    private Rigidbody rb;
    public int direction; // four directions 0,1,2,3
                // down, left, up, right
    public Vector3 dirVector;
    void Start()
    {
        rb = GetComponent<Rigidbody>();
        direction = 0;
        dirVector = new Vector3(0.0f, 0.0f, -1.0f);
```

```
    }
     private void FixedUpdate()
    {
        if (direction == 0) dirVector = new Vector3(0.0f, 0.0f, -1.0f);
        if (direction == 1) dirVector = new Vector3(-1.0f, 0.0f, 0.0f);
        if (direction == 2) dirVector = new Vector3(0.0f, 0.0f, 1.0f);
        if (direction == 3) dirVector = new Vector3(1.0f, 0.0f, 0.0f);

        if (direction == 0) rb.MoveRotation(Quaternion.Euler(
            0.0f, 180.0f, 0.0f));
        if (direction == 1) rb.MoveRotation(Quaternion.Euler(
            0.0f, 270.0f, 0.0f));
        if (direction == 2) rb.MoveRotation(Quaternion.Euler(
            0.0f, 0.0f, 0.0f));
        if (direction == 3) rb.MoveRotation(Quaternion.Euler(
            0.0f, 90.0f, 0.0f));
        rb.velocity = dirVector.normalized * speed;
     }
    private void OnCollisionEnter(Collision collision)
    {
        Vector3 newPosition = new Vector3(
            transform.position.x - dirVector.x * 0.02f,
            transform.position.y,
            transform.position.z - dirVector.z * 0.02f);

        rb.MovePosition(newPosition);
        direction = (direction + 1) % 4;
    }
}
```

解释一下这段代码。脚本名称和匹配的类的名称是"DotRobot3D"。之所以需要改名字，是因为这个项目中，以前的 DotRobot.cs 脚本仍然在活动。虽然一个项目中可以有两个同名的脚本，但可能会引发问题，所以最好避免这种情况。这是作者的血泪教训。

direction 变量和 dirVector 变量是公开的，因为这是让我们在玩游戏时观察它们的一种方法。可以帮助调试和理解代码。当然，我们使用的是 Vector3 矢量，而

不是之前的 2D 代码中的 Vector2 矢量。这段 3D 代码与 2D 代码的最大区别在于
DotRobot 方向的处理方式。在 3D 代码中，我们要根据当前的方向来设置适当的
旋转四元数。之前的 3D 代码则是选择四种动画中的一种。

< 步骤 13> 将速度设置为 0.3 并测试游戏。

现在，Dottima 可以通过与 DotRobot 相撞或射击它来改变 DotRobot 的方向。但
是碰到 DotRobot 时，Dottima 不会死。我们需要添加代码。你能猜到应该在哪里
添加什么样的代码吗？

< 步骤 14> 在 DottimaScript 中，将 Spiker 的碰撞代码改为下面这样：

```
if (collision. gameObject. tag == " Spiker " ||
    collision. gameObject.tag == " Robot " )
{
    dottimaState = 2 ;
}
```

竖线是 C# 语言内置的"或"逻辑运算符。可以这样理解这段代码：如果
Dottima 与尖刺球或机器人相撞，就让 Dottima 进入死亡状态，这个状态刚好是 2。

< 步骤 15> 用 Robot 标签标记 DotRobotRigged。

Robot 标签已经被定义了，所以我们要做的就是在层级面板中选中
DotRobot，然后在检查器中设置该标签。也许把这个标签的名字改为 DotRobot 会
更合适，但是只要它与代码中的引用相匹配，就不要紧。

< 步骤 16> 测试。

这样应该就可以了。如果 Dottima 与场景中的 DotRobot 相撞，她就会死亡。

< 步骤 17> 在 Assets/3Dprefabs 中更新 DotRobotRigged 的预制件。
< 步骤 18> 重新摆放书籍以与图 10.3 相匹配。还可以在右边的过道上额外放几个机器人。
< 步骤 19> 尝试走到这一层的出口。

在出口附近，游戏会变得很困难。对付几个无敌的机器人显然是很有挑战性的。

现在，是时候处理一个相当严重的 bug 了。当 Dottima 试图向右或向左射箭
时，箭会卡住。这在 2D 游戏中也是一个问题，在 Arrow.cs 中可以找到修复它的
代码。那段代码需要被调整一下。

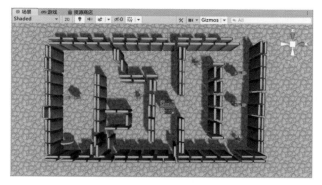

图 10.3　重新排列第 4 关的书籍

< 步骤 20> 在 Arrow3D.cs 中，用以下代码替换 OnCollisionEnter 函数：

```
private void OnCol li sionEnter (Collision coll ision)
{
    if (state = 1) return;
    if (coll ision . gameObject.tag == "Player"
    || collision. gameObject.tag = "Arrow")
    {
        Physics . IgnoreCollision(
            collision. collider ,
            game0bject . GetComponent <Col1 ider>()
            );
        return;
    }
    if  (collision.gameObject.tag == "Spiker")
    {
        Destroy(collision.gameObject);
    }
    state = 1;
}
```

　　这段代码与 2D 版本基本相同，只不过 2D 的 Unity 函数被替换成了 3D 的对应函数。这段代码确保箭矢不会与玩家或其他箭矢发生碰撞。当然，我们需要为 Dottima 设置一个标签。

<步骤 21> 用 Player 标签标记 Dottima，并在 3Dprefabs 中更新 Dottima 预制件。检查 Dottima 是否在所有 6 个关卡中都有标签。

　　　　　如果发现没有被贴上 Player 标签的 Dottima，请删除它并实例化更新后的 Dottima 预制件。

<步骤 22> 在 3Dprefabs 中更新 DotRobotRigged 的预制件。同时，用 Arrow 标签来标记 arrow 预制件。

<步骤 23> 测试 3DLevel 4。

　　　　　我们已经做了很多测试，现在终于对第 4 关感到比较满意了。

<步骤 24> 保存。

　　　　　下一节中，我们将引入炸弹，它将是摧毁机器人的唯一手段。

10.2　炸弹

　　和以前一样，我们先要检视 2D 游戏中的 bomb 游戏对象。

<步骤 1> 检查 2D 游戏第 5 关中的 bomb 游戏对象。

　　　　　这个游戏对象有一个 2D 圆形碰撞器、一个 2D 刚体、一个脚本和两个分别名为 "sparks（火花）" 和 "explosion（爆炸）" 的子对象。这些子对象是粒子系统，稍后我们会试着让它们与 3D 几何图形兼容。首先，是时候为炸弹制作 3D 预制件了。

<步骤 2> 转到 3DLevel 5。

　　　　　如果在上一步使用了 2D 模式来检视 2D 关卡，你可能需要关闭场景面板中的 2D 模式。

<步骤 3> 从 Assets/models 中把一个炸弹放到 3DLevel 5 中，如图 10.4 所示。

<步骤 4> 测试。

　　　　　这很简单。炸弹就放在那里，其他游戏对象无法与它互动。我们注意到，炸弹的一部分陷进了地板，所以我们需要把它上移一些，以解决这个问题。

<步骤 5> 将炸弹向上移动，使其不再陷入地板。

　　　　　接下来，我们要添加刚体和碰撞器。

<步骤 6> 添加一个刚体组件，关闭重力。

　　　　　我们将来可以重新考虑重力的设置，但现在我们的目的是重制 2D 版本。而在那个版本中，Dottima 只会放置炸弹，并在炸弹爆炸之前跑开。

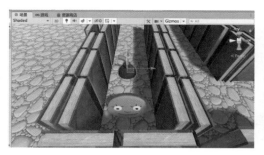

图 10.4　把炸弹放入 3D level 5

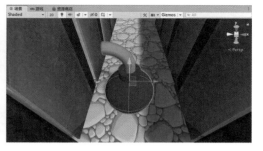

图 10.5　炸弹的球体碰撞器

< 步骤 7> 添加一个球体碰撞器，并将半径改为 0.1。

　　　　　调整后的球体碰撞器应该完全与炸弹匹配，如图 10.5 所示。

< 步骤 8> 在 Rigidbody 部分中，勾选 Is Kinematic。

< 步骤 9> 冻结 Dottima 的 Y 位置。更新 Dottima 预制件。测试。

　　　　　接下来，我们要为炸弹装上粒子系统。我们将暂时使用 2D 游戏中的 2D 粒子系统。若想深入了解 Unity 中的粒子系统，以及更广义的粒子系统，请阅读《Unity 手册》中的粒子系统部分。

< 步骤 10> 保存场景，然后转到 Level 5 场景。

< 步骤 11> 在层级面板中，选择 bomb 游戏对象（在顶部）并展开它。选中 Sparks 后按住 <Shift> 键选中 Explosion。右键单击并从弹出的快捷菜单中选择"复制"，如图 10.6 所示。

< 步骤 12> 回到 3DLevel 5，将粒子系统粘贴到层级面板中，然后把它们拖到 bomb 上，如图 10.7 所示。

图 10.6　复制两个粒子系统

图 10.7　粘贴过来的粒子系统

<步骤 13> 选择 Sparks，在 Transform 部分，将位置设置为 (−0.07，0.2，0)，缩放设置为 (0.25，0.25，0.25)。

这些调整是通过实验确定的，通过修改位置和缩放来使火花与导火线的末端对齐。

<步骤 14> 测试。

火花在持续地闪烁着，就目前而言，这样已经很好了。

<步骤 15> 选择 Explosion，并将位置改为 (0, 0, 0)，比例改为 (0.25, 0.25, 0.25)。在弹出的"粒子效果"窗口中按下"播放"，如图 10.8 所示。

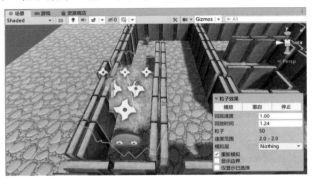

图 10.8　爆炸

爆炸不会在游戏中播放，因为"唤醒时播放"被关闭了。这个效果被设计成在导火索闪耀一段时间后由代码触发。可以暂时打开"唤醒时播放"，看看这在游戏中是什么样子。这种爆炸在 3D 游戏中显得有点奇怪，但它确实是有效的，所以现在就先这样吧。请记住，这些粒子效果都是外观方面的，换句话说，它们不会直接影响游戏玩法。

我们终于做好为炸弹添加脚本的准备了。3D 版本的炸弹脚本与 2D 版本的非常相似，所以我们可以通过复制和粘贴来节省一些打字的时间。

<步骤 16> 为 bomb 游戏对象添加一个新的脚本组件，命名为"Bomb3D"，并将其存储在 Assets/Scripts 中。

<步骤 17> 在 Visual Studio 中打开 Bomb 和 Bomb3D。

<步骤 18> 复制 Bomb.cs 中的 Bomb 类，选中 Bomb3D.cs 中的 Bomb3D 类，并粘贴。然后将 Bomb3D.cs 中的类的名称改为 Bomb3D。

<步骤 19> 注释掉所有的音频引用。我们稍后会把音频加回来。

<步骤 20> 用以下代码替换 Physics2D.OverlapCircle 语句。

Collider [] colliders = Physi Cs . OverlapSphere (tr . position，1.5f) ;

注意，我们必须把 Collider2D 改为 Collider，Physics2D 改为 Physics，Circle 改为 Sphere。如果以上都做对了，现在的 Bomb3D.cs 文件应该和下面一样：

```
using Syst em. Collect ions;
using Syst em. Collect ions . Generic;
using UnityEngine;
public class Bomb3D : MonoBehav iour
{
    public int bombState = 0; // 0=idle， 1= fuse
    private float fuseTimer ;
    public float fuseLength = 2.0f;
    private ParticleSystem sparks;
    private ParticleSystem exp1 osion;
    private Component [] comparray;
    //public AudioClip clip;
    //public AudioClip fuse;

    // Start is called before the first frame update
    void Start ()
    {
        comparray = GetComponentsInChi ldren<ParticleSystem>() ;
        foreach (ParticleSystem p in comparray)
        {
            if (p. game0bject .name = "Explosion") explosion = p;
            if (p. game0bject.name = "Sparks") sparks = p;
        }
        bombState = 0;
        fuseTimer = fuseLength;
        sparks .Stop() ;
    }
    // Update is called once per frame
    void Update ()
    {
```

```
        if (bombState = 1)
        if (sparks . isStopped)
        {
            sparks.Play();
//AudioSource.PlayClipAtPoint(fuse, Camera.main.transform.position);
        }
        fuseTimer -= Time.deltaTime;
        if (fuseTimer <= 0.0f)
        {
//AudioSource.PlayClipAtPoint(clip, Camera.main.transform.position);
            explosion.transform.SetParent(null);
            explosion.Play();
            DamageNearbyObjects(gameObject.transform);
            Destroy(gameObject);
        }
    }
}
void DamageNearbyObjects(Transform tr)
    {
    Collider[] colliders = Physics.OverlapSphere(tr.position, 1.5f);
    for (int i = 0; i < colliders.Length; i++)
        {
            if (colliders[i].gameObject.tag == "Spiker")
            {
                Scoring.gamescore += 50;
                Destroy(colliders[i].gameObject);
            }
            if (colliders[i].gameObject.tag == "Robot")
            {
                Scoring.gamescore += 100;
                Destroy(colliders[i].gameObject);
            }
        }
    }
}
```

　　　　　我们现在做好测试的准备了。代码会把炸弹初始化为空闲状态，所以第一次测试是非常无聊的。

< 步骤 21> 测试。

　　　　　炸弹待在那里，没有火花。

< 步骤 22> 在 Start 函数中，将 bombState 初始化为 1 并进行测试。

　　　　　现在，火花持续闪烁了 2 秒，然后炸弹爆炸了。你可能还试图用炸弹炸死 Dottima，但那是没有用的。没关系。炸弹就在那里，等着被 Dottima 拿起并放下，然后开始燃烧引信。你可能希望让爆炸伤害或杀死 Dottima，但 2D 游戏并没有这样做，所以我们将在 3D 游戏中保持同样的做法。在电子游戏中，让玩家的武器不会对玩家造成伤害是一种历史悠久的传统做法，尽管这肯定不符合现实世界中的情况。

　　　　　接下来，我们要为 Dottima 添加代码，让她拿起、搬运和投掷这些炸弹。

< 步骤 23> 检视 DottimaController.cs 并从中寻找对 bomb 的引用。

　　　　　可以看到有好几个这样的例子。我们现在要从 DottimaController 中转移并更改与炸弹相关的代码。最终得到的代码如下一步所示。

< 步骤 24> 更改 DottimaScript.cs，使其与以下代码保持一致：

```
using System.Collections;
using System.Collections.Generic;
using UnityEngine;
using UnityEngine.SceneManagement;
public class DottimaScript : MonoBehaviour
{
    private Rigidbody rb;
    public GameObject shot;
    private int direction;
    private float yrot;

    public float levelCompleteTimer = 2.0f;
    public const int lastLevel = 6;
```

```
public int dottimaState = 0; // 0 no bomb, 1 with bomb, 2 dying
private float deathTimer = 1.0f;

private GameObject bomb;

// Start is called before the first frame update
void Start ()
{
    rb = GetComponent<Rigidbody>();
}

// Update is called once per frame
void Update ()
{
    if (GameState.state == GameState.levelComplete)
    {
        rb.velocity = Vector3.zero;
        levelCompleteTimer -= Time.deltaTime;
        if (levelCompleteTimer < 0.0f)
        {
            Scoring.gamescore += 500;
            GameState.level++;
            SceneManager.LoadScene(
                GameState.level + GameState.SceneOffset);
        }
    }
    if (GameState.state == GameState.gameOver)
    {
        rb.velocity = Vector3.zero;
        levelCompleteTimer -= Time.deltaTime;
        if (levelCompleteTimer < 0.0f)
        {
            Scoring.lives = 5;
```

```
            GameState.level = 1;
            GameState.state = GameState.gamePlay;
            SceneManager.LoadScene(GameState.MenuScene);
        }
    }
    if (GameState.state == GameState.theEnd)
    {
        rb.velocity = Vector3.zero;
        levelCompleteTimer -= Time.deltaTime;
        if (levelCompleteTimer < 0.0f)
        {
            Scoring.lives = 5;
            Scoring.gamescore += 1000;
            GameState.level = 1;
            GameState.state = GameState.gamePlay;
            SceneManager.LoadScene(GameState.MenuScene);
        }
    }
    // At the end of a level, stop updating Dottima
    if (GameState.state == GameState.theEnd) return;
    if (GameState.state == GameState.levelComplete) return;
    if (GameState.state == GameState.gameOver) return;

    float speed = 2.0f;
    Vector3 moveInput = new Vector3(
      Input.GetAxisRaw("Horizontal"),
      0.0f,
      Input.GetAxisRaw("Vertical"));
    rb.velocity = moveInput.normalized * speed;

    float x, z;
    x = rb.velocity.x;
    z = rb.velocity.z;
```

```
            if (x != 0 || z != 0)
            {
                if (z < x) if (z < -x) direction = 0;
                if (z > x) if (z < -x) direction = 1;
                if (z > x) if (z > -x) direction = 2;
                if (z < x) if (z > -x) direction = 3;
            }

            if (dottimaState == 0)
            if (Input.GetKeyDown("space"))
            {
                if (direction == 0) yrot = 0.0f;
                if (direction == 1) yrot = 90.0f;
                if (direction == 2) yrot = 180.0f;
                if (direction == 3) yrot = 270.0f;

                GameObject ar = Instantiate(
                    shot,
                    new Vector3(
                        transform.position.x,
                        transform.position.y + 0.2f,
                        transform.position.z),
                        Quaternion.Euler(0, yrot, 0)
                    );
                ar.GetComponent<Arrow3D>().direction = direction;
                if (x != 0 || z != 0) ar.GetComponent<Arrow3D>().
speed += speed;
            }

            if (dottimaState == 1)
            {
                if (Input.GetKeyDown("space"))
                {
```

```
            bomb.GetComponent<Bomb3D>().bombState = 1;
            bomb.transform.SetParent(null);
            dottimaState = 0;
        }
    }

    if (dottimaState == 2)
    {
        float shrink = 1.0f - 2.0f * Time.deltaTime;
        transform.localScale = (
            new Vector3(
                transform.localScale.x * shrink,
                transform.localScale.y * shrink,
                transform.localScale.z * shrink));
        deathTimer -= Time.deltaTime;
        if (deathTimer < 0.0f)
        {
            deathTimer = 1.0f;
            Scoring.lives--;
            dottimaState = 0;
            gameObject.transform.localScale =
                new Vector3(0.07f, 0.07f, 0.07f);
            gameObject.transform.position =
                new Vector3(-0.06f, 0.0f, 0.6f);
            if (Scoring.lives == 0)
            {
                GameState.state = GameState.gameOver;
            }
        }
    }
}
private void OnCollisionEnter(Collision collision)
{
```

```
                 if (dottimaState == 2) return;

                 if (dottimaState == 0)
                     if (collision.gameObject.tag == "Bomb")
                     {
                         bomb = collision.gameObject;
                         bomb.transform.SetParent(gameObject.transform);
                         bomb.transform.localPosition =
                             new Vector3(0.0f, 5.0f, 0.0f);
                         Physics.IgnoreCollision(
                             collision.collider,
                             gameObject.GetComponent<Collider>()
                             );
                         dottimaState = 1;
                     }

                 if (collision.gameObject.name == "ExitLocation")
                 {
                     Scoring.gamescore += (int)Scoring.levelTimer;
                     Scoring.levelTimer = 100.0f;

                     if (GameState.level < lastLevel)
                         GameState.state = GameState.levelComplete;
                     else
                         GameState.state = GameState.theEnd;
                 }
                 if (collision.gameObject.tag == "Spiker" ||
                     collision.gameObject.tag == "Robot")
                 {
                     // drop the bomb first
                     if (dottimaState == 1)
                     {
```

```
                bomb.GetComponent<Bomb>().bombState = 1;
                bomb.transform.SetParent(null);
            }
            dottimaState = 2;
        }
    }
}
```

没错，代码可真不少。但由于有如此多的更改，把整个类都列出来是比较简单和保险的。作为一个不错的练习，请再看一遍这段代码，确保你能够理解它。

<步骤 25> 测试。

Dottima 现在可以拿起炸弹，把它放在自己头顶上，然后把它丢下，这会儿点燃引信，并让炸弹在 2 秒后爆炸。炸弹实际上并没有掉到地上，而只是漂浮在空中，但实际上这看起来还不错，所以我们可以让代码就保持这样。

<步骤 26> 更新 3Dprefabs 中的 bomb 预制件。

<步骤 27> 把一个 DotRobotRigged 放到 3DLevel 5 里，再放一两个炸弹。测试一下，看看你是否能摧毁 DotRobot。

现在，我们已经到达了另一个重要的里程碑。游戏现在已经拥有 2D 游戏中的所有特性和角色了，除了问号，我们将忽略它，因为它不是很好玩儿，而且我们也不是很需要它。

<步骤 28> 保存。

在下一节中，我们将构建一个大型关卡，因为我们已经具备了这样的能力。

10.3   大型关卡

DotGame3D 的前 5 个关卡在大小和布局上都非常相似。本节中，我们将创建一个更大的关卡。对于这个游戏，要制作多大的关卡并没有硬性限制。创建大型关卡并观察游戏是否能处理好它是很有意思的。当我们在场景中添加的游戏对象越来越多时，总是存在着破坏游戏或使游戏变慢的风险。一般来说，最好在开发的早期阶段制作大型场景，以测试游戏的技术上限。

<步骤 1> 转到 3DLevel 6 并测试它。

这个关卡应该仍然可以运行。因为从上次游玩这个关卡以来，我们对游戏做了很多更改，所以对它进行测试是绝对有必要的。接下来，我们要把游戏彻底通关。

<步骤 2> 进入 TitleScene，把游戏玩通关。

还需要对前 1~5 关进行一些处理，以使它们变得更好，第 6 关将被改造成大型关卡。

<步骤 3> 回到 3DLevel 6，选中 playfield。

<步骤 4> 在层级面板中展开 playfield，将 floor 移到顶部，如图 10.9 所示。

这一步的目的是更容易地找到 floor 游戏对象。

<步骤 5> 选中 floor，将缩放改为（5，1，5）。

不幸的是，纹理的缩放也随之更改了，这不是我们想要的。

<步骤 6> 进入 Assets/Five Seamless Tileable Ground Textures/Materials。

<步骤 7> 创建一个新的材质，命名为"GS2"。

<步骤 8> 把反射率改为 Grey Stones 纹理。

<步骤 9> 把正在平铺改为（100，100）。

<步骤 10> 把平滑度改为 0，勾选"发射"，全局照明改为 Realtime。

<步骤 11> 选择层级面板中的 floor，把 GS2 材质拖到地板上。

<步骤 12> 拉远并与图 10.10 进行比较。

如你所见，现在有足够的空间来建造大型关卡了。

<步骤 13> 查看图 10.11，并构建与之类似的关卡。

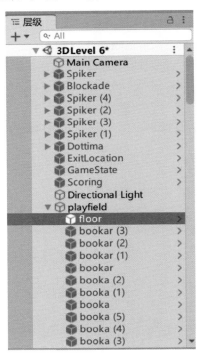

图 10.9　重新布置 playfield 游戏对象

图 10.10 为大型关卡腾出空间

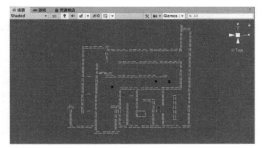

图 10.11 大型关卡的布局

可以使用 <Ctrl>C <Ctrl>V 来复制和粘贴现有的书籍。也可以用这个技巧来复制和粘贴尖刺球、炸弹和 DotRobots。我们需要保持 Dottima 的起始位置不变，我们需要将 ExitLocation 游戏对象移到出口处。如果想的话，甚至可以有多个 ExitLocation 对象。

为了更清晰地看到游戏对象的位置，图 10.11 是在不显示地面并且缩小 3D 图标的情况下截屏的。

3D 图标的缩放是由 Gizmos 下拉菜单顶部的滑块控制的。

<步骤 14> 测试关卡，然后从头开始测试整个游戏。

根据系统的 3D 图形性能，可能会在这个关卡中看到帧率明显下降。若果想查看帧率是多少，请打开游戏面板中的统计信息。最好再创建一个 build，并在 Unity 之外独立测试游戏。

<步骤 15> 保存并退出 Unity。

在下一章中，我们终于要完成音效和音乐方面的工作了。

第 11 章　音效和音乐

这一章中，我们首先从 2D 游戏中引入声音和音乐。然后，我们将用 Audacity 创建一个新的音效，用 MuseScore 创建一个新的音乐曲目。最后，我们将探索 3D 音频和环绕声。

11.1　回顾 2D 游戏中的音效和音乐

目前来讲，在游戏的过程中，DotGame3D 指挥播放一个音乐曲目。音效仍然处于缺失状态，所以我们将在本节中把它们添加回来。这部分的代码与 2D 游戏中的代码基本相同。在开始进行这些工作之前，先来开看看音频资源。

<步骤 1> 在 Unity 中，加载 DotGame3D 并进入 Assets/Audio。

在那里你会看到 10 个音效和一个 Music 文件夹。Music 文件夹里只有一首音乐：斯科特·乔普林（Scott Joplin[①]）的 *Peacherine Rag*。

<步骤 2> 聆听所有音频资源。

要做到这一点，依次选中每个音频资源，然后在检查器中播放它。请确保已经连接了扬声器或耳机，并将音量调得足够大。最好是先在 Unity 之外听一些音频，然后在那里调整音量。

接下来，我们将尝试理解音乐的代码。这很简单。

<步骤 3> 测试游戏，从 TitleScene 玩到第 2 关的开始处，聆听音频。

可以发现，音乐从菜单场景开始播放，然后不间断地从一个关卡延续到另一个关卡。代码是如何实现这一点的？

<步骤 4> 在 Menus 场景中选中 MusicLoop 游戏对象，在检查器中检视它。

啊哈，这就是能找到音频源对象的地方，它指向"Peacherine Rag"音频剪辑。"唤醒时播放"被勾选，就是它出发了这个片段的播放。另外，"循环"也被勾选，所以这段音乐会不断地循环播放。

---

① 译注：生于 1868 年，美国非裔作曲家、钢琴家，以其拉格泰姆作品而闻名于世，在其短暂的作曲生涯中谱写了 44 首传统拉格泰姆乐曲，一首芭蕾舞曲和两部歌剧，其典型代表作为《枫叶拉格》。1976 年获得普利策奖。

　　　或许添加更多音乐曲目会更好，这样玩家就不会对反复播放的相同音乐感到
厌倦了。

　　　还有一个 Music Loop 脚本，如下所示：

```
void Start()
 {
     DontDestroyOnLoad(gameObject);
 }

 // Update is called once per frame
 void Update()
 {
     if (GameState.state == GameState.gameOver)
     {
         Destroy(gameObject);
     }
     if (GameState.state == GameState.theEnd)
     {
         Destroy(gameObject);
     }
 }
```

　　　Update 函数很容易理解。当游戏结束时，无论是游戏结束还是 Dottima 通过
最后一关，MusicLoop 游戏对象都会被销毁。然后游戏进入菜单场景，会从头开始
播放音乐。DontDestroyOnLoad() 是一个特殊的 Unity 内置函数，它可以在加载另
一个场景时保持 music loop 游戏对象处于激活状态。这是必要的，因为在默认情
况下，Unity 在加载一个新场景时，会销毁现存的所有游戏对象。

　　　接下来，我们将引入箭矢的音效。我们将按顺序浏览所有脚本，在相应的 2D
代码中寻找音频代码。

< 步骤 5> 在 Arrow.cs 中寻找音效代码。

　　　可以看到 whoosh 和 bounce 的声明。在 Start() 函数中，可以看到 whoosh 和
bounce 的定义，并且 whoosh 被播放。在碰撞代码中，有一个对 bounce.Play() 的调用。

< 步骤 6> 将 arrow.cs 中的音效代码复制到 arrow3D.cs 中。

< 步骤 7> 检查 prefabs 文件夹中的 Arrow 预制件，寻找音频源组件。

　　　可以找到两个 Audio Source（音频源）组件：Whoosh 和 Bounce。注意，这两
个组件的"唤醒时播放"是关闭的。

< 步骤 8> 在 3Dprefabs 中的 arrow 预制件上添加两个音频源组件。第一个组件应该引用
　　　　　Whoosh 音频剪辑，第二个组件应该引用 Bounce 音频剪辑。

　　　　　　在插入音频剪辑时，在弹出的两个连续的选项中选择第二个。第一个指向引
　　用文件夹，这不是我们想要的。

< 步骤 9> 关闭两个音频源组件的"唤醒时播放"。

< 步骤 10> 通过播放 3DLevel 1 和射箭进行测试。

　　　　　　应该可以听到发射箭矢时的嗖嗖声以及箭矢击中东西时的弹响，就像
　　arrow3D 中的代码所规定的那样。

　　　　　　接下来，我们要查看炸弹的音效。没有音乐，因为你没有从菜单场景开始。

< 步骤 11> 取消注释 Bomb3D.cs 中的音频代码。

　　　　　　只有 4 行要取消注释：两行是声明，两行是播放声音的。

< 步骤 12> 查看 Assets/prefabs 中的 Bomb 预制件。

　　　　　　可以在检查器中看到，Bomb 脚本将爆炸声分配给了 Clip 变量，而将引信燃
　　烧的音效分配给了 Fuse 变量。

< 步骤 13> 保存对 Bomb3D.cs 的修改，并打开 Assets/3dprefabs 中的 bomb 预制件。

< 步骤 14> 将 Explosion 分配给 Clip，将 fuse 分配给 Fuse。不要分配引用文件夹中的引
　　　　　用音频。

< 步骤 15> 通过播放 3Dlevel 5 来进行测试。

　　　　　　现在，投掷炸弹时有导火线的声音，而当炸弹爆炸时有非常酷的爆炸声。

< 步骤 16> 检视 DotRobot.cs，寻找声音代码。

　　　　　　这很简单。有一个 AudioSource thud，在 Start() 中对 thud 进行初始化。碰撞
　　代码中还有 thud.Play。

< 步骤 17> 把 thud 的代码复制到 DotRobot3D.cs。

< 步骤 18> 查看 Assets/prefabs 中的 DotRobot 预制件。

　　　　　　它有一个使用 Thud 音频剪辑的音频源组件。

< 步骤 19> 为 Assets/3dprefabs/DotRobot 添加一个音频源组件，其中包含一个 Thud 音频
　　　　　剪辑，关闭"唤醒时播放"。

< 步骤 20> 在 3DLevel 4 上进行测试。

　　　　　　你会听到砰砰声反复响起，因为每个 DotRobot 与任何东西相撞时，都会播
　　放砰砰声。这有些烦人，但我们现在将不会处理这个问题。在本章的后面部分中，我

们将学习如何使用 3D 生效，使离 Dottima 较远的 DotRobot 的砰砰声更加轻柔。

接下来，我们要添加旁白音效。

< 步骤 21> 在 DottimaController.cs 中寻找音频代码。

有4种音效。它们在文件的顶部被声明，并在文件中的四个不同的位置被引用。

< 步骤 22> 把 DottimaController.cs 的音频代码复制到 DottimaScript.cs 中。

< 步骤 23> 在 3Dprefabs 中更新 Dottima 的音频剪辑。

< 步骤 24> 从菜单场景开始测试并保存。

我们刚刚从 2D 游戏中引入了所有的声音，除了与我们不再使用的问号相关的"Ding"以外。在下一节中，我们将使用 Audacity 添加一个新的音效。

11.2　另一种音效

正如 2D 游戏那本书中详细描述的那样，有多种方法获取游戏音效的方法，包括用麦克风录音、用软件合成、让别人帮忙制作，或者最简单的是在网上查找。本节中，我们将使用 Audacity 创建一个新的音效。我们在第 1 章就已经把 Audacity 安装好了。

我们是否还缺少任何显然能使 DotGame3D 变得更好的音效？可以注意到，杀死一个尖刺球或 DotRobot 时，没有任何音效。我们还想在阻挡物移动时有一个刮擦的音效。我们将从制造刮擦音效开始。我们将在 Audacity 中生成白噪声，并对声音进行处理以获得想要的效果。尖刺球和 DotRobots 的死亡音效并不是必须的，因为在它们死亡时，有其他音效正在播放。

< 步骤 1> 启动 Audacity，选择**生成 – 噪音 ...**，噪声类型为"White"，振幅为 0.7，持续时间为 1s，如图 11.1 所示。

< 步骤 2> 单击"确定"按钮。

现在，我们有了一个 1 秒的白噪声立体声音轨。这只是个开始。如果愿意的话，可以听一下。在继续下面的步骤时，听听各种效果是如何改变音轨的。

图 11.1　制造一些噪音

< 步骤 3> 效果 – 改变音高 **...** 并把"改变百分比"设为"–90%"。

< 步骤 4> 效果 – 响度归一化 **...** 然后单击"确定"按钮。

接下来，我们将使声音不那么失真。

< 步骤 5> 效果 – 失真 **...** 失真类型选择"软过载"。应用即可。

< 步骤 6> 效果 – 混响 **...**

< 步骤 7> 通过键入 <Shift>< 空格键 > 来测试音效。

这是一个快速而简单的音效示例。可能很难清晰地辨认出这是阻挡物沿着石板地面滑过的声音，但我们要把它添加到游戏中，看看它与其他内容是否相配。如果有必要的话，我们以后可以随时替换它。

< 步骤 8> 文件 – 保存项目 – 项目另存为 **...** 并将其保存为 Scrape.aup，放在在 DotGame 3D 项目的 Assets/Audio 中的 Reference 文件夹中。

< 步骤 9> 文件 – 导出 – 导出为 **Wav**，并在 Assets/Audio 中保存为 Scrape.wav。

< 步骤 10> 退出 Audacity。如果弹出提示框，就再次保存项目。

< 步骤 11> 回到 Unity 中，加载 DotGame3D 并查看 3Dprefabs 中的 Blockade 预制件。

是的，那个预制件仍然没有脚本。我们将需要一个用来播放 Scrape 音效循环的脚本，其中音量是对象的速度的一个函数。

< 步骤 12> 为 3Dprefabs 的 Blockade 预制件添加一个音频源组件，将 Scrape 用作音频剪辑、勾选"循环"和"唤醒时播放"以及音量设为 0。

< 步骤 13> 为 3Dprefabs 中的 Blockade 预制件创建以下脚本：

```
using Syst em. Collections;
using Syst em. Collect ions. Generic;
using UnityEngine;

public class Blockade : MonoBehav iour
{
    private Rigidbody rb;
    Audi oSource scrape ;
    private float vol;
    // Start is called before the first frame update
    void Start()
    {
        rb = Ge tComponent<Rigi dbody>() ;
```

```
        scrape = GetComponent<AudioSource>() ;
    }

    // Update is called once per fr ame
    void Update ()
    {
        vol = rb.velocity .x* rb.velocity.x +
            rb.velocity .y* rb. velocity.y +
            rb.velocity.z* rb.velocity.z;

        if (vol >0.01f) vol = 1.0f; else vol = 0.0f;
        scrape. volume = vol ;
    }
}
```

　　Update 函数计算阻挡物的速度的平方，如果这个平方略高于零，那么刮擦音效的音量就被设置为 1，否则为 0。

<步骤 14> 测试、保存并退出 Unity。

　　这是比较简单的。其实可以通过取平方和的平方根来计算阻挡物的速度，但我们偷懒了，并且意识到这里这个平方根在这里并不是必须的。另外，我们其实也可以避免使用 y 坐标进行计算，因为速度的 y 坐标将永远为 0，或者接近 0。

　　值得探讨的是 0.01f 那个魔数。当测试一个浮点数是否等于零时，最好的方式是检查它是否非常小。原因是，游戏中的浮点数往往是存在着潜在舍入误差的计算结果。例如，内置的物理引擎可能会使 Blockade 对象的速度变为（0.00001, 0.00001, 0）, 这将产生一个很小的速度，但它不等于 0。

　　在下一节中，我们将用 MuseScore 创作一些新音乐。

11.3　用 Musecore 创作更多音乐

　　本节中，我们将用 MuseScore 创作更多音乐。首先，我们将安装 MuseScore，然后使用 MuseScore 网站下载一首古典音乐曲目，对其进行一些修改，最后将其放入 DotGame3D。

< 步骤 1> 如果还没有安装的话，访问 musescore.org 并安装 MuseScore。可以使用
MuseScore 3.6.2 或更新的版本。

　　MuseScore 是开源的，并且完全免费。musescore.org 网站中包含了数以千计
的免费的、公有领域的乐谱，可以在我们的游戏中使用。对于音乐家和作曲家来
说，这是一个很棒的资源。如果想获取优质音乐，也有便宜的订阅方案可供选择，但
这对本书而言并不是必须的。

< 步骤 2> 在 musescore.org 免费创建一个账户，以便下载乐谱。

< 步骤 3> 找到 BreezePiano 发布的 "Bach Invention number 13 in a minor（巴赫二部创意
曲第 13 首）[①]"，下载并在 MuseScore 中播放它。

　　这是巴赫的一个非常受欢迎的作品，如果你是一位钢琴家，可能很熟悉
它。这个版本听起来不错，因为乐谱的创作者加入了节奏变化、强弱和重音，使
音乐有了表达。如果想让它成为自己的作品，可以改变节奏和强弱。这首音乐
属于共有领域，因为它是在 250 多年前创作的，所以使用它是绝对没问题的。

< 步骤 4> 可选：稍微更改一下节奏和强弱。

< 步骤 5> 在 Assets/Audio/Music 中保存 MuseScore 文件（扩展名为 .mscz）。

< 步骤 6> 在 Assets/Audio/Music 中导出一个 MP3 文件，命名为 "Bach Invention
13.mp3"。

　　这可能需要几秒钟，取决于系统的速度。

　　这首巴赫前奏曲应该在游戏中的哪里使用，又该如何使用？经过一番思考，我
们决定把它用作开场和菜单音乐。我们将从第 1 关开始播放之前的拉格泰姆音乐。

< 步骤 7> 回到 Unity 中，进入 Menus 场景，右键单击 MusicLoop。

< 步骤 8> 在弹出的快捷菜单中，选择 "复制"。

< 步骤 9> 转到 3DLevel 1，在层级面板中右键单击，然后进行粘贴。

< 步骤 10> 保存场景并回到 Menus 场景。

< 步骤 11> 删除 MusicLoop 对象。

< 步骤 12> 从 TitleScene 开始测试游戏。

　　现在，直到游戏开始，应该都没有任何声音。音乐与 "Find the
exit，Dottima" 这句话同时开始播放。这听起来不是很理想。一个解决这个问题

---

① 译注：创意曲（Invention）本意为自由对位法所形成的小乐曲，16—17 世纪由器乐作曲家以一个乐思（主题）为基础发
展和扩大而成。在巴赫这首简短的三段式小品中，作曲家发挥创意，通过高超的复调作曲手法，将简单的和弦转化为明
快而富有色彩的优美乐曲，充分体现了巴赫过人的乐曲编排能力。

的简单方法是删掉那句有点烦人的旁白。它之所以会被放入 2D 游戏，是为了说明游戏玩法。但这不是很有必要。在第 1 关，玩家除了在关卡中徘徊并找到出口外，没有任何其他事情可做。我们以后可以放上写有"Exit（出口）"的图形，使之更加明确。

< 步骤 13> 在 DottimaScript.cs 中，注释掉 Start 函数中对 AudioSource.Play 的调用。

为了防止以后反悔，我们要以注释的形式保留这段代码。

< 步骤 14> 从 TitleScene 开始，再次进行测试。

现在似乎好多了。

< 步骤 15> 从 3DLevel 1 把 MusicLoop 对象复制到 TitleScene 层级。

< 步骤 16> 删除 TitleScene 的 MusicLoop 游戏对象中的 MusicLoop 脚本。

< 步骤 17> 把音频源组件中的 AudioClip 改为巴赫音乐。

< 步骤 18> 在 TitleScene 中的 MusicLoop 中添加以下脚本，命名为 BachLoop.cs。

```
using System. Collections ;
using System. Collections . Generic;
using Uni tyEngine ;

public class BachLoop : MonoBehaviour
{
    // Start is called before the first frame update
    void Start ()
    {
    DontDestroyOnLoad (gameObject) ;
    }

    // Update is called once per frame
    void Update()
    {
        if (GameState.state == GameState.gamePlay)
        {
            Destroy(gameObject);
        }
    }
}
```

这段代码的结构和 MusicLoop.cs 脚本非常像。巴赫音乐将一直播放到游戏开始，然后被销毁。

< 步骤 19> 测试一下，看看游戏结束后会发生什么。

现在有一个问题。游戏结束后，菜单就不会播放任何音乐了。解决这个问题的最简单的方法是把 MusicLoop 对象从 TitleScene 移到 Menus 场景。虽然这么做会导致标题的音乐消失，但这是可以接受的。如果时间允许的话，我们以后会找到更好的解决方案。

< 步骤 20> 将 MusicLoop 对象从 TitleScene 移到 Menus 场景。

< 步骤 21> 测试并保存。

经过进一步的思考，我们可以通过创建一个恰当长度的自定义音频剪辑来解决 TitleScene 中没有声音的问题。甚至可以把剪辑后的 Find the exit, Dottima！（找到出口，多蒂玛）放在 TitleScene 中。我们将暂时让标题保持无声。

下一节中，我们将探索 3D 音频。这是 Unity 的一个内置功能，允许我们使用场景的 3D 几何，使音频更加逼真。

11.4 3D 音频

Unity 中的术语 "3D 音频" 指的是给定一个音频监听器和一个或多个音频源，为玩家合成音频体验。默认情况下，音频监听器是连接到主相机的，但从现在开始，我们将把音频监听器连接到 Dottima。音频监听器和音频源的 3D 位置和速度被用来为玩家创造真实的音频体验。

在本节中，我们将使用 3D 音频来解决本章前面提到的问题，也就是当 DotRobots 与书本碰撞时的 "砰砰" 声太大了，令人烦躁。首先，我们要把音频监听器移到 Dottima 上。

< 步骤 1> 在 3DLevel 1 上为 Main Camera 创建一个预制件，并将其存储在 3Dprefabs 中。

< 步骤 2> 关闭 Main Camera 预制件中的 Audio Listener（音频监听器）。

也可以直接删除音频监听器，但取消勾选它是更简单的做法。这也能使以后在需要时把它添加回来更加容易。

< 步骤 3> 删除所有其他 3D 关卡中的 Main Camera，用 Main Camera 预制件的实例来代替。

< 步骤 4> 测试游戏。

由于现在的场景中没有音频监听器，所以这些场景中应该不会有任何音频。

< 步骤 5> 为 3Dprefabs 中的 Dottima 预制件添加一个音频监听器组件，并再次测试。

令人惊讶的是，这让所有音频都回来了。音频听起来和之前一样，这因为我们还没有使用 3D 音频。

< 步骤 6> 在 3Dprefabs 中编辑 DotRobotRigged 预制件的音频源设置。尽量与图 11.2 中的设置一致。

我们只改变了三个设置。我们把空间混合改为 1，把音量衰减改成了"线性衰减"，并把最小 / 最大距离从（1，500）改成了（0.5，3）。

想让 thud 的音量随着 Dottima 和 DotRobot 之间的距离的减少而呈线性衰减，当这个距离超过 3.0 时，音量为零。其他设置可以不改。

< 步骤 7> 通过播放 3DLevel 4，或任何其他包含 DotRobot 的关卡来进行测试。

当 Dottima 与发出声音的 DotRobot 的距离超过 3 个单位时，应该是听不见砰砰声的，而当 Dottima 在 DotRobot 旁边时，砰砰声应该的音量应该是满格的。

< 步骤 8> 保存并退出 Unity。

这一节快速介绍了 3D 音效。你可以在《Unity 手册》中阅读其他的 3D 设置。可以看到，尖刺球从书墙上弹回来的时候是没有声音的，所以弹响可能是以后要添加的一个音效。当然，我们也会为它们制作 3D 音效。

下一章中，我们将深入研究游戏的图形用户界面。

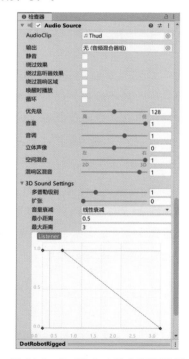

图 11.2　DotRobot 的音频源设置

第 12 章　GUI 和过场动画

在这一章中，我们将仔细探究 GUI 的问题，讨论 DotGame3D 的图形用户界面以及其他一些相关的主题。我们准备从 2D 游戏移植 GUI，使游戏变得可玩，还要更新标题屏幕中的标题。我们打算将 GUI 重新过一遍，把它变得更好。将更新标题屏幕，添加额外的菜单项，改进得分显示，在游戏过程中隐藏鼠标指针。最后，将使用 Timeline 和 Cinemachine 制作一个结局过场动画。

12.1　标题屏幕

标题屏幕（title screen）应该传达一些关于游戏的信息，而不仅仅是显示一个标题。本节将学习如何获得一张游戏截图，并将其作为标题屏幕的背景图片。将在 GIMP 中为截图添加雾化效果，使其看起来像一个遥远的背景。

在游戏中截图的方法有许多。首先，我们要构建一个特殊版本的游戏，在其中隐藏游戏主角 Dottima，从而在截图的时候只显示世界。

< 步骤 1> 在 Unity 中加载 DotGame3D。

< 步骤 2> 选择 3DLevel 6 场景。

< 步骤 3> 玩游戏，在你觉得 "好" 的地方暂停游戏。

具体在哪里暂停取决于你对 "好" 的定义。最好同时呈现出一个 DotRobot 和一个尖刺球。

< 步骤 4> 在游戏暂停后，将游戏面板最大化。

单击右上角三个点的图标来激活图 12.1 所示的弹出菜单，然后单击 "最大化"。如果对结果不满意，可以回到游戏中再试一次。下一步是隐藏 Dottima。

< 步骤 5> 取消勾选 "最大化"，在 "层级" 中选择 Dottima。

< 步骤 6> 在检查器中取消勾选 Dottima。

随后，Dottima 会在场景中隐藏。现在就可以进行屏幕截图了。

< 步骤 7> 和之前一样，再次将游戏面板最大化。

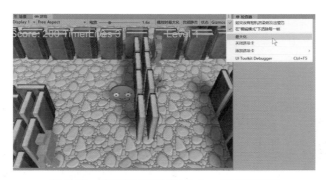

图 12.1 先将游戏面板最大化，然后再截图

< 步骤 8> 最小化 Unity。

　　　　如果有两个显示器，这一步就没有必要。

< 步骤 9> 启动 GIMP。

< 步骤 10> 文件 – 新建 – 屏幕截图。

< 步骤 11> 输入 10 秒的延迟，然后单击"捕捉"。

　　　　随后会弹出一个十字准星。在拖动十字准星之前，先做以下工作。

< 步骤 12> 将 Unity 最大化。

< 步骤 13> 将 Unity 窗口移开，确保能在一边看到弹出的十字准星。

< 步骤 14> 拖动十字准星来选择 Unity 窗口。

< 步骤 15> 等待 10 秒，完成屏幕截图。

< 步骤 16> 回到 GIMP 后，就能看到如图 12.2 所示的屏幕截图。

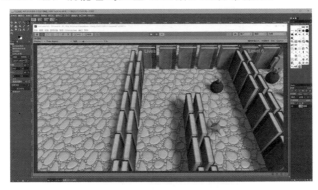

图 12.2 GIMP 中的屏幕截图

接着，我们要对截图进行修剪，去除覆盖的 GUI 元素。

<步骤 17> 在 GIMP 中选择"矩形选择工具"，用它选择屏幕的大部分区域，但不要包含顶部的那一排得分、生命和关卡数。

<步骤 18> 编辑 – 复制，编辑 – 粘贴为 – 新建图像，如图 12.3 所示。

图 12.3　去除了 GUI 元素的屏幕截图

<步骤 19> 颜色 – 色相 – 饱和度。

<步骤 20> 在弹出窗口中，将"亮度"设为 75，将"饱和度"设为- 30。

这样会得到一个褪色版本的截图，正是我们希望的。

<步骤 21> 文件 – 导出为，选择导出为 DotGame3D 文件夹中的 Assets/art/ScreenShot.jpg。

接下来，需要将这张截图作为背景图片在标题场景中显示。

<步骤 22> 在 Unity 中停止游戏，点开三点菜单，取消勾选"最大化"，切换到场景面板。

<步骤 23> 选择 TitleScene 场景。

<步骤 24> 将场景面板改为 2D 模式。

<步骤 25> 游戏对象 – 3D 对象 – 四边形。

<步骤 26> 将四边形重命名为"ScreenShot"。

<步骤 27> 拉伸 ScreenShot 对象以适应屏幕。

在检查器中，它最终的缩放比例约为（22, 10, 1）。

<步骤 28> 将 Assets/art 文件夹中的 ScreenShot 拖放到 ScreenShot 对象上面。

<步骤 29> 测试 TitleScene。

看起来太亮了，所以采取以下步骤。

<步骤 30> 在"层级"中选择 Directional Light，将强度改为 0.8 左右。

<步骤 31> 测试并保存。

这使标题场景变得更有趣了。接下来，我们开始制作菜单。

12.2 菜单

目前的选项屏幕只支持分辨率设置和是否全屏的选项。在本节中，我们将添加一个画质设置。这对 3D 游戏很重要，因为 3D 游戏通常要在质量与帧率之间进行权衡，我们希望玩家根据其系统的 3D 图形能力和个人喜好来做出选择。

<步骤 1> 选择 Menus 场景。

<步骤 2> 如有必要，在"场景"面板中选择 2D 模式。

<步骤 3> 展开"层级"中的 Canvas 游戏对象。

<步骤 4> 在检查器中取消对 MainMenu 的勾选，并勾选 SettingsMenu。

<步骤 5> 在"层级"中选择 Menus。

<步骤 6> 游戏对象 – UI – Dropdown–TextMeshPro。

<步骤 7> 将 Dropdown 重命名为 GraphicsQuality。

<步骤 8> 调整"位置 X"和"位置 Y"使下拉列表框处于合适的位置，如图 12.4 所示。

图 12.4　插入一个 TextMeshPro 下拉列表框

<步骤 9> 在"层级"中选择 GraphicsQuality，并把它拖到 SettingsMenu 对象的上方。

这使新的 GraphicsQuality 下拉列表框成为 SettingsMenu 的子对象，这和 ResolutionDropdown 以及 SettingsMenu 对象的其他子对象是一样的。

< 步骤 10> 选择 GraphicsQuality 对象后，向下滚动检查器到 "Options" 区域。将第一个选项更改为 Low，第二个选项更改为 "Medium"，第二个选项更改为 "High"。

现在是时候测试一下了。

< 步骤 11> 测试。

注意，界面中少了一个标签，而且包围框太小了。

< 步骤 12> 在 "层级" 中选择 Canvas。

< 步骤 13> **游戏对象 – UI – Text–TextMeshPro**。

< 步骤 14> 通过在检查器中改变 "位置 X" 和 "位置 Y" 来调整位置。将 "Text Input" 更改为 "Graphics Quality"（画质）。将 "Font Size"（字号）更改为 24 磅。与图 12.5 进行比较。

图 12.5　Graphics Quality 下拉列表框

< 步骤 15> 选择 GraphicsQuality 对象，在检查器中将 "高度" 更改为 "42"。

< 步骤 16> 测试。

看起来不错，但选择不同的画质还没有什么实际的效果。可以很容易地用代码来达到目的。

< 步骤 17> 在 Visual Studio 中编辑 SettingsMenu.cs。

< 步骤 18> 在 SetFullscreen 函数的上方插入以下代码：

```
public void SetQuality (int qi)
{
    Qual itySettings . SetQualityLevel (qi) ;
}
```

< 步骤 19> 保存代码，切换到 Unity。在 "层级" 中选择 GraphicsQuality。

<步骤 20> 在检查器中找到底部的"值改变时"区域，单击 + 符号。

<步骤 21> 将"层级"中的 SettingsMenu 对象拖放到"无（对象）"框。

<步骤 22> 将"No Function"更改为 SettingsMenu，再选择 SettingsMenu.SetQuality。

现在的"值改变时 (int32)"框应该如图 12.6 所示。

图 12.6　设置"值改变时"

<步骤 23> 选择**编辑 – 项目设置 – 质量**，保持这个窗口的打开，然后运行游戏来测试。

在游戏中改变画质时，"项目设置"窗口会发生更新。但是，除非鼠标悬停在"项目设置"窗口上，否则看不到更新。注意，"项目设置"窗口总共有 6 种质量设置，但当前的下拉菜单只支持其中的 3 种。另外，初始设置也不匹配。

<步骤 24> 在"层级"中选择 GraphicsQuality，更新它的 Options（选项）以匹配"项目设置"窗口中的 6 种质量设置。

<步骤 25> 再次进行测试。

现在应该可以了，至少在 Menus 场景中测试是可以的。

<步骤 26> 取消对 SettingsMenu 的勾选，勾选 MainMenu 并再次测试。

Graphics Quality 在主菜单上方显示，这个问题很容易解决。

<步骤 27> 移动 Text(TMP) 对象，使其成为 SettingsMenu 的子对象。

<步骤 28> 再次测试。

现在唯一的问题是，初始设置是"Very Low（非常低）"。当玩家第一次看设置菜单时，这个设置是不正确的。相反，游戏会使用默认设置。目前可以暂时忍受这一点，但要把它记下来，在将游戏发布给毫无防备的公众之前，需要修复这个问题。

<步骤 29> 进入 TitleScene 场景，测试 Very Low 和 Ultra 画质设置。

应该看到在 Very Low 画质下没有阴影，而在 Ultra 画质下有柔和的阴影。

我们准备以后在游戏接近完成的时候再重新审视这些设置。

<步骤 30> 保存。

在本节中，我们通过增加几种画质来改进了 Settings 菜单。当然，随着游戏变得越来越复杂，可能需要以类似的方式增加更多的设置。例如，可能需要增加一个难度设置。

12.3　计分

在这一节中，我们将改进现有的分数、计时器、等级和生命数显示。没有意外，这方面的代码在 Scoring.cs 脚本中。

< 步骤 1> 在 Visual Studio 中编辑 Scoring.cs。

在 OnGUI 函数中，注意显示游戏得分、关卡计时器、等级和生命数的代码。它们目前使用的是 GUI.Box 函数。经过思考，你觉得这个 box 并不是真的需要。相反，需要的是一个标签。

< 步骤 2> 用以下代码替换 OnGUI 开头的代码。

```
GUI. skin.label. fontSize = 30;
GUI. color = Color. yellow ;
GUI. Label (new Rect(20, 20, 400, 50), "Score: " + gamescore +
            " Timer : " +  (int) levelTimer) ;
GUI . Label (new Rect (Screen. width - 220,  20,  200,  50) ,
            " Level " + GameState. level);
GUI . Label (new Rect ( Screen. width / 2 - 100, 20, 200, 50) ,
            " Lives " + lives) ;
```

< 步骤 3> 测试一下，并与图 12.7 进行比较。

叠加在地板上的文字不是很好分辨，但与那些书本的对比起来不错。可以在以后将文本颜色调整为其他颜色。

图 12.7　使用 GUI.Label 的黄色分数

<步骤 4> 保存。

这里只触及了 Unity GUI 系统的冰山之一角。在商业版的游戏中，需要花更多的时间来打磨和调整 GUI，但目前的 GUI 对这个小的原型来说已经足够好了。

12.4 隐藏鼠标指针

注意，目前的游戏过程中，鼠标指针是可见的。游戏不支持鼠标，所以最好是在进入和离开游戏时将其关闭和打开，具体的代码如下所示：

```
Cursor.visible = false;
Cursor.visible = true;
```

现在，现在需要决定在哪里插入上述代码。

<步骤 1> 在 DottimaScript.cs 中，使指针在 Start 函数中不可见。

<步骤 2> 在 MainMenu.cs 中，插入一个 Start 函数，并在其中使指针可见。

<步骤 3> 从 TitleScene 场景开始玩游戏。然后保存。

好吧，这个工作其实早就该完成了，但迟到总比不到好。在开发过程中，注意到小的外观缺陷是很常见的。如果有一个简单的修复方法，最好是马上去做。

在接下来的小节中，我们将使用 Timeline 和 Cinemachine 创建一个结局过场动画。

12.5 结局过场动画和时间轴

当玩家到达游戏的结局时，DotGame 只会简单地显示"The End"，表明游戏结束。几十年前，当街机游戏处于起步阶段时，并不存在所谓的"结局"，游戏会一直重复，直到街机关机。这种游戏没有结局，而是变得越来越难，直到玩家无法通关。现在的情况发生了变化。在 21 世纪，人们期望游戏有一个结局，通常由精心设计的冗长的过场动画组成，然后滚动显示制作人员名单，并提供再玩一次游戏的选项。

在本节中，我们将创建一个简短的结局过场动画，以冒险结束时的 Dottima 为主角。在这个场景中，Dottima 将简单地沿着一条直线移动。镜头将显示 Dottima 的特写，然后是 Dottima 前进时的侧面镜头，再然后是 Dottima 向地平线移动的镜头。需要创建三个不同的相机来做这件事。

Unity 通过 Timeline 和 Cinemachine 为创建这样的过场动画提供了非常好的支持。首先需要构建场景，然后使用 Timeline 为 Dottima 制作动画并控制相机。下一节将使用 Cinemachine 来改进相机。

< 步骤 1> 在 Assets/Scenes 中创建一个新场景，命名为 Ending，并选择它。和往常一样，新的场景只包含主相机和定向光对象。如有必要，在"层级"中展开 Ending 对象。

< 步骤 2> 将 Assets/prefabs 的一个 floor 预制件拖放到"层级"，再将 Assets/3dprefabs 中的 Dottima 拖放到"层级"。在"场景"面板中关闭 2D 模式。

< 步骤 3> 将 Dottima 移动到 (0, 0, 4)，floor 移动到 (0, 0, 0)。

< 步骤 4> 如有必要，更改为默认布局，并调整视图使之与图 12.8 匹配。

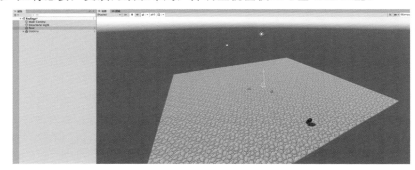

图 12.8　开始设置结局过场动画

Dottima 目前处在结局过场动画的起始位置。首先，要把 Dottima 做成动画，让她简单地静止几秒钟，然后慢慢地往前移动到地板的另一边。可以通过编写脚本来完成这个任务，但使用 Unity 动画显得更容易，因为不需要编写代码。事实上，一行代码都不用写，就能完成这个过场动画的创建。

< 步骤 5> 按住鼠标右键，用 WASD 控制和鼠标绕着场景飞行，直到看起来和图 12.9 差不多为止。然后放大，直到能清楚大部分的地板。

注意，在绕着这个非常简单的场景飞行时，鼠标光标会变成一个眼睛图标，下面有一个小小的 WASD 键提示。一定要熟悉这种在 Unity 中控制场景视图的方式。

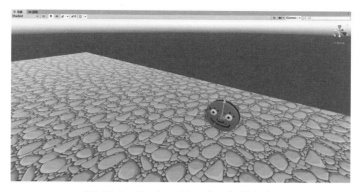

图 12.9　Dottima 的一个更好的视角

< 步骤 6> 在选定 Dottima 的前提下，选择窗口 – 动画 – 动画。

随后会显示"动画"窗口。

< 步骤 7> 展开右边的面板，单击"创建"按钮。找到 Assets/animations 文件夹，将名称更改为 DottimaEnding.anim，然后保存。

< 步骤 8> 将动画窗口停靠到底部面板，如图 12.10 所示，将"动画"标签拖到"控制台"标签旁边。

接着，将使用"动画"窗口的录制功能为 Dottima 制作动画。

图 12.10　依靠动画窗口

< 步骤 9> 单击"预览"旁边的红色录制按钮。

注意时间刻度中的红色阴影，它提醒当前现在正处于录制模式。

< 步骤 10> 在 Z 轴方向拖动 Dottima，然后在检查器中重新输入 4 作为 Z 位置。

实际上没有移动 Dottima，但这个操作创建了起始的一个关键帧。

<步骤 11> 在"当前帧"框中输入 720< 回车键 >，将 Dottima 移动到 (0，0，–4)。

　　　　这将在第 720 帧创建一个新的关键帧。这表示在每秒 60 帧的动画剪辑中，共有 12 秒。

<步骤 12> 使用鼠标滚轮放大动画时间显示，并与图 12.11 进行比较。

图 12.11　在第 720 帧插入一个关键帧，时间为 12 秒

<步骤 13> 停止录制，然后按预览播放按钮，观看动画。

　　　　Dottima 花了 12 秒时间在地板上移动。并不是以恒定的速度进行的，而是先加速后减速。

<步骤 14> 选择 floor，在检查器中删除 Animator 组件（如果有的话）。重新测试。

　　　　发生了很奇怪的事情。Dottima 很小，并向相机移动。鼠标指针被隐藏起来了，这使得关闭播放模式变得很困难。需要按下 <Esc> 键，将鼠标指针显示出来，然后就可以正常停止游戏。

　　　　是的，Dottima 在这里是可以射箭的，但她的动作由 Animator 控制器控制，而不是由 Dottima 脚本控制。可以保持这个样子。这个过场动画其实不应该允许用户互动，但这并不损害任何东西，所以就把它作为一个隐藏的特色而暂不做任何处理。另外，可以选择关闭 Dottima 脚本。对于这样的情况，圈子里面有一句老话：别把它当作错误，而是把它当作一个特色（It's not a bug, it's a feature）。

　　　　现在是时候调整时间轴了。时间轴窗口可以协调多个动画，而且相比在"动画"窗口中更容易调整。

<步骤 15> 窗口 – 正在排序 – 时间轴。

　　　　随后会显示"时间轴"窗口。

<步骤 16> 将"时间轴"标签移到"动画"标签旁边，如图 12.12 所示。

　　　　在创建一个新的时间轴之前，要先完成以下步骤。

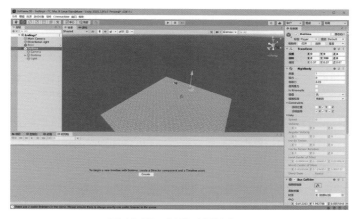

图 12.12　创建时间轴窗口

<步骤 17> 创建一个空的"游戏对象",将其命名为 timeline。

<步骤 18> 选择 timeline 游戏对象,然后在"时间轴"窗口中单击"创建"。把它放入
Assets 文件夹。

正常情况下,应该单独新建一个 Timelines 文件夹,但这个项目只有一个时
间轴,所以放到 Assets 的根部就可以了。

<步骤 19> 在"时间轴"窗口左侧的空面板上右击,在弹出窗口中选择 Animation
Track,如图 12.13 所示。

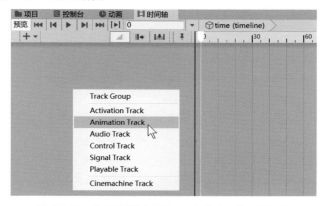

图 12.13　在时间轴上添加一个 Animation Track

<步骤 20> 选择新轨道，在右侧面板上右击，从弹出的快捷菜单中选择"Add from Animation Clip（从动画剪辑中添加）"，然后选择刚才创建的 DottimaEnding。缩小时间轴，以便看清楚整个 DottimaEnding 剪辑。

<步骤 21> 单击新轨道的靶心图标，选择 Dottima。将你的屏幕与图 12.14 进行比较。

图 12.14　单击靶心图标将 Dottima 添加到时间轴轨道

<步骤 22> 预览时间轴。

Dottima 在 3:00 时开始移动。Dottima 的初始位置已经改变。要固定初始位置，请采取以下步骤。

<步骤 23> 在"时间轴"窗口中选择 Dottima 时间轴。在检查器中将 Z 位置设为 4，然后再次预览。

这一次，Dottima 在正确的初始位置开始。然而，她的方向是错误的。以下步骤可以解决这个问题。

<步骤 24> 在"层级"中展开 Dottima，选择子 Dottima，在检查器中将 Y 旋转更改为 180。选择 timeline 对象并预览，然后测试。

接下来，我们将设置三个相机。

<步骤 25> 再创建两个相机，将这三个相机分别命名为 Initial Camera，Side Camera 和 End Camera。

<步骤 26> 将 Initial Camera 的位置设为 (0, 1, 2)，将旋转设为 (20, 0, 0)，将视野设为 20。

<步骤 27> 取消对其他两个相机的勾选并进行测试。

应该看到 Dottima 原地 3 秒钟的特写，然后继续前进。接下来，我们将设置 Side Camera。

<步骤 28> 取消对 Initial Camera 的勾选，在检查器中勾选 Side Camera。

选择 Side Camera。将 Dottima 的 Y 旋转更改为 0。

<步骤 29> 按住鼠标右键，用 WASD 和鼠标在场景视图中飞到与图 12.15 差不多的位置。

<步骤 30> 在仍然选中 Side Camera 的情况下，选择游戏对象 – 对齐视图（或者按 <Ctrl><Shift>F）。

这将使当前选择的相机与场景视图相匹配。

图 12.15　设置 Side（侧面）相机

< 步骤 31> 测试。

　　　　　和之前一样，Dottima 等待 3 秒，然后移动，这次是用侧面相机看到的。

< 步骤 32> 如图 12.16 所示，设置 End Camera 并进行测试。

　　　　　剩下的事情就是在三个相机之间进行切换。这可以用时间轴来完成。

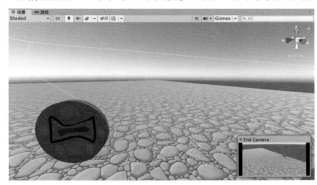

图 12.16　设置 End Camera

< 步骤 33> 在"层级"中选择 timeline 对象。

< 步骤 34> 将 Initial Camera 拖入"时间轴"窗口左侧的面板，在弹出窗口中选择 Add Activation Track。

< 步骤 35> 对另外两个相机重复上述步骤。

< 步骤 36> 调整激活轨道的长度和位置，如图 12.17 所示。

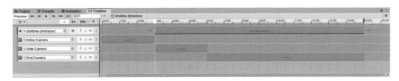

图 12.17　三个相机的激活轨道

< 步骤 37> 测试并保存。

现在，Initial Camera 激活 3 秒，然后 Side Camera 激活 3 秒，最后 End Camera 激活 9 秒。

现在，我们已经有了一个可以接受的结局过场动画，但还可以做得更好。这是学习 Cinemachine 的绝佳机会，下一节将进行具体说明。

12.6　Cinemachine

获得艾美奖的 Cinemachine[①] 是 Unity 的一个比较新的功能。Cinemachine 支持先进的相机处理，提供了易于使用的界面，能控制相机呈现出宏伟的电影场面，而且还不需要编写代码。配合时间轴，Cinemachine 使我们能轻松地创建精心设计的过场动画甚至是电影场面。本节对它进行了一个基本的介绍，用更有趣的动画相机来替代 DotGame3D 结局过场动画中的三个固定相机。

< 步骤 1> 先安装好 Cinemachine 包。

Cinemachine 是 Unity 众多免费的可选插件之一。要安装它，请打开"包管理器"，选择"包：Unity 注册表"来查看所有可用的包。向下滚动，在按字母顺序排列的包清单中找到 Cinemachine，选择它并单击"安装"。安装过程大约需要 30 秒。完成后，会注意到 Unity 编辑器顶部的菜单栏出现了一个新的 Cinemachine 菜单。

< 步骤 2> 单击 Cinemachine，看一下各种菜单选项，如图 12.18 所示。这个菜单允许创建各种各样的相机。在使用 Cinemachine 之前，需要先对项目进行一下清理。

< 步骤 3> 从时间轴中删除相机的三个激活轨道。

我们将在 Cinemachine 中重做这些轨道。

< 步骤 4> 取消对 Side Camera 和 End Camera 的勾选，勾选 Initial Camera 并测试。

---

① 译注：核心组件包括 Brain 和 Virtual Camera，前者负责相机的切换，后者负责复杂的拍摄。Cinemachine 还提供 Timeline 轨道，可用于管理场景中的虚拟相机，使其更精确地在时间轴上进行动画的播放和镜头的混合。

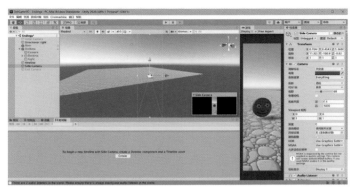

图 12.18　Cinemachine 菜单　　　　　图 12.19　并排显示游戏和场景窗口

　　　　在这个测试中，我们只是激活了 Initial Camera。为了设置多个相机，最好能让"场景"和"游戏"窗口并排显示。请按以下步骤操作。

< 步骤 5> 用鼠标抓住"游戏"标签，向右拖动，直到获得如图 12.19 所示的画面。

< 步骤 6> 小心拖动"场景"和"游戏"窗口之间的边界，使两个窗口的大小基本相同。

< 步骤 7> 选择 Initial Camera，然后选择**游戏对象 – 对齐视图到选定项**。

　　　　现在，这两个视图就非常相似了。

< 步骤 8> 在选定 Initial Camera 的情况下，选择 **Cinemachine – Create Virtual Camera**。

　　　　请注意两点。"层级"中的 Initial Camera 现在显示了一个奇怪的灰红色图标。这表明 Initial Camera 现在有了一个所谓的 CinemachineBrain。在检查器中，会看到 CinemachineBrain 作为一个新组件添加到底部。这意味着 Cinemachine 现在控制着这个相机。在场景中添加更多的虚拟相机时，它们都将具有控制 Initial Camera 的能力。

< 步骤 9> 在"层级"中选择 CM vcam1 对象。

　　　　这是第一个虚拟相机。现在将改变它的设置。

< 步骤 10> 在检查器中，核实 Body 和 Aim 的设置都是"Do nothing"。

< 步骤 11> 在开启"播放时最大化"的情况下进行测试。

　　　　这只是一个"健全测试"（sanity test），目的是确保在之前的步骤中进行的修改没有破坏任何东西。和往常一样，按 <Esc> 来停止播放。

< 步骤 12> 关闭"播放时最大化"，在"层级"中选择 timeline，并再次测试。

　　　　只要不把鼠标移到"游戏"窗口中，鼠标就会保持可见。观察"时间轴"窗口中的时间进程。

现在，将把上一节创建的三个 Unity 相机转换为 Cinemachine 虚拟相机。将从 Initial Camera 开始。

<步骤 13> 在"层级"中选择 CM vcam1 对象。

因为已经激活了 Initial Camera，所以这个虚拟相机符合它的设置。

<步骤 14> 将 Dottima 从"层级"拖放到 Follow 框中。为 Look At 框做同样的操作。

这些设置使虚拟相机跟随 Dottima，也看向 Dottima。

<步骤 15> 在 Lens（镜头）区域，将"视野"（FOV）更改为 75。

这样做是因为在低 FOV 设置下根本看不到 Dottima。

<步骤 16> 将 Body 更改为 3rd Person Follow（第三人称跟随），将 Shoulder Offset（肩部偏移）更改为 (0, 0.16, 1)。

<步骤 15> 测试。

上述操作将虚拟相机变成了一台"跟随"相机。接下来的这些步骤可以让我们更好地控制所发生的事情。

<步骤 16> 停止运行游戏，然后将 Aim 更改为 Composer，并在检查器的 Cinemachine–VirtualCamera 区域的顶部勾选 Game Window Guides（游戏窗口指引），如图 12.20 所示。

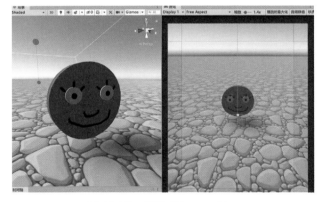

图 12.20　指引 Cinemachine

蓝色方框显示的是屏幕上的"软区"（Soft Zone）区域。相机将试图使 Dottima 保持在软区范围内，远离红色区域。

<步骤 17> 在检查器中展开 Aim 区域，将 Dead Zone Width 和 Dead Zone Height 都设置为 0.2。

现在可以在游戏窗口的中间看到一个灰色的正方形。这就是所谓的"死区"。在这个区域，被相机瞄准的物体（即 Dottima）可以移动而不影响相机。

< 步骤 18> 在 Body 区域，将"阻尼"设置更改为 (0.5, 0.5, 3)，并进行测试。

Dottima 开始移动时，黄色的瞄准点慢慢向死区的底部移动。瞄准点总是在死区之内。动画结束时，Dottima 复位，而这个跟随相机平稳地继续跟随。虽然我们不会在场景中使用这部分相机动画，但观看这部分动画并学习跟随相机的操作是很有意义的。

接下来，我们将创建第二个虚拟相机，让它与 Side Camera 相匹配。

< 步骤 19> 利用检查器禁用 Initial Camera，然后启用 Side Camera。

< 步骤 20> 选择 Side Camera，再选择**游戏对象 – 对齐视图到选定项**。

场景和游戏窗口现在都显示来自 Side Camera 的视图。

< 步骤 21> **Cinemachine – Create Virtual Camera**。确保 CM vcam2 被选中。

我们希望使这个相机只是看着 Dottima，并不跟随她。

< 步骤 22> 将 Dottima 从"层级"拖放到检查器中的 Look At 区域。

< 步骤 23> 将 Body 的设置更改为"Do nothing"。

< 步骤 24> 将 CM vcam2 的"优先级"更改为 20，然后进行测试。

CM vcam1 的优先级是 10，所以 CM vcam2 的这个优先级设置使 Cinemachine 只使用第二个虚拟相机。正如我们所希望的，相机是静止的，并在 Dottima 移动时瞄准她。现在需要自动从第一台虚拟相机切换到第二台。这个操作是在时间轴中完成的。

< 步骤 25> 在"层级"中选择 timeline。

< 步骤 26> 将 Initial Camera 拖入"时间轴"窗口左侧面板，选择 Add Cinemachine Track。

< 步骤 27> 右击 Initial Camera Track，在弹出的快捷菜单中选择 Add Cinemachine Shot。

< 步骤 28> 选择新增的 Cinemachine Shot，并通过将 CM vcam1 对象拖入检查器中的 Virtual Camera 框来设置虚拟相机。将 CM vcam2 的优先级更改为 5，并在时间轴上选择 CM vcam1。此时的屏幕看起来应该像图 12.21 那样。

"游戏"窗口会显示 vcam1 的视图。

< 步骤 29> 调整时间轴中的 CM vcam1 镜头，让它从时间 0:00 开始，在时间 4:00 结束。

< 步骤 30> 添加另一个 Cinemachine Shot，这次使用 CM vcam2。

< 步骤 31> 滑动第二个镜头，使其从时间 4:00 运行到时间 9:00，如图 12.22 所示。

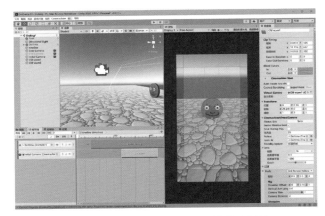

图 12.21　为 Cinemachine 设置时间轴

图 12.22　Cinemachine 轨道中的两个镜头剪辑

< 步骤 32> 禁用 Side Camera，启用 Initial Camera。

< 步骤 33> 在"层级"中选择 timeline，在"时间轴"窗口右侧的面板中，将鼠标放在时间标尺上方，然后按住鼠标左键，并左右移动鼠标来观测动画过程（这个操作称为"Scrubbing"）。然后，实际运行游戏来进行测试。在 Scrubbing 过程中，注意在时间 4:00 的时候，相机突兀地发生切换。为了获得更佳的视觉效果，请按以下方式混合相机。

< 步骤 34> 在 4:00 到 5:00，通过将左边的剪辑向右拖动 1 秒，然后重新调整它的起始位置，从而使两个剪辑发生重叠。重叠的区域会显示为一条对角线。

< 步骤 35> 和之前一样，通过 Scrubbing 和 / 或播放场景来进行测试。

此时会看到一个非常棒的，从第一个虚拟相机到第二个虚拟相机的混合过渡。为了完成工作，需要为这个场景的结束设置第三个虚拟相机。

< 步骤 36> 禁用 Initial Camera，启用 End Camera。

< 步骤 37> 在"层级"中选择 End Camera，再选择游戏对象 – 对齐视图到选定项。

< 步骤 38>**Cinemachine – Create Virtual Camera**。

< 步骤 39> 将 CM vcam3 的优先级更改为"20"。

<步骤 40> 将 Body 的设置更改为"Do nothing"。

<步骤 41> 将 Dottima 拖放到 Look At 框中，然后测试游戏。

由于 End Camera 被选中，而且 CM vcam3 的优先级是 20，所以看到的都是 CM vcam3 在工作。

<步骤 42> 禁用 End Camera，启用 Initial Camera，测试游戏。

这一次，全部三台相机都会上场，而且一个接着一个。在时间轴上，当走到 9:00 时，会由第三个虚拟相机接管，这是由于它具有最高优先级。这种突兀的过渡有点刺眼，所以需要创建一个混合，如下所示。

<步骤 43> 在 Initial Camera 轨道上右击，选择 Add Cinemachine Shot。

<步骤 44> 在检查器中，将 CM vcam3 拖放到 Virtual Camera 框。

<步骤 45> 混合 CM vcam2 和 CM vcam3 的镜头，如图 12.23 所示。

<步骤 46> 再次测试并保存。

这一次，我们终于有了心目中的场景。Dottima 向地平线移动，三个虚拟相机跟随着她。在下一节中，我们会将这个场景集成到游戏中。

图 12.23　时间轴中三个混合的虚拟相机

12.7　集成结局过场动画

还有一些工作没有完成。过场动画需要在到达时间 14:00 时退出。另外，结局过场动画需要在游戏结束时才真的播放。然后，游戏应该返回主菜单，允许玩家重新开始游戏。

<步骤 1> 文件 – 生成设置 – 添加已打开场景。

现在，应该将 Scenes/Ending 场景作为场景 8 插入。

<步骤 2> 在 GameState.cs 中插入下面这一行：

```
public const int EndScene = 8;
```

<步骤 3> 在 DottimaScript.cs 的 GameState.theEnd 小节中，将 GameState.MenuScene 替换成 GameState.EndScene。

<步骤 4> 从头开始玩，并尝试玩到游戏结局。

如你所料，游戏卡在了结局过场动画，但其他方面都没问题。为了使测试更容易，按以下步骤操作来更改 lastLevel 的定义。

< 步骤 5> 在 DottimaScript.cs 中，在第 14 行附近，将 lastLevel 设为 1 而不是 6。

在测试完结局过场动画后，记得要撤消这个改动。

< 步骤 6> 加载 3Dlevel 1 场景，从这里开始测试。

在快速玩完 3Dlevel 1 关卡后，会立即进入结局。现在，我们已经准备好修复结局过场动画了。

< 步骤 7> 在 Ending 场景中为 Dottima 添加以下脚本，并命名为 DottimaEndingScript.cs。

```csharp
using Sys tem.Collections ;
using System.Collections.Generic ;
using UnityEngine ;
using UnityEngine.SceneManagement ;
public class DottimaEndingScript : MonoBehaviour
{
    private float TotalTime;
    // Start is called before the first frame update
    void Start()
    {
        TotalTime = 0.0f;
    }
    // Update is called once per frame
    void Update()
    {
        TotalTime += Time.deltaTime;
        if (TotalTime > 13.5f)
            SceneManager.LoadScene(GameState.MenuScene);
    }
}
```

< 步骤 8> 测试。

成功了！

< 步骤 9> 将 DottimaScript.cs 中的 lastLevel 恢复为 6。

真的应该再测试。发现了吗？结局动画少了音乐。这是以后要完成的工作。

< 步骤 10> 保存并退出 Unity。

第 13 章　测试和调试 ▉

对于许多程序员来说，测试和调试需要花的时间可能和编写代码一样多。如果你也是这样，不要慌！测试和调试是整个开发过程的正常组成部分。在本章中，我们将从探索测试技术开始，然后学习 Unity 和 Visual Studio 内置的调试功能。

在本书的早期学习调试知识，可能会使你受益匪浅。但是，这有点像先有鸡还是先有蛋的问题。需要先了解 Unity 的基础知识，然后才能从对调试的研究中获益。无论如何，这一章是独立的。换言之，它不依赖于你当前在 Dottima3D 项目中的进展。所以，如果读这一章是因为在之前的章节中成功创造了一些 bug，那么也没有关系。只要保存好当前的工作，跟着这一章走一遍，然后继续之前的工作。运气好的话，肯定知道如何找到这些 bug 并修复它们。

13.1　测试

本节将探索一些基本的游戏测试技术。测试是实现可靠性的最重要的开发技术，没有之一。可以写很差的代码，但如果能很好地测试它并修复所有 bug，最终就能得到可以发布的东西。相反，即使你很有经验，而且在编写代码时采用了最佳实践，只要你懒得测试，几乎肯定会产生灾难性的 bug。

我们首先建立一个简单的项目并对它进行测试它。

< 步骤 1> 新建一个 3D 项目，命名为 TestAndDebug。

　　　　如果已经完成了前一章的工作，那么会注意到Cinemachine 菜单项已经消失，现在显示的是默认布局。

< 步骤 2> 游戏对象 – 3D 对象 – 平面，保留默认名称 Plane。将"缩放"更改为 (10, 10, 10)。

< 步骤 3> 在 Assets 文件夹中创建一个绿色材质，命名为"Green"，把它拖到 Plane 上。

< 步骤 4> 在"层级"中右击，从弹出的快捷菜单中选择"创建空对象"，从而创建一个空的游戏对象，重命名为"GenerateSpheres"。

< 步骤 5> 创建一个新的 C# 脚本，命名为 BuildSpheres.cs，并添加如下所示的代码，将

其分配给 GenerateSpheres。

```
using System.Collections;
using System.Collections.Generic;
using UnityEngine;
public class BuildSpheres : MonoBehaviour
{
    public GameObject block;
    public int width = 10;
    public int height = 4;

    // Start is called before the first frame update
    void Start()
    {
        for (int y = 0; y < height; y++)
        {
            for (int x = 0; x < width; x++)
            {
                Instantiate(block,
                    new Vector3(x, y, 0),
                    Quaternion.identity);
            }
        }
    }
}
```

<步骤 6> 在 Visual Studio 中保存代码。

这段代码应该创建一个 10×4 的球体阵列，并让它们漂浮在平面上。

<步骤 7> 运行游戏。

什么也没有发生，看不到任何球体。

<步骤 8> 停止运行游戏。

观察如图 13.1 所示的 Unity 屏幕。

注意到底部的红色文字吗？这就是问题所在。经常留意那里，看看是否有错误消息，这是一个好习惯。为了看到完整的错误消息，请按以下步骤操作。

<步骤 9> 单击"控制台"标签。

现在可以看到完整的错误消息。

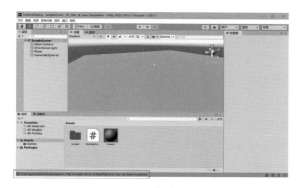

图 13.1　出错了!

图 13.2　显示尚未分配游戏对象实例

< 步骤 10> 选择 GenerateSpheres，在检查器中查看，如图 13.2 所示。

原来是忘了创建要用于实例化的球体预制件。

< 步骤 11> **游戏对象 – 3D 对象 – 球体**。

< 步骤 12> 单击下方的"项目"标签。

< 步骤 13> 将 Sphere 从"层级"拖放到 Assets 文件夹。

现在，Assets 文件夹就包含一个 Sphere 预制件资产。

< 步骤 14> 在"层级"中选择 GenerateSpheres，并将 Sphere 预制件从 Assets 文件夹拖放到检查器中的 Block 框中。

< 步骤 15> 运行游戏并与图 13.3 比较。然后停止游戏。

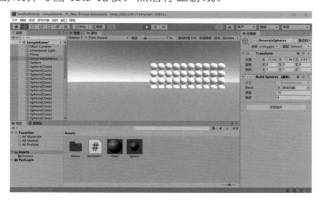

图 13.3　由 40 个球体组成的一个 block

到目前为止还不错。现在的问题是，最初的球体去哪里了？它还在吗？可以看到，程序生成了 40 个球体，但原来的那个球体不见了。

< 步骤 16> 窗口 – 布局 – 2×3。

这个布局会同时显示场景和游戏窗口，这对测试非常有用。

< 步骤 17> 运行游戏看一看。暂时不要停止运行游戏。

现在，在场景和游戏窗口中都能看到由球体构成的 block。在"层级"中，可以看到一个 Sphere 对象和它的许多克隆体，大概有 40 个。

< 步骤 18> 在"层级"中选择 Sphere 对象，然后在"场景"窗口中把它拖动到右上角，如图 13.4 所示。

啊哈！那个原来的球体在原点，与一个生成的球体发生了重叠。我们刚刚体验了 Unity 的一个真正伟大的功能：允许在游戏运行时更改游戏。有的时候，这种方法可以发现一些否则很难发现的错误。但是，在这样做的时候要小心。任何在游戏运行时做出的更改都只是暂时的，只要停止运行游戏，这些更改就会自动撤消。

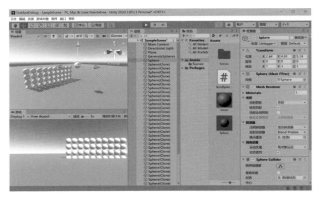

图 13.4　找到原来的那个球体

< 步骤 19> 停止运行游戏。注意，球体回到了（0, 0, 0）。删除"层级"中的 Sphere 对象，并再次运行游戏。

这样就好了。那个被遗弃的球体虽然没有造成任何伤害，但它现在消失了，场景也变得干净了。

注意到 2×3 布局没有显示"控制台"吗？可以选择窗口 – 常规 – 控制台，然后将"控制台"标签拖放到一个方便的地方，从而把它整合到这个布局。或者，也可以直接回到默认布局。目前，我们暂时保持这个 2×3 布局。

下个目标是使球体 block 上移 0.5 个单位，使最下面那一排不与平面相交。

<步骤 20> 用以下代码替换 BuildSpheres.cs 中 Vector3 那一行：

```
new Vector3(x, y + 1, 0),
```

这会使球体上移 1 一个单位。记住，Unity 中的 Y 轴指向上方。

<步骤 21> 记得在 Visual Studio 中保存改动，然后运行游戏并与图 13.5 进行比较。

这样做是有效的，但我们希望球体 block 能刚好"坐"在平面上。下面通过使偏移量为 1/2 个单位而不是 1 个单位来做到这一点。

<步骤 22> 用以下代码替换 Vector3 那一行：

```
new Vector3(x, y + 1/2, 0),
```

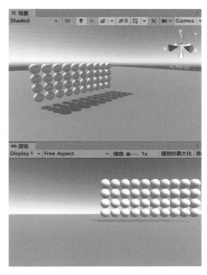

图 13.5　使球体 block 上移 1 个单位

<步骤 23> 再次在 Visual Studio 中保存改动，然后运行游戏。

这一次，整个球体 block 再次下沉到平面中。看出问题所在了吗？我们经常会遇到这样的情况，自己觉得所做的一切都很正确，但代码就是不符合预期。如果你已经知道如何解决这个 bug，请假装你被难住了，并继续后面的阅读。

在接下来的三节中，我们将讨论并使用 Unity 的几种不同的调试方法。

13.2　古老的调试技术

有的时候，老办法是最容易的。如果没有调试器，或者更糟糕的是，调试器还没有被发明出来，那么应该怎么办？此时别无选择，只能写一些代码来显式地显示变量值。这是有效的，也很容易做到。几十年前，这往往是追踪那些难以捉摸的 bug 的唯一方法。

<步骤 1> 在 Instantiate 语句之后插入以下语句：

```
Debug.Log("Y value: " + (y + 1/2));
```

我们想输出 Vector3 表达式中的 y 坐标值。

< 步骤 2> 保存代码，运行游戏，然后停止。

注意，屏幕底部出现了一行输出。为了查看 Debug.Log 语句的完整输出，请采取以下步骤。

< 步骤 3> 窗口 – 常规 – 控制台。

随后会显示"控制台"窗口，其中有 40 条日志，每个生成的球体都对应一条。需要向上滚动才能看到第一条日志。虽然你还不知道，但每条日志都有三行。要看到全部三行内容，请采取以下步骤。

< 步骤 4> 单击"控制台"窗口右上角三个点的图标来打开控制台菜单，如图 13.6 所示。

< 步骤 5> 依次单击 Log Entry 和 4 Lines。

如图 13.7 所示，现在会看到完整的日志条目，其中显示了行号。如果代码包含多个 Debug.Log 语句，行号的显示就很有用了。

图 13.6　将每条日志的行数设置为 4 行　　　　图 13.7　完整的调试日志语句

< 步骤 6> 在"控制台"窗口中单击"折叠"。

这将折叠任何重复的语句。重复的数量会显示在在控制台窗口的右侧。

找到 bug 了吗？显然，0+1/2 求值为 0。如果仍然不明白为什么会发生这种情况，那么应该向有经验的 C# 程序员寻求帮助。在网上找一个论坛，游戏开发小伙伴们会非常乐意帮助你解决这样的小问题。

问题在于整数和浮点值计算。Vector3 语句要求浮点值，但这里执行的是整数计算。在 C# 或大多数其他编程语言中使用整数时，1 除以 2 的结果是 0，余数是 1，然后这个余数会被丢弃。我们想要的是浮点值 0.5。这是一个很好的教训，对整数除法要非常小心！

<步骤 7> 将 Vector3 那行语句更改为：

```
new Vector3(x, y +  0.5, 0),
```

Visual C 不喜欢这样，于是在 y + 0.5 的下面加了一条波浪线。将鼠标悬停在波浪线上，会看到如图 13.8 所示的结果。

图 13.8　double 和 float 数值类型

这是在 Unity 中编码时的一个常见问题。代码中带小数点的字面值默认为 double 类型，但 Unity 通常操作的是 float 类型。为了解决这个问题，请采取以下步骤。

<步骤 8> 将 Vector3 语句中的 0.5 改为 0.5f，保存并运行。游戏效果如图 13.9 所示。

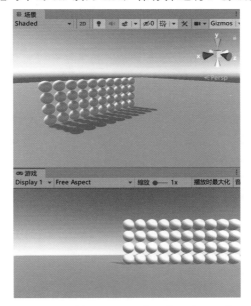

图 13.9　球体 block 正确"坐"在平面上

<步骤 9> 保存。

下一节将学习如何在 Unity 中对 C# 代码进行调试。

13.3 在 Unity 中调试 C# 代码

本章最后一节将继续学习如何在 Unity 中调试 C# 代码，将探讨 Unity 更多的调试功能。

< 步骤 1> 在 BuildSpheres.cs 中，删除 Start 函数的 Debug.Log 行。

我们不再需要这个日志语句了。

< 步骤 2> 在 Start 函数开头插入以下三行代码：

```
Debug.Log("Starting");
Debug.LogWarning("This is a Warning");
Debug.LogError("Error");
```

是的，我们可以添加自己的警告和错误消息。

< 步骤 3> 保存并运行游戏。观察"控制台"窗口的输出。

可能看到、也可能看不到全部三个日志条目。这三种日志消息的可见性由"控制台"窗口右上方的三个按钮控制，如图 13.10 所示。

可以看到，当前白色感叹号被选中，但黄色和红色没有被选中。三者旁边都有一个 1。这意味着当前一条普通的日志消息、一条警告消息和一条错误消息，但警告和错误消息被过滤掉了。

图 13.10 "控制台"窗口的消息过滤设置

< 步骤 4> 如有必要，单击"控制台"窗口右上方的按钮，启用警告和错误。与图 13.11 进行比较。

图 13.11　在“控制台”中显示警告和错误消息

接下来，我们将尝试使用Debug.DrawLine功能。Debug类的这个成员允许在“场景”视图中临时画线，从而让对象可视化。

< 步骤 5> **游戏对象 – 3D 对象 – 圆柱**。将这个圆柱体的位置设为（–5, 5, 5）。

圆柱体漂浮在场景中，很难知道它在哪里。在这种情况下，可以考虑利用 Unity 的图形化调试功能，添加一条直线来帮助可视化圆柱体的位置。

< 步骤 6> 为 Cylinder 对象添加一个脚本组件，将其命名为 CylinderScript，在其中添加如下所示的代码：

```
using System.Collections;
using System.Collections.Generic;
using UnityEngine;

public class CylinderScript : MonoBehaviour
{
    // Start is called before the first frame update
    void Start ()
    {
        float height =  transform.position.y;
        Debug.DrawLine(
        transform.position,
        transform.position - Vector3.up * height,
        Color.red, 5);
    }
}
```

< 步骤 7> 运行游戏，并与图 13.12 进行比较。

Debug.Drawline 函数调用中的数字 5 表示该直线应该在 5 秒后消失。要进一步探索 Debug 类的方法，请在 Unity 文档的"脚本 API"主题中搜索"debug"。

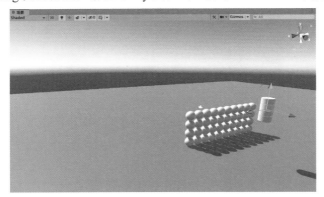

图 13.12　Debug.DrawLine 的效果（注意圆柱体下方的直线）

< 步骤 8> 保存。

下一节将简单介绍 Visual Studio 调试器。

13.4　Visual Studio 调试器

Visual Studio 提供了内置的调试器，可以用它浏览代码，检查内存，并更好地了解正在发生的事情。与插入 Debug 语句相比，这个调试器对开发人员来说更友好，也更快。

虽然 TestAndDebug 项目当前没有已知的 bug，但还是要用它做一个快速的调试会话，以学习如何设置它。

< 步骤 1> 退出 Unity，再次启动它并加载 TestAndDebug。

你的步骤会和下面描述的一致。

< 步骤 2> 双击 Assets 中的 BuildSpheres。

随后会在 Visual Studio 中显示 BuildSpheres.cs 程序。

< 步骤 3> 在 Visual Studio 中选择调试 – 附加 Unity 调试程序。

< 步骤 4> 在弹出窗口中，选择 TestAndDebug Unity 实例并单击"确定"。随后会在 Unity 中显示如图 13.13 所示的另一个弹出窗口。

我们将在下一步为这个会话启用调试功能。这一步可能会降低性能，所以一般来说，只有在真正开始调试的时候才会采取这一步骤。对于本书的项目来说，C# 语言的性能可能并不重要。但在实际开发过程中，你可能真的需要确保 C# 语言的性能与发布时的性能相匹配。

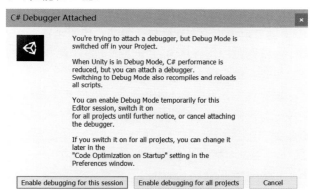

图 13.13　在 Unity 中启用调试

< 步骤 5> 单击 Enable Debugging for this session（为这个会话启用调试）按钮。

现在，我们已经准备好使用 Visual Studio 调试器了。

< 步骤 6> 在第 13 行设置一个断点，即 Debug.Log(Starting) 那一行。为了设置断点，可以单击最左侧的灰色竖条。与图 13.14 进行比较。

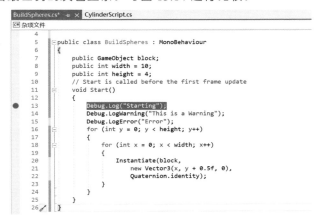

图 13.14　设置断点

如果有两个屏幕，那么强烈推荐（特别是在游戏开发期间）将 Visual Studio 窗口和 Unity 窗口放到不同的屏幕中。

也可以用虚拟桌面来模拟分屏。

< 步骤 7> 在 Unity 中运行游戏。

Visual Studio 窗口将获得焦点，会看到包含箭头的红点图标，它代表断点。与此同时，Unity 中到目前为止没有发生任何事情，因为执行在断点处暂停了。

< 步骤 8> 反复按 <F10> 键逐过程执行程序。在此期间，请注意下方的"局部变量"面板，注意，各个变量正在进行更新。

< 步骤 9> 一旦在"局部变量"区域看到 block 变量，就展开它看一看。

可以看到关于分配给 block 的 Sphere 预制件的相当多的信息。

< 步骤 10> 按 F5 功能键刷新。

这将继续执行。现在可以在 Unity 窗口中看到结果。

< 步骤 11> 停止在 Unity 中运行游戏。

该断点在 Visual Studio 中仍然可见。

< 步骤 12> 再次运行游戏。

再一次在断点处暂停。这一次我们直接放弃，马上停止运行游戏。不幸的是，当停在断点上时，Unity 窗口是锁死的。

< 步骤 13> 选择**调试 – 停止调试**，或者按 <Shift><F5>。

这将自动停止在 Unity 中运行游戏，并将调试器与 Unity 分离。所以，如果想继续调试，那么需要再次连接（附加）它。

< 步骤 14> 在 Visual Studio 中，像之前那样再次附加 Unity 调试器。由于在同一个 Unity 会话中，所以仍然处于调试模式。这一次，我们将人为地创建一个 bug，并用它来实验调试器。

< 步骤 15> 在 Unity 中选择 GenerateSpheres 对象，并在检查器中将 Sphere 从 Block 框中删除。

如你所知，这将导致一个 bug。来看看现在运行游戏会怎样。

< 步骤 16> 运行游戏。

啊哈，还没有报错。现在又在那个断点处暂停了。问题将发生在 Instantiate 语句上。

< 步骤 17> 和之前一样，用 <F10> 开始 "逐过程" 执行程序。

  执行到 Instantiate 语句时，会切换到 Unity 界面，底部会显示一个 Exception 错误。程序无法继续。现在回到 Visual Studio 中，除了看一看 "局部变量" 面板，也不能做太多的事情。Unity 的控制台中的错误消息指出异常发生的位置。

< 步骤 18> 停止运行游戏，删除 Visual Studio 中的断点，再次运行游戏。

  Visual Studio 的调试器在这里也没有什么帮助。我们仍然在 Unity 中。这里的教训是，需要通过阅读 Unity 中控制台的错误消息来找到发生异常的位置，然后从那里着手。

< 步骤 19> 修复 bug，保存，然后退出 Unity。

  Visual Studio 的调试器不仅仅是用来调试的。它对于试图理解别人的代码甚至自己的旧代码也非常有用。可以在开始的位置放一个断点，然后按功能 F10 一边逐过程执行，一边观察数据的变化。在 Unity 环境中，通过暂停游戏，检查 "层级" 和 "场景" 视图，可以很容易地做一些类似的事情。

  在这一章中，我们研究了一些在 Unity 中测试和调试的常用技术。关于测试和调试，我们还有很多东西要学，但这是一个好的开始。

第 14 章　输入

我们将在这个很短的一章中探讨游戏输入。到目前为止，本书所有的输入都是通过键盘来实现的。现在是时候考虑游戏手柄了，因为它们在 PC 上已经相当普遍。这些手柄是专门为 Xbox、PlayStation 和 Switch 等游戏机设计的，它们能很很好地适配大多数3D 游戏。

如果希望支持带有触摸屏控制的移动设备、带有触摸屏的笔记本电脑或者类似的输入系统，需要自行在网上搜索这方面的信息。Unity 支持各种各样的输入，其中甚至包括加速计、温度和湿度输入，但本章只需要处理键盘、鼠标和游戏手柄。

14.1　Unity 输入系统

Unity 游戏中的所有输入都是通过内置输入系统来处理的。另外，还有一个较新的输入系统可以通过包管理器获得。为了简单起见，我们将坚持使用久经考验的现有输入系统。在未来的 Unity 版本中，可能最终需要切换到新的输入系统。是的，新的系统在很多方面都更好，但对于本书的游戏来说，旧的输入系统就很好，而且肯定更容易设置。

< 步骤 1> 在 Unity 中加载 DotGame3D。

< 步骤 2> 在代码中找到使用 Input 类的地方。

　　　　为此，可以打开项目中的某个脚本，按 <Ctrl>f 来打开查找对话框，然后在整个项目中查找字符串"Input"和它后面的句点。你会发现，只有 DottimaScript.cs 和 DottimaController.cs 使用了 Input 类。你可能记得，这些文件是相当相似的，DottimaController 用于 2D 游戏，而 DottimaScript 用于 3D 游戏。

　　　　下一步是使 DottimaScript 的 Input 调用变得更常规。我们将使用输入管理器来定义一个 Action 按钮，然后将在代码中检查虚拟 Action 按钮而不是物理空格键。

< 步骤 3> 编辑 – 项目设置，然后选择"输入管理器"，如有必要，请展开"轴线"。

< 步骤 4> 将"大小"从 18 改为 19。

这会在底部创建另一个输入。现在有两个输入，都叫"取消"。

<步骤 5> 展开底部的输入，编辑它以符合图 14.1。

将这个新的输入重命名为"Action"， 为它填写一个 Descriptive Name（描述性的名称），将 Positive Button 设为"space"，其他都保持不变。

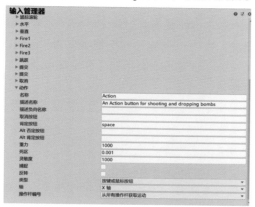

图 14.1　项目设置中的输入系统

<步骤 6> 在 DottimaScript.cs 中的两个地方，将 Input.GetKeyDown（"space"）替换为 Input.GetButtonDown（"Action"）。

<步骤 7> 在 Visual Studio 中保存并在 Unity 中测试。

控制方式没有变化，一样是用四个方向键和空格键来控制。唯一的区别是，现在代码引用的是虚拟按钮 Action，而不是键盘上的空格键。

<步骤 8> 保存。

现在可以通过改变虚拟按钮来支持手柄了。

14.2　在 DotGame3d 中支持游戏手柄

手柄在游戏机上广泛使用，它们也可以连接到 PC 和 Mac。本节将为 DotGame 提供对手柄的支持。首先要连接一个由罗技公司制造的通用手柄或者类似的设备。大多数手柄都应该与本节的代码兼容。进行游戏的商业发布时会遇到一个问题。如何支持和测试市场上种类繁多的游戏手柄？目前，我们想要保持简单，刚开始只支持一个手柄，就是当前自己使用的手柄。以后可以在网上获得关于这个问题更多的帮助。一个方法是简单地发布支持几种主流手柄的游戏，然后根据玩家的要求增加对更多手柄的支持。

< 步骤 1> 在电脑上安装一个游戏手柄。

你很可能已经有了。如果没有，就买一个或者跳过这一部分。可以在没有手柄的情况下完成这本书，但如果能拿到一个手柄，开发过程会更有趣。

< 步骤 2> 在输入管理器中，在"alt 肯定按钮"框中填写：joystick button 0。

令人惊讶的是，为了让游戏支持手柄，只需要做这个操作就可以了。

< 步骤 3> 测试用手柄玩游戏。

现在可以只用手柄来玩游戏了。遗憾的是，仍然不能用手柄操作菜单。幸好，这个问题有一个解决办法。

< 步骤 4> 打开 Menus 场景。

< 步骤 5> 选择"层级"中的 EventSystem。

在检查器中，可以看到有一个名为"首个选择项"的框，它目前是空的。

< 步骤 6> 在"层级"中展开 Canvas，再展开 MainMenu，然后将 PlayButton 拖入检查器中的"首个选择项"的框。EventSystem 现在应该如图 14.2 所示。

图 14.2　菜单场景的 EventSystem

< 步骤 7> 从 Title 场景开始玩游戏。

好了，这下就好了。现在，可以在主菜单上选择不同的菜单项，也可以玩游戏。但是，选项菜单还是不能用手柄操作。这个问题不好修复，所以我们暂时把它记录为"已知 bug"，然后继续前进。有时，在开发过程中重新制作场景时，或者在升级到较新版本的 Unity 时，这样的 bug 会自行修复。Unity 未来很有可能为 GUI 元素提供更方便的游戏手柄支持，而且很可能需要用到之前提到的新的输入系统。

在下一章中，我们将测试和准备 DotGame3D 的发布。

第 15 章 准备发布 DotGame3D

发布游戏可能是一个耗时而艰巨的过程，特别是在以前没有做过这件事情的前提下。这个过程在很大程度上取决于游戏的目标平台。在这一章中，我们准备在 Windows PC 上发布 DotGame3D。我们将测试游戏，解决一些问题，修复任何遗留的 bug，并做一些性能测试。最后，我们将做一下事后总结：对开发过程进行回顾，并对自己学到的东西进行总结。

本书无法涵盖为任何特定平台（如 PC、Mac、Xbox 或 Android）发布和发行游戏的全部细节。这些细节经常发生变化，所以需要从你的发行商和网上商店获得最新的指示。

15.1 发布前的测试：构建和运行

本节的目标是为 DotGame3D 制作一个 Windows 版本，然后在一台或多台电脑上安装和运行它。如前所述，本章只涉及在 Windows PC 上发布的计划。为 Mac 版本做发布前的准备应该是类似的。

我们会更详细地看一下构建设置。

< 步骤 1> 在 Unity 中加载 DotGame3D，然后选择**文件 – 生成设置**。

现在应该为这个 build[①] 设置了 9 个场景。TitleScene、Menus、6 个关卡和 Ending，按顺序排列。所有场景都在 Assets/ Scenes 文件夹中。平台是 PC，Mac & Linux Standalone（Standalone 是"单机"的意思）。在"目标平台"下拉菜单中，我们选择了 Windows。没有选择其他平台，因为在当前的 Unity 版本中没有安装 Mac 或 Linux 支持。至于架构，我们选择的是 x86 而不是 x86_64。对于这个小游戏来说，64 位支持并不是必须的，而且还使游戏能在旧的 32 位 Windows 上运行。其他设置暂时可以忽略。

---

① 译注：Unity 因为本地化的原因，会把 build 翻译成各种东西，包括但不限于生成和构建等，本书尽可能保持原文。

<步骤 2> 单击"玩家设置",做一次重置。然后,输入自己的公司名称、产品名称和版本。

和往常一样,为了进行重置,请单击右上方的设置图标(齿轮图标),然后选择"重置"。

现在需要决定一个版本方案。通常,测试期间的版本号应小于 1.0,例如 0.1,0.2,甚至是 0.2.12. 最终向公众发布时,则会开始使用 1.0 或 1.0.0。每次向任何人发布一个 build 时,都记得更改版本号,这一点非常重要。"版本"可以是任何字符串,例如 0.3BetaTest。

向公众发布时,可能需要开发一个自定义的图标和光标。这些设置都在版本设置的下方。另外还有一个"图标"区域,可以在那里覆盖默认图标。

<步骤 3> 展开"分辨率和演示"。如果正确进行了重置,现在的"全屏模式"应该是"全屏窗口"。

请自由探索"启动图像"(Splash Image)和"其他设置"。其中有许多设置项。但是,除非知道自己在做什么,否则最好不要管这些设置。而且,除非使用付费的 Unity 版本,否则也不能关闭 Unity 启动图像。

<步骤 4> 关闭 Project Settings 对话框。

<步骤 5> 单击 Build Settings 对话框中的"生成"按钮。创建一个新文件夹,名称自行决定,我们准备在其中生成游戏。单击"选择文件夹"。

整个构建过程应该不超过一分钟,具体取决于系统的速度。

<步骤 6> 在新建文件夹中找到 .exe 文件,双击它,这样就可以从操作系统中运行游戏。

游戏应该正常运行。现在,将这个 build 复制到其他系统并在那里尝试运行。

15.2 在不同平台上测试

在本节中,我们准备在一台典型的笔记本电脑上测试游戏。找一台 Windows 笔记本电脑,确保它已充好电,而且安装好了系统更新。

<步骤 1> 将整个 build 目录复制到一个 U 盘上。

大小应该在 75 MB 左右,这对于当今的游戏来说是相当小的。

<步骤 2> 将 U 盘插入笔记本电脑，在上面运行游戏。

注意游戏是否可玩。试着把游戏全部玩完。

<步骤 3> 让其他人在笔记本电脑上玩这个游戏，并尝试从他们那里得到反馈。必须向他们解释控制方法，因为这个游戏还没有做新手教程。

<步骤 4> 将 build 目录复制到另一个系统并在那里试玩。

这个过程能提供一些有益的反馈，包括自己在其他系统上玩游戏的体验，以及其他人玩游戏的体验。应该思考一下这些反馈，然后决定如何处理这个游戏。

与此同时，我们要回到自己的开发电脑，尝试用分析器来获得一些关于游戏性能的技术细节。

15.3 Unity 分析器

Unity 分析器允许你直观地了解自己的游戏在哪里花费时间。这可以帮助优化游戏性能。DotGame3D 不需要表现得更好，所以你并不真的需要这样做，但现在了解一下 Profiler 是很好的。这样你就可以在以后更复杂的游戏中准备好使用和理解它。

<步骤 1> 和往常一样，在 Unity 中加载 DotGame3D。

<步骤 2> 加载 Assets/Scenes 中的 3DLevel 6 场景。

<步骤 3> 窗口 – 分析 – 分析器。

随后会打开分析器窗口。把它移到另一个屏幕上；如果没有双屏幕，就把它移到一边。

<步骤 4> 玩 3DLevel 6 几秒钟，然后停止。

<步骤 5> 将分析器窗口最大化，将时间轴拖到中间，如图 15.1 所示。

可以在左上方看到“性能分析器模块”。

<步骤 6> 将鼠标悬停在窗口的上半部分，移动滚轮以看到所有分析器模块。

<步骤 7> 单击“内存”模块。

随后会显示关于内存使用情况的有用信息。在作者的游戏版本中，总使用内存是 424.3 MB。下方还显示了每个主要系统使用了多少内存。系统使用的内存约为 1 GB。

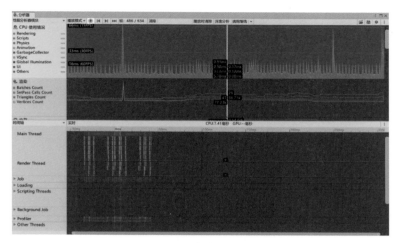

图 15.1　运行中的 Unity 分析器

　　如你所见，有很多信息都可以通过分析器获得，比平时需要的多得多。如果遇到性能问题，甚至是特别让人讨厌的 bug，可以考虑借助分析器来 debug。

　　关于分析器的更多信息，可以从《Unity 手册》开始，也可以在网上查找它的视频教程。

　　本节是对 Unity 分析器的一个快速介绍。你现在知道了它是什么以及如何运行它。运行分析器确实会降低游戏速度，但很轻微，所以即使它不完全精确，也仍然非常有用。

15.4　发布和事后总结

　　这是一个非常小的游戏。一旦知道如何玩，从头到尾玩一遍的话，2 分钟左右即可通关。显然，再增加 5~20 个较大的关卡会为游戏增色不少。但是，我们决定暂时到此为止，以后真的想继续开发这个游戏的时候再做考虑。

　　好消息是，这个游戏还是有点儿意思的。可以把它作为一个免费的 demo 来发布，为更大、更好的东西做广告。在此之前，需要列出已知的问题，然后根据这个清单进行完善。目前已知的问题如下。

- 缺少法律信息、版权信息和制作人员名单。
- 增加一个解释控制和游戏目标的文字场景。
- 早期的关卡需要更加有趣,彼此之间要有区别。
- 炸弹需要上移一点,这样它们就不会与地板相交。
- 炸弹爆炸声音太小。
- 书本之间需要更好地对齐。
- 箭在快速发射时有时会被卡住,而且是一个接一个地卡住。

这些问题其实是相当容易解决的。它们被留作读者的练习。

现在是做事后总结的时候了,让我们检讨一下游戏开发过程和游戏本身。"事件总结"的英文是 Postmortem,原意是"验尸",即由一屋子的医生进行检查,研究已故病人身上发生了什么,以及在治疗过程中哪些地方可以改进。

DotGame3D 起源于一个 2D 游戏,然后被重制为 3D 游戏。在这一过程中,我们学习了 2D 和 3D 游戏开发技术,以及在 Unity 中将 2D 游戏变成 3D 游戏的过程。该游戏相当简单和简短,非常适合学习 Unity 和游戏开发。控制感很好,游戏玩起来也有趣。虽然它还没有达到商业游戏的深度,但它达到了讲授 3D 游戏开发基础知识的目的。现在,我们已经准备好继续前进,制作一个更宏大的、原创的 3D 游戏。

第 II 部分　3D 冒险游戏

本书第 II 部分将从头开发一个 3D 冒险游戏。我们将继续熟悉 Unity 提供的工具和资源。和第 I 部分一样，将逐步完成游戏的构建。不过，步骤说明会变得更加简略，因为我们已经通过之前的学习积累了不少经验，现在做这些事情应该游刃有余了。

■ 第 16 章　FPS 和其他

　　本章将思考一个新游戏的概念，并为其创造一个简单的设计。目标是制作一个 FPS 风格的游戏原型，强调探索和解谜，同时还有一点射击的成分。将向朋友和家人发布这个原型，然后或许会将其投入生产。

16.1　FPS 游戏简史

　　如果不讨论 3D 游戏中最有影响力和最成功的类型之一"第一人称射击游戏（First-Person Shooters，FPS）"，那么任何关于 3D 游戏设计的书籍都是不完整的。FPS 因暴力而闻名，但这是一个很宽泛的游戏类型，可以完全没有暴力因素，也可以有很严重的暴力因素。另外，许多 FPS 游戏还和"射击"无关，一些故事性和冒险类型的游戏也可归于 FPS 游戏。就本例来说，你决定使自己要开发的游戏适合包括儿童在内的所有观众，所以基本没有暴力因素。

　　在潜心设计这个新作品之前，首先值得回味一下 FPS 游戏的历史。

<步骤 1> 在网上搜索"FPS 历史"，在搜索结果中阅读其中的一两篇文章。

　　　　如果你是一个狂热的、老资格的 FPS 玩家，那么或许已经知道这段历史了。但是，这里还是值得归纳一下。

　　　　游戏类型的术语经常变化，至少每十年就会更新一波。早在 1982 年，当 FPS 只是一个遥远的梦想时，当时最著名的游戏设计大师、互动叙事之父克里斯·克劳福德（Chris Crawford，中文名孔繁铎）① 在他的《电脑游戏设计的艺术》一书中写道，所有技巧和动作电脑游戏都属于以下类别之一：战斗游戏、迷宫游戏、体育游戏、挡板游戏、赛车游戏和其他杂项游戏。40 年来，我们已经走过了漫长的道路。或许可以说，40 年后，FPS 游戏也可能会像今天的迷宫游戏和挡板游戏一

---

① 译注：创办了游戏设计领域的第一本期刊，创立了游戏开发者大会。1997 年将互动叙事系统化技术专利化。1975 年毕业于美国密苏里大学，获物理学硕士学位。1979 年加入雅达利。1985 年为苹果的 Mac 制作了游戏《权力的平衡》。

样成为历史遗迹。引用尤吉·贝拉（Yogi Berra）[①] 的话，就是"做预测是很难的，尤其是对未来的预测"。

近年来，主机游戏大作都在支持第一人称视角的同时开始支持第三人称视角。这样能在画面中看到玩家角色。

这种游戏介于第一人称和第三人称之间，射击只是游戏玩法的一部分。无论如何，你决定使用 FPS 的一个广义定义：任何镜头紧跟玩家角色的游戏对你来说都是 FPS 游戏，即使游戏很少或没有射击，而且即使它看起来更像是第三人称游戏。

16.2　设计 FPS 冒险之旅

所有游戏设计都是从一个简短的概念描述开始的。本节描述了这个名为 FPSAdventure 的新游戏的概念。游戏的英雄在一个大型世界中探索，某些地方隐藏着密室。解决所有密室可以解锁最后的 BOSS 战来完成游戏。英雄开始时很弱小，但随着他们发现各种有用的装备，会变得越来越强大。

先从世界开始。我们面临的是一个制作大型世界的严酷现实：不能只是建造所有东西，并将其加载到一个场景中。如果这样做，那么要么耗尽内存，要么会使游戏卡成幻灯片。多年来，所有游戏开发者都不得不面对这个问题，并以多种方式解决它。

最常见的技术是将世界划分为多个板块（chunk），并且只显示靠近玩家的几个板块。然后，可以利用"雾"来隐藏那些没有加载到场景中的板块。解决该问题的另一个方法是在模型中使用 LOD（Level of Detail，细节级别）。这意味着你有多个版本的网格，并为远处的模型显示低清版本，而当它们走近时则显示高清模型。这看起来也许会辣眼睛，但如果做得仔细的话，效果会非常好。

当然，制作大型世界最简单的方法是简单地将游戏分成独立的关卡，并独立加载。这正是你在 DotGame3D 中采用的做法。只要每个关卡足够小，就不会有任何问题。

在当前这个游戏中，我们决定建立一个较大的地面世界。我们把它称为世界场景，划分成多个分块，并且只显示靠近玩家的那几块。还会尝试用雾来隐藏那些分块的显示与消隐。密室则使用它们自己的场景，并且足够小，当玩家进入时可以完整地加载。

为了直观地体会这一点，请参见图 16.1。

[①]　译注：出生于 1925 年，3 度入选美联赛最有价值球员，13 次帮助洋基队获得世界大赛冠军。1963 年退役后，转向管理以及担任教练。1972 年入选全美棒球名人堂。他还有一句名言："棒球 90% 取决于心理，其他的取决于体能。"

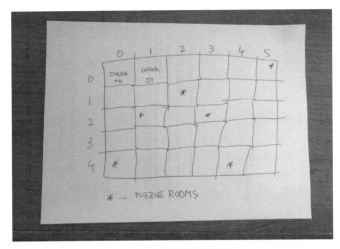

图 16.1　世界布局蓝图

　　星号是密室入口。我们准备创建 30 个分块，并像图中显示的那样把它们分布在一个 5×6 的网格中。还会在世界的边界外部区域放一些简单的几何体，例如一些沙丘或山丘。需要阻止玩家在世界的边界之外进行探索。大多数游戏处理这个问题的方法是简单地使这些地形变得无趣，并在进入边界地区达到某个距离后，放置一个无形的栅栏。还需要设计一个有云的天空盒，或许还要在远处布置一些山。

　　接着需要制作一些人物，包括主要的英雄人物和一些怪物。在做更一步的工作之前，需要为这些人物和游戏本身起名字。由于这是一个原型，所以我们故意使用一些糟糕的名字来作为开发期间的代号。游戏的名字是 FPSAdventure，主角是 MyHero。在网上快速搜索了一下，发现没有其他任何主流游戏在使用这些名字，所以暂时用它们是完全可以的。我们的计划是在投入生产前修改这些名字。这类似于为电影或小说起一个暂定名称。

　　由于是原型，所以准备使用预制角色。它们由 Unity 资源商店提供，或者由网上其他免费的 3D 角色来源提供。这会使开发更快、更容易。等游戏可以玩了，再来考虑如何以及何时为这个游戏中的人物创建原画。我们将重点放在游戏性上，而不是艺术风格上。

　　MyHero 的单一武器将是箭，这很像 DotGame3D 中的箭。它们将遵循一个略带抛物线的弧线，而不是 DotGame3D 中的线性路径。当箭击中怪物时，它将根据箭的速度造成伤害。箭的速度取决于 MyHero 的力量。

　　还将添加一些装饰性和功能性的游戏对象（物体），如建筑、椅子或动物等。环境应该是有趣和丰富的，我们将开发 MyHero 和环境之间的互动。例如，可以用箭射击一些游戏对象，以损坏它们或者移动它们。

　　密室将是游戏的主要组成部分，当一个谜题被解开时，MyHero 将获得重大的奖励。为了简单起见，每解决一个谜题，只需使 MyHero 的力量增加一个单位。我们打算在图形化的 GUI 叠加中显示力量。增加的力量将提高角色的能力，包括跳跃高度、跑步速度和箭的发射速度。

　　所有密室的目标都是通过以某种方式操纵环境来到达宝箱，以便一旦触摸到宝箱就能打开它。

　　现在，我们已经有了一个有点模糊和不完整的设计。接下来，我们将潜下心来着手开发。在此过程中，会获得更多的思路，并在游戏的外观和感觉上获得宝贵的反馈。在接下来的两章中，我们将构建世界，将 MyHero 放入世界，并创建一些游戏对象，这样就可以更好地体验这个游戏。

第 17 章　构建世界

刚开始开发一个全新的游戏时，通常最好先构建好环境，然后是几个角色，最后是基本的游戏性。如果到这个时候觉得不好玩，就取消项目，重新开始新的项目。相反，如果很喜欢这个游戏，并且愿意玩下去，那么极有可能会涌现出许多关于如何使游戏变得更大、更好的点子。

本章将通过尝试 Blender 和 Unity 中可用的世界构建工具来开始这一过程。目标是构建两个相当大的环境，一个使用 Blender 的地形工具，另一个完全在 Unity 中进行。然后，你将决定这两种方式哪一种更好，或许你会同时使用这两种方式。

17.1　使用 Blender 来生成地形

本节将尝试使用 Blender 的内置地形生成器。早在第 2 章，我们就使用 Blender 的 A.N.T. Landscape 插件为玩具车游戏制作了一个粗糙而简单的地形。本节将进一步探索这个插件。首先在 Unity 中建立项目。

< 步骤 1> 使用 Unity 2020.3.0f1 创建一个新的 3D 项目，命名为"FPSAdventure"。

本书之前使用的 Unity 也是这个版本。

< 步骤 2> 在 Assets 文件夹中创建以下子文件夹：Models、Scripts、World、Audio、Art 和 Prefabs。

在 Assets 文件夹中采用标准文件夹结构是个好习惯。一个好的规则是：总是把新的资源放到一个恰当的文件夹中。如果某样东西真的不适合放在任何地方，就为它创建一个新文件夹。从现在开始，你要把所有的文件夹名称大写，因为那样更好看。

< 步骤 3> 将 SampleScene 重命名为 WorldScene。

我们的计划是创建一个较大的世界，让单人角色在其中四处奔跑。每个密室都有自己的场景，另外还有一些 GUI 场景。

< 步骤 4> 保存并退出 Unity。

接下来的工作将在 Blender 中完成，所以可以暂时关闭 Unity。

<步骤 5> 打开 Blender 2.92.0，这和你之前使用的版本相同。

　　　　　注意，本书作者（也就是我）使用的是 2.92.0，所以你最好使用同一个版本。一般来说，在开发过程中避免升级工具是一个很好的策略——无论升级是多么的诱人。如果决定使用更高版本，例如 2.93.0 LTS，那么本书的步骤也应该能够工作，但插图可能不完全匹配，而且总是可能需要调整一两个步骤（例如，升级后的菜单布局可能发生了变化）。

<步骤 6> **文件 – 另存为**，导航到标题为 FPSAdventure 的新建 Unity 项目中的 Assets/World 文件夹，并另存为 world1.blend。

<步骤 7> 删除默认 Cube。

<步骤 8> **<Shift><A> 网格 – Landscape**。

　　　　　这一步假设你已经按照第 2 章的指示安装了地形插件。否则，请现在安装。

<步骤 9> 展开左下方 **Another Noise Tool – Landscape**。放大，将当前屏幕与图 17.1 进行比较。

<步骤 10> 折叠 A.N.T. 菜单，并再次展开。

　　　　　这只是为了体会界面是如何工作的。

<步骤 11> 单击 3D 视图上随便一个位置。

　　　　　菜单会消失，而且找不回来。必须再次按前述的步骤把它打开。

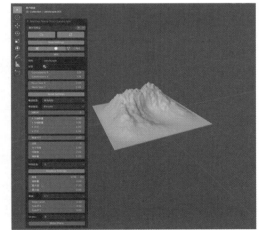

<步骤 12> 在"大纲"视图中删除 Landscape，再次 <Shift><A> 网格 – Landscape。

　　　　　Blender 记得我们上次打开了菜单，所以它又出现了。如果不小心在 3D 视图中点了一下，那么可能又要重复上述步骤了，所以要留意这一点。

图 17.1　A.N.T. – Landscape 菜单

<步骤 13> 试验一些（甚至全部）操作项预设。单击 + 和 – 按钮左侧的下箭头，然后探索这些预设。在你做这些试验之前，请确保 landscape 仍处于放大状态。

　　　　　如你所见，该插件提供了相当多的预设。选好一个预设后，还可以做一些调整。下面是一个例子。

< 步骤 14> 选择 Lakes 2 预设，将"噪波类型"更改为"Shattered hTerrain"，然后拖动"随机种"设置来尝试几个随机种子。

"随机种"设置是一个整数，它用于初始化随机数生成器。更改随机种子值会生成一个不同的地形，这样就能快速尝试几种不同的地形，直到找到自己喜欢的。

虽然你可能没有意识到，但只需敲几下键盘就会使 Blender 变慢甚至冻结。你需要注意这种潜在的、令人讨厌的情况，如以下步骤所示。

< 步骤 15> 选择 Canyons 预设。

< 步骤 16> 选择"线框"视图着色方式（wireframe viewport shading），并开启透视模式（X–ray），详情请参见图 5.5。

< 步骤 17> 将 Subdivisions X 和 Subdivisions Y 更改为"256"。

注意，在输入这些数字时，取决于系统的性能，可能会出现或长或短的延迟，如图 17.2 所示。

地形生成好之后，就不应该再有性能问题，尽管这可能取决于当前系统的图形能力。目前的设置将生成 65 025 个面。

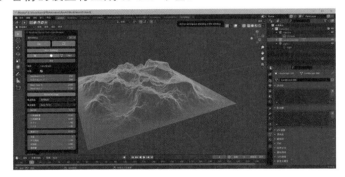

图 17.2　在 Blender 中进行压力测试

< 步骤 18> 警告：这个步骤可能会使系统冻结。以 2 的倍数增大 Subdivisions，直到你的系统需要 2 分钟以上的时间来生成地形。

这可能是 512~4096 的任何一个值。在系统上生成数百万个面时，所花的时间会非常长，甚至可能造成系统的冻结。在挑战系统的性能极限时，要做好电脑死机的准备，甚至可能需要断电重启，因为这或许是唯一的补救措施。3D 图形的世界就是这个样子！

接下来，让我们回归一个更合理的网格大小。

<步骤 19> 将两个 Subdivisions 都设为"128"。

计划是将其作为世界的边界地形。将使用纹理绘制工具来绘制雪峰、森林和岩石的颜色，使地形看起来更加真实。

<步骤 20> 文件 – 保存。

这是为了保存网格，以防需要从这个位置重新开始。接下来的几个步骤为纹理绘制做准备。

<步骤 21> 进入编辑模式。

<步骤 22> 在 UV Editing 工作区中，用鼠标滚轮放大两个面板，如图 17.3 所示。

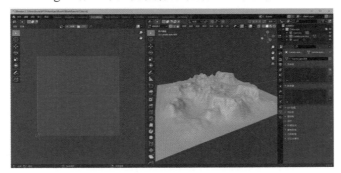

图 17.3　设置地形的纹理绘制

<步骤 23> 将鼠标悬停在右边的三维视图上，按 U 键显示"UV 映射"弹出菜单。

<步骤 24> 选择"展开"。

稍候片刻，左侧的面板（UV 编辑器）会显示展开的网格。

<步骤 25> 参考图 17.4 来放大 UV 编辑器。

<步骤 26> 选择"Texture Paint"工作区。选择"实体"（Solid）视图着色方式。像图 17.5 那样放大并平移。

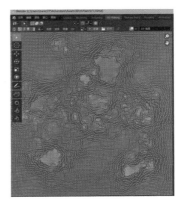

图 17.4　展开的地形网格

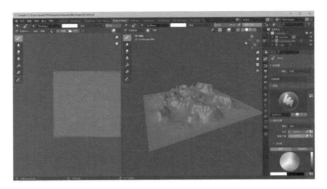

图 17.5　纹理绘制设置

地形目前是紫色的，因为它还没有分配纹理。确保你在右侧的属性编辑器中选择的是"活动工具和工作区设置"。注意，在"纹理槽"区域显示的是"没有纹理"。

<步骤 27> 单击"没有纹理"旁边的＋号，选择"基础色"。

<步骤 28> 将颜色设为深绿色，如图 17.6 所示。

<步骤 29> 单击"确定"。

如你所见，地形现在变成了深绿色。现在可以在 Texture Paint 窗口中绘制了。但是，等一下！你还需要设置 UV 绘制窗口。

<步骤 30> 在左侧的图像编辑器中，将鼠标悬停在"浏览要关联的图像"图标上。它在"图像"图标的右侧。

<步骤 31> 单击下箭头，然后单击 Material.001 Base Color。

<步骤 32> 利用鼠标滚轮缩小，以看清楚完整的 UV 图像。它应该是深绿色的。

图 17.6　设置纹理绘制的默认填充颜色

<步骤 33> 如有必要，在左上方选择"图像绘制"作为当前显示的编辑上下文，如图 17.7 所示（界面的本地化有误，请忽视）。

现在就可以进行纹理绘制了。当前绘制颜色是白色。

图 17.7　在 UV 编辑器中设置"当前显示的编辑上下文"

< 步骤 34> 开始在山峰上绘制一些雪。颜色可以在属性编辑器中更改。尽量在低海拔地
区使用绿色，在陡峭的高海拔地区为悬崖和岩石使用深灰色，中间用用一些
红棕色点缀。

不需要在这里获得最完美的效果。在看到游戏中的样子后，可以再考虑如何
修饰。图 17.8 展示了一个例子。

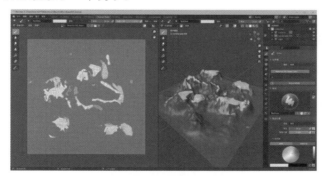

图 17.8　完成的纹理绘制

是的，完全能够做得更好一些，但这只是一个原型，所以这样已经不错了。

注意，在 UV 编辑器菜单中的"图像"旁边出现了一个星号，它表明图像已
被更改，可能需要保存。

< 步骤 35> 图像 * – 保存，使用默认设置。

随后会在 Assets/World 文件夹中生成一个 png 文件。这就是需要在 Unity 中
与网格关联的纹理文件。

< 步骤 36> 在"布局"工作区使用"渲染"视图着色方式查看网格。

不用担心这个模型的小缺陷。如果决定使用它,以后会解决这些问题。到生产的时候,这个模型或许会被更高分辨率的版本代替,但目前用它占个坑还是不错的。

< 步骤 37> 保存并退出 Blender。

如你所见,A.N.T. Landscape 插件非常适合快速制作一个细节丰富的网格。当然,在 Blender 中还有许多其他生成地形的方法。如果有兴趣,可以在网上搜索其他技术,包括真实世界数据、雕刻或者使用过程纹理(Procedural Texture,PT)作为高度图(Height Maps)。

下一节将使用 Unity 来查看这个 Blender 文件。

17.2 Unity 中的 Blender 地形

本节要为刚才在 Blender 中创建的地形创建多个副本。

< 步骤 1> 在 Unity 中打开 FPSAdventure 项目。

< 步骤 2> 选择 Assets/World 文件夹中的 world1。

< 步骤 3> 在"检查器"窗口中,将"缩放系数"更改为 10,取消对"导入相机"和"导入灯光"的勾选。单击"应用"。

< 步骤 4> 将 world1 拖放到"层级"。

< 步骤 5> 鼠标悬停在"场景"窗口,按 F 键来执行一次 Frame Selected(框定选定的对象,并使其居中)操作。此时的效果如图 17.9 所示。

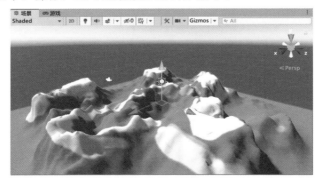

图 17.9 Unity 中的 Blender 地形

接着要做一次初步的性能测试，看 Unity 是否能处理这个地形的 10 个副本。

<步骤 6> 在"层级"中，使用 <Ctrl>D 生成 world1 的 9 个副本，将这些副本分散开，使它们不要重叠在一起。

<步骤 7> 最大化"场景"视图，如图 17.10 所示。然后取消最大化。

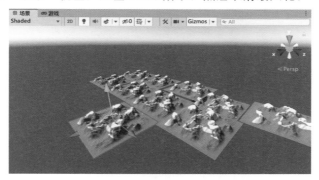

图 17.10　10 个地形拷贝

<步骤 8> 选择"Main Camera"，再选择**游戏对象 – 对齐视图**。

<步骤 9> 在"游戏"窗口中，选择"状态"和"播放时最大化"。

<步骤 10> 测试游戏，并观察统计数据。

系统此时要显示 150 万个三角形，并且可能获得不错的帧率。作者我的系统是每秒 600 帧以上。你的帧率可能有所不同，具体要取决于系统的性能。任何超过 60 的帧率都是可以接受的。

是不是想做些什么来进行压力测试？如果愿意，可以做一个临时实验。在"层级"中全选，取消选择相机和灯光，然后按 <Ctrl>D 复制 10 个地形的 10 个副本，从而得到超过 100 个地形。再次运行游戏，就需要生成 1500 万个三角形，这样一来速度几乎肯定会慢下来，尽管仍然可能超过 60 fps。

<步骤 11> 在"层级"中只保留一个 world1 对象，其他都删除。

<步骤 12> 保存。

到目前为止，这个世界构建只是一个简单的练习。你计划在后台使用 world1 对象及其副本。接着，让我们研究一下 Unity 中的地形工具。

17.3　使用 Unity 生成地形

Blender 并不是创建地形的唯一方法。在 Blender 中，可以使用它提供的工具，完全以自己希望的方式制作自定义地形，但这可能非常耗时。Unity 提供了一个很好的替代方案。

扫码查看

本节的灵感来自 UGuruz 的 YouTube 视频 "How to Make Beautiful Terrain in Unity 2020"（如何在 Unity 2020 中制作漂亮的地形）。截至 2023 年 5 月，该视频在两年多的时间里观看次数已超过 249 万。记住，这些访客大多是游客，只有像你这样真正敬业的开发人员才能真正完成它。这段视频的长度超过 16 分钟，但为了重复视频中的工作，你需要的时间比这长得多。在尝试执行本节中的步骤之前，请务必先看一下视频，尽管这不是必须的。

第一个可能遇到的麻烦是从 Unity 资源商店获取必要的资源。虽然不太可能，但以下步骤所描述的资源可能不再可用。它们可能已经搬家了，或者已经改名了。如果出现这种情况，请访问 franzlanzinger.com，并在本书的资源部分查找替换链接。也可以联系作者，他（就是我）会很乐意帮助你。

在 Unity 中构建新的地形之前，需要准备好地形纹理、树木网格和草地纹理。地形将由一些连绵起伏的山丘组成，山丘上有高大的树木、茂盛的草和花。然后，要在这些山丘上雕刻出一个土路网络。玩游戏时，游戏角色能在这种地形中漫步，和树木发生碰撞，但最重要的是，，他们能在地形中自由漫步。放置树木时，应注意避免让树木出现在路径上——虽然如果某处的路径上有一两棵树，也不是什么大不了的事情。

对我来说，这实现了我大约 20 年前的一个梦想，当时我在本地的一个公园里徒步旅行，它就有类似的景观。当时我想，或许在遥远的未来，有可能创建一个看起来像这样的 3D 游戏。令人惊讶的是，现在不仅有可能，而且在家里也很容易创建一个这样的游戏，并直接在现成的系统上运行。

< 步骤 1> 在 Unity 仍然加载了 FPSAdventure 的情况下，选择窗口 – **包管理器**。

< 步骤 2> 选择窗口 – **资源商店**，单击 Search online。

　　　　随后会在浏览器中打开 assetstore.unity.com，用你的账号登录。

< 步骤 3> 搜索 A Dog's Life Software 开发的 Outdoor Ground Textures。

< 步骤 4> 下载并用包管理器导入该免费资源。

注意，这个包有 300 多兆字节，下载可能需要一定导是。在导入时，请选择所有纹理。

< 步骤 5> 在 Assets 文件夹中找到 ADG_Textures。尝试一下 DemoScene。

示例场景显示了 14 种纹理。这会使你对这个包的内容有一个概念。观察这些纹理文件。注意，每个纹理都由一个材质和五个图像文件组成：环境（ambient）、漫反射（diffuse）、高度（height）、金属（metallic）和法线（normal）。这是 PBR 纹理的常见设置。关于 PBR 纹理的更多信息，请自行在网上搜索。不需要知道这是如何工作的，只需要知道在 Unity 渲染过程中使用 PBR 着色器将五个纹理相互叠加显示。PBR 纹理往往显得很真实，特别是对光照变化的响应。

< 步骤 6> 从资源商店获取 FORST 开发的 Conifers [BOTD]。

如果愿意，可以看一下这个包的文档。这是一个讲得相当全面和深入的 PDF 文件，名为 Conifers [BOTD] Documentation.pdf，位于 Assets/Conifers [BOTD] 的顶层。另外，绝对值得尝试一下它的演示场景。位置是 Conifers {BOTD}/Render Pipeline Support/Built–in RP/Demo/Conifers Cast。选择该场景并播放，会看到四棵树对风的反应——非常酷！

< 步骤 7> 从资源商店获取 ALP8310 开发的 Grass Flowers Pack Free。

和之前一样，寻找一个演示并运行它，会看到一片漂亮的花花草草在风中摇曳。

接着需要创建一个较大的地形。先为它创建一个新场景。

< 步骤 8> 在 Assets/Scenes 文件夹中新建一个场景，命名为 UnityTerrain。

< 步骤 9> 如图 17.11 所示，选择**游戏对象 – 3D 对象 – 地形**。

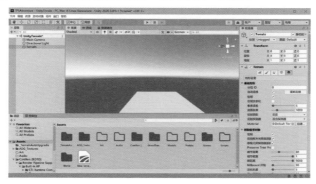

图 17.11　在 Unity 中设置地形

需要调整一下"场景"视图，右侧的"检查器"显示了对 Unity 地形系统进行设置和调整的选项。我们将在这里构建地形。先来看看 Terrain 区域的设置。

< 步骤 10> 单击"检查器"的 Terrain 区域的设置图标，即一排五个图标最右边的那个齿轮图标。

在靠近底部的"网格分辨率"区域，注意地形的默认长度和宽度是1000×1000。这有点大。由于数值通常以米为单位，所以这个地形的大小是 1 千米 ×1 千米。目前暂时不去管它，但以后取决于性能统计数据，可能需要把这个地形变得更小一些。

这还不算是一个地形。与其像在 Blender 中那样过程式地（用程序）生成地形，还不如用这个工具来手动雕刻它。

< 步骤 11> 选择左起第二个"绘制地形"图标，然后在它下方选择 Raise or Lower Terrain（抬高或降低地形），如图 17.12 所示。

现在可以看到 12 个画笔，还有供设置画笔大小和不透明度的滑块。

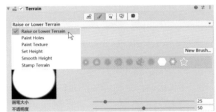

图 17.12 在 Unity 中设置"绘制地形"

< 步骤 12> 通过在地形中拖动画笔来实验不同的画笔、画笔大小和不透明度。

这里有一些小技巧。可以按住 <Shift> 来降低地形。要重新开始，只需用使用第一个画笔和一个大的"画笔大小"将整个地形降低到零。可以和往常一样用 <Ctrl>z 撤销。有用的键盘快捷键包括按 [ ] 切换画笔大小，按 -= 切换画笔不透明度。

< 步骤 13> 画一个类似于图 17.13 的地形。

Unity 的一些额外的地形工具也许会有用。为此，首先需要启用预览包。

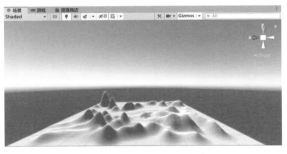

图 17.13 地形绘制完成

< 步骤 14> 编辑 – 项目设置，然后选择"包管理器"。

< 步骤 15> 在 Advanced Settings（高级设置）区域，勾选 Enable Preview Packages（启用
预览包）。

< 步骤 16> 窗口 – 包管理器，在"Unity 注册表"中搜索"Terrain Tools"，安装这个包。同
时从资源商店获取 Terrain Sample Asset Pack。

这个包将为地形系统提供额外的画笔（翻译为"笔刷"）和功能。安装好
之后，键盘快捷键就不同了。为了改变画笔大小，需要按住 S 键再移动鼠标。

< 步骤 17> 实验一下新的画笔和新的功能。在此期间，请随意改变地形。注意需要再次
选择 Raise or Lower Terrain。

接着，让我们引入一些纹理。

< 步骤 18> 还是"绘制地形"区域，从图 17.12 所示下拉菜单中选择 Paint Texture。

在步骤 16 安装了 Terrain Tools 之后，这个下拉菜单加入了不少额外的选
项。不过，Paint Texture 选项一直都有。

< 步骤 19> 展开"图层"区域，会显示一个警告，提醒你当前还没有任何图层。

这是对的。毕竟，目前还没有创建任何图层。接下来，我们将添加几个图层，以
便在其中绘制地形。这个过程与本章前面提到的 Blender 中的地形纹理绘制非常
相似。

< 步骤 20> 单击 Add Layer（添加图层），选择有 Moss 字样的那个，并关闭弹出窗口。

随后会自动将苔藓应用于整个地形。下面需要做一些调整。

< 步骤 21> 在检查器中双击刚才添加的苔藓图层名称。现在，可以在检查器中看到它的
一些设置。

< 步骤 22> 将"平铺设置"中的"大小"更改为（50, 50），并将正常比例更改为 3，如
图 17.14 所示。

< 步骤 23> 使用鼠标右键和 WASD 键，紧贴着地形飞行，看到非常详细的苔藓纹理，如
图 17.15 所示。

虽然这看起来不错，但需要把它删除，转而创建自己的草地纹理。

图 17.14　向地形应用苔藓纹理

图 17.15　苔藓纹理近观

< 步骤 24> 在"层级"中选择 Terrain,在检查器中选择 Paint Texture,然后单击下方"图层"区域中的 Remove Layer,并确认你接受由这个图层更改的"泼溅贴图"(splatmap)数据。

　　"泼溅贴图"是单一的控制纹理,它可以控制多纹理材质(比如刚才删除的苔藓材质)中其他纹理的组合。简单地说,这个操作会失去在前几步所做的调整。

　　不用担心,本项目不再需要它们,而且它们也很容易重新创建。欲知这方面的详情,请上网搜索"纹理 splatting"。

< 步骤 25> 在"创建新层"区域,将新图层重命名为 MyGrass,单击"创建 ...",并选择 ground6_Diffuse。关闭弹出窗口,在"检查器"中双击 MyGrass,然后单击"法线贴图"区域的"选择"按钮,选择 ground6_Normal。

< 步骤 26> 将"平铺设置"的大小更改为 20×20,如图 17.16 所示。

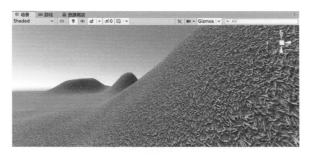

图 17.16　自定义草地纹理

<步骤 27> 创建一个"立方体"3D 对象，将 Y 缩放设为 2。

该立方体用于模拟地形中的一个人类角色，以便对人物比例有一个概念。它相当于 2 米高的一个人。

<步骤 28> 将立方体移至地形中央比较平的一个地方，使它和地形齐平。

这个立方体的位置大致在（500，10，500）。可以利用鼠标右键 +WASD 飞行来寻找合适的地点。注意，纹理缩放目前是关闭的，所以要做下面的步骤。

<步骤 29> 选择 MyGrass 图层，将"平铺设置"改回初始值，即 2×2，如图 17.17 所示。

接着要创建一个地面纹理，步骤和草地纹理相似。

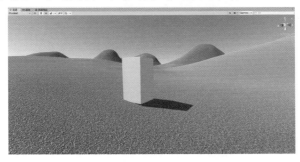

图 17.17　模拟草地上的一个人类角色

<步骤 30> 在"层级"中选择 Terrain，在"检查器"中选择 Paint Texture，创建一个名为 MyGround 的新图层，并选择 ground1_Diffuse。

<步骤 31> 双击 MyGround，并像之前那样在"检查器"中添加名为 ground6_Normal 的"法线贴图"。

<步骤 32> 在"层级"中选择 Terrain，在"检查器"中选择 MyGround 图层。

< 步骤 33> 在 Brush Mask 区域中，从"笔刷"列表中选择第二个笔刷，将"画笔大小"更改为 6，并在立方体附近画一条小路，如图 17.18. 所示。

图 17.18　用 MyGround 图层画一条小路

< 步骤 34> 继续绘制横跨整个地形的一个路径图。由于地形较大，所以可能需要一段时间。最终的效果如图 17.19 所示。如果你的路径图看起来不一样也没关系。

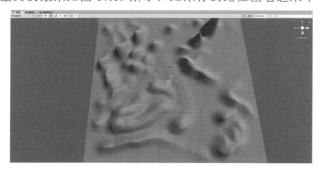

图 17.19　路径图

一定要观察一下立方体附近的路径特写。按 F 键寻找立方体。或许这不应该再被称为立方体，因为它不是一个立方体！你会情不自禁把它叫"冰箱"……

< 步骤 35> 将立方体对象重命名为 PlayerBlock 并保存。

这个世界看起来有些荒，来些树怎么样？

< 步骤 36> 在"层级"中选择 Terrain，然后选择"绘制树"，这是"检查器"Terrain 区域图标条的中间那个图标。

可以看到，目前还没有定义任何树木。幸好，本节前面已经下载一些非常漂亮的树木。

<步骤 37> 在"树"区域单击"编辑树 ..."，然后选择"添加树"。

<步骤 38> 在弹出的"添加树"窗口中，单击 Tree Prefab（树木预制件）的靶心图标，选择 PF Conifer Medium BOTD（中型针叶树）。关闭弹出窗口，然后单击 Add。

现在可以用画笔在地形中放置树木。

<步骤 39> 尝试用画笔放置树木。更改画笔大小和树密度，体验不同的效果。

<步骤 40> 单击"大量放置树"来放置 10 000 棵树。刚才做实验的树木不予保留。在开启"状态"（统计信息）的情况下运行游戏，检查帧率。

如果感觉相机视角比较奇怪，可以通过先选定 PlayerBlock，再按 F 键做一次"框定当前选定对象"，调整，然后为主相机做一次"与视图对齐"来设置一个你喜欢的视角（先在"层级"中选定"主相机"，再按组合键 Ctrl–Shift–F）。

虽然这些树的效果不错，但除非配置的是高端显卡和系统，否则可能会导致低帧率。所以，让我们再试一次，但这次要使用光秃秃的树，避免占用那么多的图形资源。

<步骤 41> 单击"编辑树 ..."，选择"添加树"，添加名为"PF Conifer Bare BOTD"的树。

<步骤 42> 选择刚才添加的树，再通过"大量放置树"来放置 10 000 棵树。

同样，以前的树木不予保留，再次检查帧率。

现在要好得多。在大多数游戏电脑上，你会看到超过 60 fps 的画面。作者在 Nvidia 2060 显卡和相当慢的 I5 CPU 上得到了大约 200 fps，如图 17.20 所示。

哇，这个场景有 300 万个三角形，以 170 fps 运行。这其实是算力财富的一种令人尴尬的局面。几年后，这个指标就可能会显得稀松平常。作为游戏开发者，要牢记过不了多少年，电脑的性能就可能会成倍地提高。

这里做的只是一些非常初步的性能测试。为了获得真实的游戏性能指标，你需要有一个能实际运行的游戏，而不是仅在 Unity 内部运行。不过，对现阶段的状况有一个大致的体验还是不错的。

图 17.20　一万棵树中的一部分

注意，有的树"长"在我们绘制的土路上，我们接着要解决这个问题。

< 步骤 43> 先找到 PlayerBlock，从这里开始沿着路移动。每当看到路上有一棵树，就通过按 <Shift> 键来移除它。这时使用一个较小的画笔会更容易。

沿着整个路径网络做完这件事可能要花一两个小时，所以只需练习几分钟就可以了，把这项工作放到生产时完成。这毕竟只是一个原型。

接着要学习如何添加一些雾。

< 步骤 44> 窗口 – 渲染 – 光照。把这个窗口拖动到检查器旁边。

< 步骤 45> 在"光照"窗口中选择"环境"标签页。

< 步骤 46> 勾选"雾"，将颜色更改为一种浅绿色，将"强度乘数"更改为 0.002。效果如图 17.21 所示。

在开发过程中，一旦游戏中的所有图形都就位，就会开始对雾进行调整。就目前来说，增加一点雾有助于获得更真实的外观体验。

图 17.21　雾

接着，是时候添加一些花花草草了。是的，当前已经有了一个草地纹理，但如果有细节更丰富的花花草草，地形会显得更好看。

< 步骤 47> 回到 PlayerBlock 的位置，选择 Terrain，然后在检查器中选择"绘制细节"，这是 5 个 Terrain 图标的第 4 个。

和刚才的树木一样，目前还没有定义任何"细节"对象。

< 步骤 48> 单击"编辑细节…"，再单击"添加草纹理"，为 Detail Texture 选择 grass02。

< 步骤 49> 将 Healthy Color 和 Dry Color 调成某种较深的颜色。

< 步骤 50> 将 Max Height 更改为 1，将 Min Height 更改为 0.2。单击 Add。这些设置随时都可以退回去编辑。

< 步骤 51> 开始绘制一些刚才定义的草。试验不同的画笔设置。将"不透明度"和"目标强度"调得低一点或许会有帮助。最终的效果如图 17.22 所示。

图 17.22　添加草的细节

当这些细节远离相机时，它们会渐渐消失。试试吧！

这种草纹理工作方式类似于粒子系统。每块草都是一个四边形，它的纹理显示了一些植被。这个四边形默认始终面对相机，这称为"billboarding 技术"[①]。试着开启或关闭 Billboard 选项，看看有什么不同。

在场景中添加草地的一个更昂贵但效果更好的方法是使用草地网格。作为一个可选的练习，请从资源商店加载 Flooded Grounds，其中就有草地网格。这需要下载 1 GB 的数据，如果觉得下载量太大的话，可以暂时跳过。

---

① 译注：所谓 billboarding（广告牌）技术，原理就是计算出一个始终朝向相机的面片，这样无论从什么角度都能看清楚画面。

资源商店有额外的纹理和网格可供试用。许多都是免费的或价格很便宜的，所以，只要花点功夫，就可以在自己的游戏中制作一个非常漂亮的地形。

很明显，这个地形系统比 Blender 的 A.N.T. 景观插件要好。因此，我们决定搁置 Blender 的地形，只使用 Unity 的地形。另外，最初的想法是创建 30 个拼接的地形，这过于复杂了。如果要建立 30 个与刚开始建立的这个地形大小和范围都相似的地形，那么工作量显得太大了。

<步骤 52> 保存。

本节构建了适合进行试验的一个不错的地形。下一节将添加一个更好的天空盒。

17.4　天空盒

天空盒是一个大的立方体，其纹理是朝内的。纹理用一个数学公式拉伸，使盒子内部看起来就像天空一样。如果天空盒构建正确，将无法看到盒子的边缘。Unity 资源商店有各式各样的天空盒可供选择。目前，我们使用的是非常简单的内置默认天空盒。现在是时候从资源商店下载一些更好的天空盒回来了。

<步骤 1> 从 Unity 资源商店下载并导入 Wello Soft 开发的 10 Skyboxes Pack: Day – Night。

<步骤 2> 进入"光照"窗口，单击"环境"。

<步骤 3> 单击"天空盒材质"右侧的靶心图标，选择以 Sky 开头的材料之一，例如 SkyCloudy。整个过程就是这么简单，效果如图 17.23 所示。

图 17.23　多云的天空盒

现在，你已经有十个天空盒可供选择，这已经足够了。稍后会做出最终的天空盒选择。另外，完全可以自己制作天空盒。Unity 手册对于如何制作自己的天空盒有明确的说明，但使用别人制作的天空盒要容易得多。

可以考虑学习一下如何调整光照以配合自己的天空盒。下面是一个例子。

< 步骤 4> 选择 SkyMorning 天空盒。

< 步骤 5> 在"层级"中选择 Directional Light，然后调整定向光的旋转，使树的阴影远离黄色太阳。尝试以（10, 90, 0）作为旋转设置的起点。效果如图 17.24 所示。

图 17.24　日出

< 步骤 6> 保存并退出 Unity。

本章讲述了如何构建一个相当大的游戏世界的一部分。工作还没有完成，因为还有更多的东西需要添加。这个世界并不只是一个有路径的森林。下一章将向其中添加一些游戏对象，当然，还有游戏的主角 MyHero。

第 18 章　角色控制器

在这一章中,我们将为这个 3D 冒险游戏创建一个角色控制器。角色控制器(character controllers)包含的代码可以读取控制器的输入,并根据这些输入在游戏世界中移动和旋转角色。

首先从 Unity 资源商店获得一个免费的、预制的角色。以后可考虑用其他角色代替它,甚至可以创建自定义的角色。Unity 包含一个"角色控制器"类,但那只是一个起点。需要自己编写代码,使角色按照自己想要的方式行事。

本章的内容和 PabloMakes 的 YouTube 视频 "Character Controller in Unity"(Unity 角色控制器)保持相当的一致性。Pablo 的这个视频是用一个稍旧的 Unity 版本和一个不同的 Unity 布局制作的。可以考虑先观看那个视频,再按本章的步骤进行操作。当一切都正确无误,而且认为自己都搞懂了之后,可以再看一遍视频以巩固对整个过程的理解。当然,也可以像往常那样直接按照本章的步骤进行。

注意,虽然本书的代码与视频中的代码相似,但有相当多的变化和调整,所以在输入代码时一定要仔细参照书中的内容而不是视频中的内容。人物看起来也会很不一样,因为是在上一章中新构建的地形中工作,而不是在 Pablo 的背景世界中工作。

18.1　从资源商店导入一个角色

本节要从 Unity 资源商店获取免费角色 Ellen。我们的计划是未来用另一个角色取代 Ellen,但现在 Ellen 是一个很好的占位符。它的下载大小为 357.99 MB。下载和安装可能需要数分钟。和以前一样,这具体要取决于你的网速和系统性能。

< 步骤 1 > 打开 FPSAdventure 项目,然后去资源商店获取 3D Game Kit 及 Character Pack。只导入其中的 Ellen。在单击"导入"后的弹出窗口中先取消勾选 Characters,再勾选 Ellen 即可。

完成导入后,在 Assets 文件夹中找到 3D Game Kit – Character Pack/Characters/

Ellen/Models 子文件夹中的 Ellen。现在，Ellen 就是游戏的英雄，名字是 Ellen 而不是 MyHero。

< 步骤 2> 将 Ellen 拖到场景中的 PlayerBlock 旁边。

< 步骤 3> 将定向光的旋转设为 (20, 90, 0)，并与图 18.1 进行比较。

图 18.1　Ellen

　　旋转定向光的目的是获得更好的照明和阴影。如果愿意，可以对灯光旋转进行其他调整。

　　Ellen 目前处于 T 型姿势。人形角色通常一开始就以这种姿势呈现。导入这个角色时，同时获得了几十个 Ellen 的动画。我们只准备使用其中的几个。但在处理 Ellen 的动画之前，要先创建角色控制器，这样就能在地形上移动 Ellen，并有一个相机跟随她。

　　说到相机，这里将再次用到 Cinemachine。本书第 I 部分已经下载了它，但由于这是一个不同的项目，所以还需要把它安装到当前项目中。

< 步骤 4> 在包管理器中，选择"包：Unity 注册表"，找到 Cinemachine 并安装它。

　　如果安装时报错，注意要先暂停游戏的 Play 模式。安装很快就能完成，因为本书第 1 部分已完成了它的下载。如果之前跳过了，或者当前在另一台电脑上，没问题，只要在安装前先下载它。注意，不需要导入示例场景。

　　在 Unity 的顶部菜单中，注意"组件"和"窗口"之间多出了一个 Cinemachine 菜单 ①。这表明 Cinemachine 已经完成安装，可以开始使用了。

< 步骤 5> **Cinemachine – Create FreeLook Camera**。

---

① 译注：从版本 2.7.1 开始，这个菜单已经移动到"游戏对象"菜单下。另外，创建的相机的名称变成"FreeLook Camera"。因此，后文提到的所有"CM FreeLook1"实际上都是"FreeLook Camera"。

<步骤 6> 在"层级"中选择 CM FreeLook1，在"检查器"中滚动以探索其各种设置。

可以看到，这个虚拟相机有三个夹具，分别为 TopRig、MiddleRig 和 BottomRig。它们是三个同心圆，一个是靠近 Ellen 脚下的小圆，一个是在她头上的大圆，还有一个是在 Ellen 上方的更大圆。虚拟相机在这三个圆圈中移动。Orbits（轨道）部分列出了这三个夹具，如果愿意，可以在这里调整它们的设置。目前，我们决定使用默认设置。

为了使相机工作起来，需要先设置好 Follow 和 Look At。

<步骤 7> 将 Follow 设置为 Ellen，将 Look At 设置为 Ellen_Neck。通过移动鼠标来测试游戏，如图 18.2 所示。

图 18.2　使用 BottomRig 轨道的 Cinemachine 相机

移动鼠标时，会感觉到上述三个轨道的存在。还不能移动 Ellen，只能移动相机。

<步骤 8> 取消对 PlayerBlock 的勾选。

可能永远不会再用到这个对象，但为了预防万一，取消对它的勾选会更方便。这样就可以很容易地重新找回它，迅速回到世界的中心。

<步骤 9> 选择 Ellen，在"检查器"中单击"添加组件"，在搜索框中输入并选择"角色控制器"。

这个控制器使用了一个胶囊碰撞体，它应该包裹住角色。游戏中发生的碰撞都是与这个胶囊发生的，而动画只是起着装饰用途。需要调整角色控制器的设置，让它更适合 Ellen。

<步骤 10> 将"中心"的 Y 值设为 0.85，半径设为 0.3，高度设为 1.7，如图 18.3 所示。

现在，我们已经准备好写一个脚本，让 Ellen 响应控制而移动。

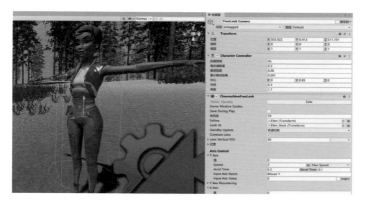

图 18.3　为 Ellen 调整角色控制器

18.2　移动角色

本节将编写一个相当完善的角色控制器脚本。第一个目标是在没有动画的情况下让 Ellen 在地形上移动。

< 步骤 1> 为 Ellen 新建一个脚本，命名为 ThirdPersonController。和往常一样，将新脚本移动到 Assets/Scripts 文件夹。

从现在起，为了节省篇幅，代码清单中不再列出三个默认的 using 语句。我们假定这三个 using 语句仍然位于文件的开头。

< 步骤 2> 为 ThirdPersonController 输入以下代码：

```
public class ThirdPersonController : MonoBehaviour
{
    CharacterController MyController;
    // Start is called before the first frame update
    void Start ()
    {
        MyController = GetComponent<CharacterController>();
    }
    // Update is called once per frame
```

```
    void Update ()
    {
        float x = Input.GetAxisRaw("Horizontal");
        float z = Input.GetAxisRaw("Vertical");

        Vector3 movement = new Vector3(x, 0, z);
        MyController.Move(movement * Time.deltaTime);
    }
}
```

< 步骤 3> 阅读代码并尝试理解它。

　　　　　这一步对你来说应该已经很熟悉了。和第 I 部分描述的一样，先读取输入，再创建一个名为 movement 的 vector。在 Unity 中，Y 轴指向上方，所以移动通常发生在 X–Z 平面。这里加入了 Time.deltaTime 调整，使代码与帧率无关。

< 步骤 4> 在 Visual Studio 中保存代码并测试游戏。用 WASD 或方向键移动 Ellen，同时用鼠标移动相机。

　　　　　祝贺你！在运行游戏的时候，人物终于能在这个大型世界里移动了。不过，还存在不少问题，需要一个一个地解决。首先要解决的是移动速度问题。她走起来太慢了。

< 步骤 5> 添加一个名为 Speed 的 public float，把它设为 5.0f，并将 MyController.Move 一行改为下面这样：

```
    MyController.Move(movement * Speed * Time.deltaTime);
```

< 步骤 6> 测试游戏。让 Ellen 多走几步以体验效果。移动时用鼠标调整相机。试试箭头键、WASD 和手柄。撞一棵树试试。

　　　　　和树的碰撞令人满意。另外，Ellen 可以上山，但向下移动时，高度保持不变，导致 Ellen 会飞起来。本章稍后的"重力"一节会解决这个问题。

　　　　　接着将改进代码，使 Ellen 在相机坐标系而不是世界坐标系中移动。这对玩家来说会感觉更自然。

< 步骤 7> 在顶部的 public 部分插入下面这一行：

```
    public Camera MyCamera;
```

< 步骤 8> 将最后的 MyController.Move 一行更改为以下两行代码：

角色控制器 ■ 267

```
Vector3 rotatedMovement = MyCamera.transform.rotation * movement;
MyController.Move(rotatedMovement * Speed * Time.deltaTime);
```

上述代码使用相机的旋转来旋转 movement vector。

为了旋转 vector3，需要把它乘以 rotation。

<步骤 9> 在 Visual Studio 中保存代码。然后，在 Unity 的 "检查器" 中，将 Ellen 的 My Camera 设为 Main Camera。

<步骤 10> 测试。

好像差不多了。如果用鼠标旋转相机，那么 Ellen 会根据上下控制来远离你和朝你移动。不过有一个问题。将相机指向上方并移开时，Ellen 并不会停留在地面上。这需要使用一个不同的旋转，如下个步骤所示。

<步骤 11> 用以下代码替换 Update 函数：

```
void Update ()
{
    float x = Input.GetAxisRaw("Horizontal");
    float z = Input.GetAxisRaw("Vertical");

    Vector3 movement = new Vector3(x, 0, z);
    Quaternion cameraYrotation =
        Quaternion.Euler(
            0.0f,
            MyCamera.transform.rotation.eulerAngles.y,
            0.0f);
    Vector3 rotatedMovement = cameraYrotation * movement;
    MyController.Move(rotatedMovement * Speed * Time.deltaTime);
}
```

函数最开始的语句和之前一样，但这也是解释我们所做修改的最简单的方式。新代码将相机旋转的 x 和 z 部分清零，只留下 Y 旋转，然后将其应用于 movement vector。

<步骤 12> 再次测试。

这一次，只要呆在地形的平坦部分。Ellen 就会在走动时留在地面上。当然，这并没有解决重力缺失的问题，但如前所述，这会在稍后得到解决。

接下来，我们要让 Ellen 面对她的移动方向。

<步骤 13> 在 Update 函数的末尾插入以下三行代码：

```
float angleOfMovement = Mathf.Atan2(rotatedMovement.x,
rotatedMovement.z); angleOfMovement *= Mathf.Rad2Deg;
transform.rotation = Quaternion.Euler(0.0f, angleOfMovement, 0.0f);
```

上述代码计算 rotatedMovement vector 的相对于 X 轴的角度，将其转换为度数，然后使用欧拉角为 Ellen 设置旋转四元数。*= 将 angleOfMovement 乘以转换系数 Mathf.Rad2Deg，其中的 "Rad2Deg" 是内置的 180/pi 浮点数。这是必要的，因为 Mathf.Atan2 返回弧度，而 Quaternion.Euler 函数要求度。

<步骤 14> 核实 FreeLook 相机在 Orbits 区域的 Binding Mode（绑定模式）是 Simple Follow with World Up。

根据你的 Unity 使用历史，这可能已经设置好了，否则请现在修改。

<步骤 15> 测试。

现在，除非 Ellen 停下来，否则她始终面向移动方向。为了处理她停下来的情况，请采取以下步骤。

<步骤 16> 用以下 if 语句包围最后三行：

```
if (rotatedMovement . magnitude >0.0f )
{
    // three lines of code go here //
}
```

<步骤 17> 再次测试。

这一次，Ellen 会一直面对最近的 rotatedMovement vector。可以按住上箭头键，然后用鼠标引导 Ellen 行走。

注意，在改变方向时，Ellen 的旋转非常生硬，所以进行以下编码，使用 Mathf.Lerp 线性插值函数使这个过程变得平滑起来。

<步骤 18> 插入一个新的 public float，命名为 RotationSpeed，默认值为 15.0f。

<步骤 19> 在 Start 函数的上方插入以下代码：

```
float mDesiredRotation = 0.0f;
```

下面将进行编码，将实际旋转平滑地过渡为目标旋转（mDesiredRotation）。

< 步骤 20> 将 Update 函数底部的 if 语句替换成以下代码：

```
if (rotatedMovement.magnitude >0.0f)
{
    mDesiredRotation = Mathf.Atan2(rotatedMovement.x, rotatedMovement.z);
    mDesiredRotation *= Mathf.Rad2Deg;
}
Quaternion currentRotation = transform.rotation;
Quaternion targetRotation = Quaternion.Euler(0.0f, mDesiredRotation, 0.0f);
transform.rotation = Quaternion.Lerp(
    currentRotation,
    targetRotation,
    RotationSpeed * Time.deltaTime);
```

最后一个语句占据了 4 行，它使用 Lerp 函数将当前旋转向目标旋转方向推移。这是使生硬的过渡变得平滑的一种常用技术。RotationSpeed 变量用于控制推移的幅度。

< 步骤 21> 用不同的 RotationSpeed 值进行测试。

一个非常高的 RotationSpeed 会退化（是的，这是正确的技术术语）成为之前的急剧旋转变化。低的 RotationSpeed 虽然可以，但会感觉人物比较迟钝。15 这个值似乎最合理。现在，可以只用手柄轻松地在地形上移动。

注意，Ellen 在沿对角线移动时会覆盖更多的地面。例如，当同时按住上箭头右箭头键时，movement vector 的长度约为 2 的平方根，或者约为 1.41。这是一个 bug，但容易通过以下方法解决。

< 步骤 22> 用下面这个新版本替换 movement 的声明和初始化：

```
Vector3 movement = new Vector3(x, 0, z).normalized;
```

内置函数 normalized 会将输入 vector 的长度更改为 1，同时保留角度。例如：

```
(3.0f, 0.0f, 4.0f ).normalized == (0.6f, 0.0f, 0.8f ).
```

< 步骤 23> 测试，注意 Ellen 现在会以恒定的速度移动，无论她面朝的方向如何。

总的来说，控制感觉非常流畅，特别是在用手柄的时候。

< 步骤 24> 保存。

下一节将为 Ellen 制作动画。

18.3 停、走、跑动画

就本节的主题来说，最困难的部分之前其实已经完成了。我们已经为角色创建（实际是下载）了基本的动画循环。对于初学者来说，现在真正需要的就是人物 idle（停下来）时和 walk（行走）时的动画。其实 idle 动画也是可有可无的，但这种动画在当前几乎每个游戏中都会用到，所以如果角色没有 idle 动画，那么看起来会有一些奇怪。

< 步骤 1> 选择 Ellen，然后在 Animator 组件中，撤销对"应用根运动"（Apply Root Motion）的勾选。

这个"应用根运动"功能会自动使用动画动作来移动游戏对象。但是，由于我们已经在使用脚本来移动游戏对象了，所以需要把它关闭。

< 步骤 2> 在 Art 文件夹中创建一个"动画器控制器"，命名为 EllenAnimC。

< 步骤 3> 在 Ellen 的"检查器"中，选择 EllenAnimC 作为 Animator 组件组件中的"控制器"。

< 步骤 4> 双击 Assets/Art 文件夹中的 EllenAnimC。

< 步骤 5> 解除动画器窗口的锁定，并将其拉伸至与图 18.4 一致。

这就是动画器的起始设置。它目前还什么都不能做。可以通过运行游戏来验证这一点。这种测试称为"冒烟测试"（sanity test）[①]，目的是确保在之前的步骤中进行的修改没有破坏任何东西，即使这些修改实际上在游戏进行时没有造成任何可供检测的变化。在对自己的项目进行不熟悉的修改时，经常进行冒烟测试是一种好习惯。

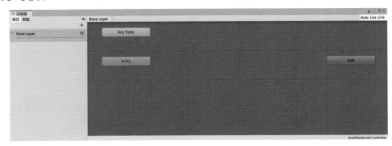

图 18.4 EllenAnimC 的动画器窗口

---

① 译注：也译为"可用性测试"和"健壮性测试"。这种简单的测试测得全面而粗略，会检测或验证某些特定的错误，但不会全部测出所有潜在的错误。

<步骤 6> 在动画器窗口中右击，创建状态 – 空。

<步骤 7> 单击 New State，在检查器中选择 EllenIdle 作为 Motion。

现在运行游戏，即使在地形上移动 Ellen，也能看到 EllenIdle 动作。

<步骤 8> 在动画器窗口中选择"参数"标签页，添加一个名为 Speed 的 float 参数，保留默认值 0.0。

<步骤 9> 在检查器中将 New State 重命名为 Movement。动画器窗口将显示新的名字。

<步骤 10> 右击 Movement，选择"在状态中创建一个新 Blend Tree"。

<步骤 11> 双击 Movement 来查看 Blend Tree。

可以通过一个滑块来调整 Speed 参数，它目前的值是 0。我们的思路是：Ellen 的脚本将根据 Ellen 的物理速度来设置 Speed 参数。我们采用的约定是：0 表示 idle（停），0.5 表示 walk（走），1.0 表示 sprinting（跑）。动画器控制器将使用由脚本决定的 Speed 参数，并使用它来运行三个动画的混合：Idle、Walk 和 Sprint。现在，将在动画器窗口中设置 Blend Tree 来实现这一思路。

<步骤 12> 单击 Blend Tree，查看它的检查器。

<步骤 13> 确保混合类型是 1D，即一维。

<步骤 14> 在 Motion 区域添加三个"运动域"，分别使用 EllenIdle、EllenWalkForward 和 EllenRunForward 作为运动，结果如 18.5 所示。

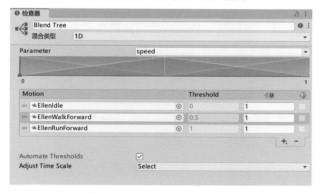

图 18.5 Ellen 的 Blend Tree

<步骤 15> 在 Blend Tree 检查器的底部放大预览窗格，单击"运行"图标，在动画器窗口中滑动 Blend Tree 中的速度。

会开始显示 Ellen 的混合动画，范围从速度为 0 时的空闲，为 0.5 时的行走，一

直到为 1 时的跑动。这几个阈值可以在检查器中调整,但保留当前的默认设置就好。

在这里,有一个非常好的方法来直观地理解混合的工作原理。例如,将速度设置为 0.1,会看到 Ellen 在做她的空闲动画,但同时又非常缓慢地向前走。检查器的 Parameter 区域显示了一个图表。

< 步骤 16> 打开 ThirdPersonController.cs,在顶部的声明区域插入以下代码:

```
Animator MyAnimator;
```

< 步骤 17> 在 Start 函数的末尾插入下代码:

```
MyAnimator = GetComponent<Animator>();
```

< 步骤 18> 在 Update 函数的末尾插入以下代码:

```
// Animation code
if (rotatedMovement.magnitude >0.0f )
{
    MyAnimator.SetFloat("Speed", 1.0f );
} else
{
    MyAnimator.SetFloat("Speed", 0.0f );
}
```

< 步骤 19> 测试。

动作有点生硬,但确实可以工作。这段代码没有充分利用混合的优势,只是急剧地从 0.0 过渡到 1.0。和之前一样,接下来的改动将使用 Lerp 函数使这个过程变得平滑。

< 步骤 20> 在顶部插入以下声明:

```
public float AnimationBlendSpeed = 2.0f;
```

< 步骤 21> 在 Start 函数的上方插入以下代码:

```
float mDesiredAnimationSpeed = 0.0f;
```

< 步骤 22> 用以下代码替换刚才添加的动画代码:

```
// Animation code
if (rotatedMovement.magnitude > 0.0f)
{
mDesiredAnimationSpeed =  1.0f;
} else
```

```
{
mDesiredAnimationSpeed =  0.0f;
}

float actualAnimationSpeed;
actualAnimationSpeed =  Mathf.Lerp(
    MyAnimator.GetFloat("Speed"),
    mDesiredAnimationSpeed,
    AnimationBlendSpeed *  Time.deltaTime
    );
MyAnimator.SetFloat("Speed", actualAnimationSpeed);
```

actualAnimationSpeed 变量是只使用一次的局部变量。是的，可以去掉这个变量，并直接把它的求值结果置换到 SetFloat 调用中，但这真的不会使代码更高效。使用这个局部变量后，代码的可读性更好。

<步骤 23> 测试。

这样就好多了。接下来，我们将添加一个奔跑键来控制人物的跑动和行走。

<步骤 24> 用以下语句替换 Speed 的声明：

```
public float Speed = 2.0f ;
public float RunSpeed = 6.0f ;
```

警告！这将改变一个 public 变量的默认值。一旦进行了这样的修改，就需要在检查器中做同样的修改。最好现在就做，以免将来忘记。

<步骤 25> 在 Visual Studio 中保存 .cs 文件，然后选择 Ellen 并更新检查器中的 Run Speed 和 Speed 设置，如图 18.6 所示。然后，回到 Visual Studio 执行后续步骤。

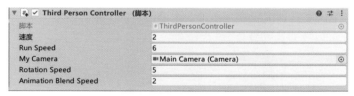

图 18.6　Ellen 的 public 变量默认设置

<步骤 26> 在 Start 函数的上方插入以下代码：

```
bool mRunning = false ;
float mSpeed;
```

<步骤 27> 在 Update 函数最开始的两个 Input 语句后插入以下代码:

```
mRunning = Input . GetButton("Fire1");
```

这个 Fire1 按钮是在默认的"输入管理器"设置中指定的("编辑"菜单中的"项目设置")。它相当于左 <Ctrl> 和手柄上的按钮 0。可以考虑将 Fire1 重命名为 Run Button,但现在可以稍微偷懒一下。或许会在生产环境中这样做。

<步骤 28> 将 MyController.Move 语句替换成下面这样:

```
mSpeed = mRunning ? RunSpeed : Speed;
MyController . Move (rotatedMovement * mSpeed * Time . deltaTime) ;
```

上述代码会响应 Fire1 按钮来加快 Ellen 的移动。

<步骤 29> 将 mDesiredAnimationSpeed = 1.0f 语句替换成下面这样:

```
mDesiredAnimationSpeed = mRunning ? 1.0f : 0.5f;
```

虽然看起来有点奇怪,但上述代码做了正确的事情。它根据 bool 变量 mRunning 的值将动画器中的 Speed 参数设为正确的数值。

<步骤 30> 用手柄和键盘上的箭头键测试游戏,记得按 Ctrl 加速。

哇,我们的进展还是不错的!构建这个角色控制器花了不少功夫,而且革命尚未成功。下一节将开始添加重力,这是一个早就该实现的功能。

18.4 重力

本节的内容很短,但很有趣。我们将添加一个名为 mSpeedY 的变量,它用于跟踪角色的垂直速度。当 Ellen 静止时,垂直速度为零。但是,当她在地形上方移动时,由于重力的影响,她的垂直速度将变成负值。这里使用的是地球的重力加速度 –9.8 m/s。但如果愿意,完全可以改变这个数值。

<步骤 1> 在 Start 函数之前插入以下代码:

```
float mSpeedY = 0.0f;
float mGravity = -9 .8f ;
```

<步骤 2> 在 Update 函数最开始的几个 Input 语句后插入以下代码:

```
mSpeedY += mGravity * Time.deltaTime;
Vector3 verticalMovement = Vector3.up * mSpeedY;
```

<步骤 3> 将 MyController.Move 函数调用替换如下：

```
MyControl ler . Move ( (verticalMovement +
rotatedMovement * mSpeed) * Time. del taTime) ;
```

<步骤 4> 测试。

除了一些过于陡峭的地方，Ellen 现在可以在整个地形上奔跑。当她向下移动的时候，新的重力代码使她向地形表面移动。

Ellen 在爬较陡峭的山时，她的脚往往会消失。这与胶囊碰撞体有关。下面的小改动解决了这个问题。

<步骤 5> 选择 Ellen，在 Character Controller 组件中，将中心 Y 改为 0.9，中心 Z 改为 0.1。

<步骤 6> 再次测试。

现在，效果已经够好了。做一次真正的重力测试，让 Ellen 从斜坡上跳下来。

<步骤 7> 在 Ellen 附近创建一个立方体，旋转设为（−25, 0, 0），缩放设为（1, 1, 10）。

这样便可以在 Ellen 附近创建一个坡道。使用 F 键找到这个坡道并加以调整。

<步骤 8> 让 Ellen 走上坡道并跳下，如图 18.7 所示。在不重启游戏的情况下多试几次。

图 18.7　Ellen 准备上坡道起跳

注意，随着时间的推移，她的下降速度会越来越快。这是一个容易被忽视的 bug，原因是从 mSpeedY 一直没有重置。为了验证这一点，一个简便的方法是在检查器中使用调试模式。

<步骤 9> 在游戏窗口中关闭"播放时最大化",在检查器中单击右上方三个点的菜单,并从中选择"调试",如图 18.8 所示。

在当前选择 Ellen 的前提下,会看到底部的内部变量,其中包括 M Speed Y。

<步骤 10> 测试游戏,在调试检查器中观察 M Speed Y。

果然,它一直在变大,越来越大。这并不是你的本意。幸好,有一个简单的方案可以用来解决这个问题。

<步骤 11> 在 Update 函数中,在计算 verticalMovement 的语句之前插入下面的语句:

```
if (MyController.
isGrounded) mSpeedY = 0.
0f;
```

<步骤 12> 再次测试,核实 M Speed Y 现在大多数时候都保持在 0 或者接近 0。

再次从斜坡上跳下来几次。

<步骤 13> 保存。

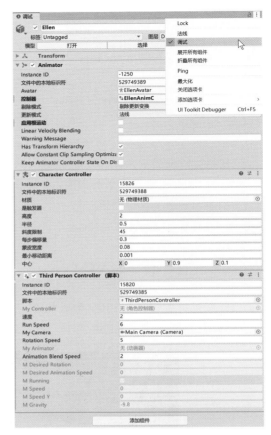

图 18.8 检查器的调试显示

现在,我们已经有了一个相当不错的角色控制器,可以在地形上移动玩家角色。虽然工作量有点大,但这是学习 Unity 3D 游戏开发的一条必经之路。毕竟,这正是你在本书的目标。

目前仍然不算一个真正的游戏,所以下一章将引入游戏性,开始和敌方角色进行互动。在此之前,要先探索一下来自 Unity 资源商店的 3D Game Kit。

第 19 章　第一个可玩的游戏

　　在这一章中，我们将制作一个真正可玩的游戏。目前，角色已经能在一个相当大的关卡中移动了。从这个意义上讲，它已经可以玩了。但是，它现在还不能算是一个真正的游戏。还缺少很多元素，所以这似乎是一个很高的要求。在继续做我们的开发之前，要先完成一个辅助任务。我们注意到，Ellen 是 Unity 3D Game Kit 这个游戏套件的一部分，后者是一个非常全面的、免费的 demo 游戏。应该先尝试一下这个，尽管它的下载量是 2GB。我们将探索这个游戏套件，并尝试将一些合适的移植到自己的游戏中。现在，我们已经有了 Ellen，或许 3D 游戏套件的其他一些东西也是有用的。

19.1　3D Game Kit

　　3D Game Kit 最初由 Unity 发布于 2018 年，目的是展示当时 Unity 的一些新功能。它相当于一个公开发布的商业游戏，有漂亮的图形、出色的资源、代码、音频、GUI 等。它很值得我们深入探究，即使它的宣传口号是"无需编码就能制作游戏"。虽然这确实是事实，但我们完全能看到幕后的代码，并希望能在自己的 FPSAdventure 中利用它的一部分内容。

< 步骤 1> 确保当前项目中的一切均已保存，退出 Unity。

< 步骤 2> 为 FPSAdventure 做一个备份。

< 步骤 3> 和之前一样，使用 Unity 2020.3.0f1 在 Unity Hub 中新建一个 3D 项目，命名为 GameKitTest。

< 步骤 4> 在资源商店中搜索 3D Game Kit。本书使用 2021 年 4 月 9 日发布的 1.9.4 版本。如果这个版本不可用，那么使用较新的版本应该也是可以的。

< 步骤 5> 下载并安装 3D Game Kit。

　　　　　这可能需要不少时间（约 1 小时）。下载 2GB 的内容花的时间或许不多，但下载完成后的导入时间会比下载时间长很多。幸好，这个事情只需要做一次，而且整个过程不用在旁边守着。

< 步骤 6> 浏览一下"控制台"。

这里会有一些消息说根据情况添加了一些额外的包。

< 步骤 7> 保存并退出 Unity，再次启动项目。

这一步只是为了看看是否有任何错误，并体会保存和加载需要多长时间。幸好，整个过程应该很快。

< 步骤 8> 探索 Assets/3DGamekit 中的文件和文件夹。阅读 Readme 文件。

< 步骤 9> 开启"播放时最大化"，然后加载 3DGamekit/Scenes 文件夹中的 Start 场景。

< 步骤 10> 播放游戏，看一下初始菜单，如图 19.1 所示。

图 19.1　3D Game Kit 的主菜单：The Explorer

你看到和听到了什么？先不要碰那些控件。一定要把音频打开。

会听到非常棒和大气的背景音乐。这不是你自己能制作的东西。左下角有一个外星怪物的动画。这是一条鱼吗？还有一些发光的昆虫随机地飞来飞去。屏幕正中央是一个菜单，有三个选项：Start（开始游戏）、Options（选项）和 Exit Game（退出游戏）。

< 步骤 11> 尝试用鼠标退出游戏。

注意，箭头键不起作用。这个菜单要求使用鼠标。手柄也不起作用。从一个菜单选项移到另一个选项时，会发出清脆的单击声。

< 步骤 12> 再次运行游戏。这一次尝试一下 Options。

这是一个有意思的菜单界面。右侧滚动显示了一个漂亮的"制作人员"屏幕。把制作人员清单放到这里其实是一个不错的思路，因为一开始就能看到，而不必在玩家通关后才能看到。有趣的是，这个游戏的制作人员超过了 10 个。

< 步骤 13> 单击 Controls。

这里用一个文本文件显示了游戏的控制方式。如我们所料，这是一个只用鼠标和键盘控制的游戏。鼠标用于观察场景，而鼠标左键（LMB）是近战攻击。也可以使用通常的 WASD 键来移动，空格键用于跳跃。没有提到可以用左向 <Ctrl> 键跑动。可以自己在游戏中试试。

< 步骤 14> 单击两次 Back，然后开始游戏。

会看到一个加载屏幕，然后出现游戏角色。如果耐心等待一会儿，会发现 Ellen 在播放她的 idle 动画（和 FPSAdventure 的一样）。如果还是不动，会播放一些"我很无聊"动画。我们似乎来到了一个陌生的外星世界里。哦，前面已经显示了游戏的名字：The Explorer。

左上角有五颗心。也许它们代表玩家的生命。现在是时候开始探索了。

< 步骤 15> 用鼠标观察四周，然后开始用 WASD 键移动。试试近战攻击。另外，尝试使用箭头键和手柄。

近战攻击似乎不起作用。就像在 FPSAdventure 中一样，箭头键和手柄都能用。另外，现在似乎被卡在游戏中了。没有明显的指示说明如何离开游戏。

< 步骤 16> 试着按 <esc> 键。

好吧，确实可以，但游戏真的应该说清楚怎么操作。图 19.2 显示了暂停时显示的菜单。

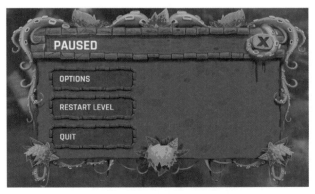

图 19.2　在游戏中暂停

< 步骤 17> 单击右上方的 X。

果然，我们重新回到了游戏中。

< 步骤 18> 再次暂停，这次选择 Restart Level（重新启动关卡）。

图 19.3　启动 The Explorer 的第一关

又一次来到了开头，如图 19.3 所示。

现在，我们已经准备好真正玩游戏了。在现实生活中，我们会立即投入游戏，而不会对菜单进行仔细分析。但在目前这种情况下，由于我们是游戏开发者，所以不只是为了好玩而玩这个游戏。相反，需要探究它，把它和自己的工作进行比较。另外，由于能接触到所有源代码，所以要在心头记下自己可能用到的系统，例如它的菜单系统。

< 步骤 19> 稍微玩一下游戏。如果你晕 3D 的话，那么不要玩得太久，

遗憾的是，这个游戏对某些人来说确实可能会晕 3D，所以如果你觉得有点晕，请停下来，过一天后再玩。原因可能是相机由鼠标控制，而不是跟随玩家。例如，如果你像作者一样容易晕 3D，那么在玩 FPSAdventure 时可能没问题，但在玩 The Explorer 时就会有问题。但是，即使确实有晕 3D 的问题，也不要让它阻止你成为一名游戏开发者。只要不玩那些让你感到眩晕的游戏就行。开发 3D游戏时，注意调整相机的运动，这是最可能导致晕 3D 的原因。

The Explorer 游戏有两个关卡。第一关只需找到一个地下城的入口，然后就进入了第二关。第一关是一个带有天空盒的开放世界关卡。第二关是一个内部解谜关卡，非常像我们要在 FPSAdventure 中做的密室。我们通过打开几扇门到达第二关的入口，同时努力保持存活。这个游戏被设计得对有经验的玩家来说非常容易，对初学者来说则可能有点难度。

现在，我们对这个游戏已经有了一个基本的认识，接着将使用 3D Game Kit的内置工具来制作自己的关卡。为了学习如何做到这一点，我们将通过 learn.

unity.com 提供的众多教程中的一个来进行。首先阅读下面的说明，然后继续到步骤 20。

现在，我们已经完成了最难的部分，即下载和安装 3D Game Kit。注意，在介绍视频中，有一些过时的评论。不，3D Game Kit 不再需要下载 4GB 的东西，目前只有 2GB 了。另外，资源商店在 Unity 2020.3 中看起来是不同的。不要按照介绍视频中的指示。你最好只是观看和吸收。视频结束后，我们将开始教程的互动部分。

<步骤 20> 访问 learn.unity.com，用自己的 Unity Id 登录，将语言设为英语并搜索 The Explorer。选择 The Explorer: 3D Game Kit。整个教程需要 4 小时 40 分钟。我们将从第一部分 Quick Start（快速入门）开始，它只需要 1 小时 15 分钟。不要忘记将 Unity 版本设为 2020.3。先观看 13 分钟的介绍视频，然后完成"快速入门"后续的教程。

<步骤 21> 可选：完成 Walkthrough（演练）教程，并探索 learn.unity.com 上的其他许多教程。

<步骤 22> 保存并退出 Unity。

多探索一下 learn.unity.com 上的内容是很有益的。那些教程一度是付费内容，但现在已经对所有人免费。甚至还有一个经验值系统可以跟踪学习进度。

在对 3D Game Kit 有了充分的了解之后，我们对如何继续 FPSAdventure 项目有了一些新的思路。我们将引入一些怪物，还将创建一些建筑，使这个世界变得更有趣。还将学习如何让怪物角色使用导航网格（navmesh）来帮助它们在你的关卡中游荡。

下一节将在 Unity 资源商店和 Mixamo 中搜索怪物，并将其引入我们要开发的游戏。

19.2 怪物

本节将构建一个小的测试场景，并用它显示和测试怪物。我们准备从 Unity 资源商店获取一个怪物，从 Mixamo 获取另一个。

<步骤 1> 加载 FPSAdventure，然后玩一小会。

已经有一段时间了，所以再玩玩这个游戏，重新认识一下当前的开发状况。Ellen 仍然在一个有斜坡的大森林里。当前场景是 UnityTerrain。为了方便起见，我们准备创建一个测试场景。

<步骤 2> 在 Assets/Scenes 中新建一个场景并命名为 TestEnemies，然后选择它。

<步骤 3> 创建一个平面，重命名为 Ground，并按 F 键来显示它。

<步骤 4> 用 (3, 1, 3) 缩放 Ground。

<步骤 5> 进入 Assets/ADG_Textures/ground_vol1/ground6，将 ground6 拖放到 Ground。

<步骤 6> 删除 Main Camera。

<步骤 7> 保存这个场景并加载 UnityTerrain 场景。

<步骤 8> 选择 Ellen，然后按下 <Ctrl> 并选择 Main Camera 和 CM FreeLook1，再按 <Ctrl>c。

<步骤 9> 回到 TestEnemies 场景，在"层级"中单击，按 <Ctrl>V。

<步骤 10> 将 Ellen 移到 (0, 0, 0)，按 F 键。

<步骤 11> 测试。

现在，Ellen 可以在测试场景中移动，Cinemachine 相机和角色控制器按照之前在 UnityTerrain 中开发的方式工作。我们为引入更多的角色搭好了舞台。

<步骤 12> 从 Unity 资源商店获取 VK GameDev 开发的 Monster Orc。

可以在 Assets/Monster_Orc(Troll) 中找到安装好之后的兽人怪物。

<步骤 13> 如果愿意，可以尝试一下 Demo_Scene。

会看到两个版本的兽人，它们离得有点远。一个有动画，另一个没有。

<步骤 14> 回到 TestEnemies 场景，把刚才说的文件夹下的 Prefabs 子文件夹中的 monster_orc 预制件拖放到地面上的 Ellen 附近。

<步骤 15> 测试游戏并与图 19.4 进行比较。

兽人呆在一个地方，做一连串动画，一个接一个。在让兽人按照我们希望的方式行动之前，让我们先获取另一个角色，这次是来自 Mixamo.com。

Mixamo.com 提供了丰富的免费资源。用一个免费的 Adobe 账户登录，然后立即就能获得 100 多个 3D 人形模型和 2000 多个动画。仅仅是走马观花看一下它们就会觉得有趣。所有动画都兼容于所有 Mixamo 角色。我们准备选择其中一个角色并将其引入场景，同时配上相应的 idle 和 walk 动画。

图 19.4　Ellen 遇见兽人

<步骤 16> 创建一个免费的 Adobe 账户并用它登录 Mixamo.com。

<步骤 17> 探索一下网站提供的人物和动画，只是为了好玩。

<步骤 18> 单击 Characters，选择 Maw J Laygo 角色。

　　　　　为了帮助找到这个角色，可以搜索 Maw。它应该是第一个搜索结果。

<步骤 19> 单击 Animations，搜索 walk with swagger，选择三个搜索结果中的第一个。

<步骤 20> 勾选右侧的 In Place，如图 19.5 所示。

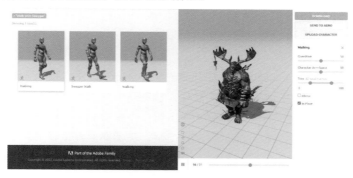

图 19.5　Maw swagger 动画

可以用鼠标滚轮放大动画。右侧提供了一些设置。Overdrive（超速）控制动画速度，Character Arm–Space（角色手臂空间）控制手臂摆动幅度。Trim（修剪）允许在动画的开始或结束时删除或添加动画帧。有些动画相当长，所以 Trim 在这种情况下会很有用。对于这个动画，保持默认设置就好。

<步骤 21> 单击 Download。格式请选择 FBX for Unity (.fbx)，选择 With Skin。再次单击 Download。记住下载的文件在系统中的存储位置。

下载位置取决于浏览器设置。一个常见的位置是标准的"下载"文件夹。

<步骤 22> 搜索 standing short idle，单击 Download。选择 Without Skin，保持 FBX for Unity 格式，再次单击 Download。

由于没有包括皮肤（只有模型），所以这个下载内容只有 400KB 左右，而不是 13 MB。

<步骤 23> 再下载一个 Zombie Punching 和一个 Zombie Running 动画。一定为 Zombie Running 动画勾选 In Place。

现在，我们有了一个令人印象相当深刻的角色，有四个可怕的动画。我们在 Mixamo 上的任务完成了，所以现在可以退出该网站。

<步骤 24> 在 Assets 中新建一个名为 MixamoCharacter 的文件夹，将你刚刚下载的四个 bx 文件复制到该文件夹中。可以直接将文件拖放到其中，也可以在 Unity 中右击 MixamoCharacter 文件夹，选择"在资源管理器中显示"。然后可以利用操作系统的功能，用 <Ctrl>c <Ctrl>v 来复制文件。

<步骤 25> 在 Assets/MixamoCharacter 中寻找右下角的滑块。把它一直滑到最左边。

文件名很长，所以这个滑块方便我们看到完整名称（不包括 .fbx 扩展名）。

<步骤 26> 单击 maw_j_laygo@Walking，在检查器中选择 Materials。

在检查器底部的预览窗格中，可以看到当前没有这个对象的材质。为了完成材质和纹理设置，请采取以下步骤。

<步骤 27> 在 Assets/MixamoCharacter 中新建一个 Textures 文件夹和一个 Materials 文件夹。

<步骤 28> 再次选择刚才的行走动画，然后在检查器中单击"提取纹理 ..."。

<步骤 29> 选择 Textures 文件夹，然后在弹出窗口中单击 Fix Now 命令。

现在，预览窗格中会显示纹理。但是，仍然需要提取材质。

<步骤 30> 在检查器中单击"提取材料 ..."，然后选择 Materials 文件夹。

随后会在控制台窗口中显示一个错误。忽略这个错误，并在心里记下，如果

未来在使用这个模型时出现任何问题，可以回过头来调查这个问题。

< 步骤 31> 在检查器中单击 Animation 标签，并在预览窗格中播放动画。

你会看到你的角色在原地行走。接下来，我们将为这个模型制作一个 Avatar。

< 步骤 32> 在检查器中单击 Rig 标签，将动画类型更改为"人形"。

单击"应用"。

< 步骤 33> 将 maw_j_laygo@walking 拖到场景中，放到 Ellen 和兽人旁边。

如果现在玩游戏，maw 这个角色不会有动画，原因是尚未设置动画器控制器。

< 步骤 34> 在 MixamoCharacter 文件夹中新建一个"动画器控制器"。把它命名为 MawAnimationController。

随后会出现一个光秃秃的"动画器"窗口，其中包含 Any State 和 Entry。

< 步骤 35> 选择这个新的动画器控制器，从项目窗口将 maw_j_laygo@Walking 拖放到动画器窗口。

< 步骤 36> 在"层级"中选择 maw_j_laygo@Walking，然后在检查器中将 Animator 组件中的"控制器"设置为 MawAnimationController。

< 步骤 37> 在项目窗口中选择 maw_j_laygo@Walking，在检查器中单击 Animation 标签，然后在检查器中勾选 Walking 动画下方的"循环时间"。

< 步骤 38> 在检查器中单击"应用"。可能需要向下滚动才能看到该按钮。

< 步骤 39> 测试游戏，如果一切顺利，你将会看到 Maw 在原地行走，如图 19.6 所示。

下一节将让这些怪物做一些基本的运动。目标是使其缓步走向 Ellen。

图 19.6　Maw 原地行走

19.3　怪物移动

本节将为兽人和 Maw 构建角色控制器。首先添加移动逻辑，然后才是动画。本章后面将使用一个导航网格（navmesh）来引导怪物的移动。

<步骤 1>　选择 monster_orc 并将其重命名为 enemy_orc。

<步骤 2>　将 enemy_orc 拖放到 Assets/Prefabs 文件夹，出现提示时选择"原始预制件"。

<步骤 3>　在"层次"中选择 enemy_orc，在"检查器"中为它添加一个"角色控制器"组件。

<步骤 4>　调整中心 Y 为 1.0。

<步骤 5>　为 pemy_orc 预制件添加一个新脚本，命名为 OrcScript。将 OrcScript 脚本从 Assets 文件夹移动到 Assets/Scripts 文件夹并在 Visual Studio 中进行编辑。

<步骤 6>　为 OrcScript 脚本输入以下代码并测试。

```
public class OrcScript : MonoBehaviour
{
    public float speed = 1.0f ;
    CharacterController MyController ;
    // Start is called before the first frame update
    void Start()
    {
        MyController = GetComponent<CharacterController>();
    }
    // Update is called once per frame
    void Update()
    {
        MyController.Move(Vector3.forward * speed * Time.deltaTime);
    }
}
```

对于角色控制器来说，这是最简单的代码了。兽人直接以 1.0f 的速度向前移动。无论怎么移动，动画都会按顺序运行。在这里，我们希望兽人立即进入他的行走动画。下面通过为它创建一个新的动画器控制器来做到这一点。

<步骤 7>　在 Assets/Prefabs 中新建一个"动画器控制器"，把它命名为 enemy_orc_controller。

<步骤 8> 在"层级"中选择 enemy_orc，然后在 Animator 区域单击"控制器"旁边的 Monster_orc。

<步骤 9> 在项目窗口中双击 Monster_orc。在"动画器"窗口中放大，如图 19.7 所示。

<步骤 10> 选择底部的 Monster_anim|Walk 框，右击并从弹出的快捷菜单中选择"复制"。

<步骤 11> 在 Assets/Prefabs 中找到 enemy_orc_controller，在"动画器"窗口中右击，然后选择"粘贴"，结果如图 19.8 所示。

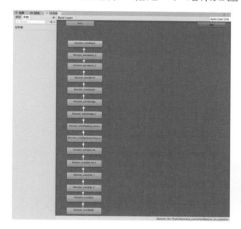

图 19.7　Monster_orc 动画器控制器

图 19.8　把行走放到 enemy_orc_controller 中

<步骤 12> 在"层级"中选择 enemy_orc。在检查器中，将 Animator 区域的"控制器"更改为 enemy_orc_controller。

<步骤 13> 测试并观察兽人的行走。

现在，效果变得更好了。兽人现在是漂浮在地面上的，所以做以下调整。

<步骤 14> 在 Character Controller 区域，将中心 Y 从 1.0 改为 1.1 并测试。

这样就把兽人降到了地面上。他仍然有一点"滑步"的感觉，但现在应该可以接受了。接下来，让这个兽人向左移动。

<步骤 15> 在 Visual Studio 中编辑 OrcScript 脚本，将 forward 改为"left"。测试一下。

兽人是朝它的左方移动，但他仍然面向前。以下步骤可以解决这个问题。这些代码与 ThirdPersonController 脚本相似。工作方式基本相同，只是没有读取输入来控制角色，而是通过将 X 设为 1.0f，将 Z 设为 0.0f 来硬编码一个固定方向。

<步骤 16> 用以下代码替换 OrcScript 类并测试。

```
public class OrcScript : MonoBehaviour
{
    public float Speed = 2.0f;
    public float RotationSpeed = 15.0f;
    CharacterController MyController;
    float mDesiredRotation = 0.0f;
    float mSpeedY = 0.0f;
    float mGravity = -9.8f;
    // Start is called before the first frame update
    void Start()
    {
        MyController = GetComponent<CharacterController>();
    }
    // Update is called once per frame
    void Update()
    {
        float x = -1.0f;
        float z = 0.0f;
        mSpeedY += mGravity * Time.deltaTime;
        if (MyController.isGrounded) mSpeedY = 0.0f;
        Vector3 verticalMovement = Vector3.up * mSpeedY;
        Vector3 movement = new Vector3(x, 0, z).normalized;
        mDesiredRotation = Mathf.Atan2(movement.x, movement.z)
 * Mathf.Rad2Deg;
        MyController.Move(verticalMovement +
            movement * Speed * Time.deltaTime);
        Quaternion currentRotation = transform.rotation;
        Quaternion targetRotation = Quaternion.Euler(
 0.0f, mDesiredRotation, 0.0f);
        transform.rotation = Quaternion.Lerp(
            currentRotation,
            targetRotation,
            RotationSpeed * Time.deltaTime);
    }
}
```

兽人现在将面向它的 movement vector 的方向。这段代码还包括一些尚无必要的处理重力的代码。是时候测试一下了。

<步骤 17> 就像之前为 Ellen 测试重力一样，放一个如图 19.9 所示的坡道并进行测试。

和你期望的一样，让兽人走到坡道上，然后从坡道尽头掉下来。

现在，我们已经准备好了对游戏的 AI 进行编码的第一步：让一个角色找到玩家并向她走去。这

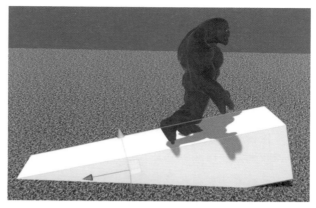

图 19.9　斜坡上的兽人

其实非常简单。需要构建一个从角色指向玩家的 vector，将其归一化（normalize），然后将其作为 movement vector。为此，需要找到玩家的位置，减去角色的位置，归一化，然后就搞定了！下面解释了做所有这些事情的代码。

<步骤 18> 在 OrcScript 脚本中，用以下 4 行代码替换 x 和 z 的定义：

```
GameObject target;
target = GameObject . FindGameObjectWithTag("Player");
Vector3 movement = target . transform.position - transform .
position;
movement = movement . normalized;
```

上述代码找到 Ellen 的位置，减去角色的位置，然后对得到的 vector 进行归一化。注意，根据标签来寻找 Ellen 的效率很低，在需要看重性能的时候，不推荐这种做法。

<步骤 19> 删除代码后面对 movement 的重复定义。

<步骤 20> 选择 Ellen，把它的"标签"设为"Player"并测试。

当 Ellen 移动时，兽人会跟着她走。试着跑一跑，注意，兽人总是面对 Ellen 并向她移动。

<步骤 21> 在 maw_j_laygo@Walking 中添加一个角色控制器和 OrcScript 脚本（选择添加脚本后，在搜索框中直接搜索 OrcScript）。

在"Character Controller"区域，将中心 Y 调整为 1。在"Animator"区域取消对"应用根运动"的勾选。测试游戏。

现在，Maw 怪物也能跟着 Ellen 走了。目前，我们的进度还不错，可以稍微休息一下。虽然仍然没有游戏性，但我们朝目标又迈进了一大步。

< 步骤 22> 保存并退出。

并不是真的需要在这里退出 Unity，但定期退出是个好习惯。通过这种方式，可以确定"保存"功能是正常的。再次加载项目时，会将 Unity 重置为一个全新的状态。这样做可以对 Unity 编辑器的内部状态产生有利影响。

在下一节，我们会使 TestEnemies 场景变得更有趣。

19.4 中世纪村庄

本节将从资源商店安装一个小的中世纪村庄。将把一些建筑和其他物品放到测试场景中，并观察之前创建的简单怪物 AI 在这个场景中是如何运作的。

< 步骤 1> 启动 Unity 并加载 FPSAdventure。
< 步骤 2> 在资源商店中找到由 Lylek Games 开发的名为 Midieval Town Exteriors 的免费资源，并把它安装到项目中。勾选"价格"区域的"免费资源"复选框以方便找到它。
< 步骤 3> 阅读 Read me First 文档，并按照文档中的说明，双击标准渲染管线的那个 .unitypackage 文件，然后导入包。

是的，目前暂时使用标准渲染管线。稍后，我们会讨论它的替代方案。

< 步骤 4> 看一下 Demo 场景，并与图 19.10 进行比较。

如你所见，场景中有一些建筑、一口井、一些木桶和箱子，非常适合用它来做一些实验。最重要的是，这些资源并不占用很多内存，而且下载和安装包的速度也很快。

< 步骤 5> 加载 TestEnemies 场景。在"项目"窗口进入 MidievalTownExteriors/Prefabs 文件夹，将一个 Building_a 和一个 Building_d 放入场景中，如图 19.11 所示。
< 步骤 6> 通过尝试让怪物卡住来进行测试。

这不难做到。只要跑到建筑物的远端，怪物就会被卡在另一端。我们希望怪物比这更聪明。但是，首先需要改善村庄。

图 19.10 由资源商店提供的一个免费的中世纪村庄

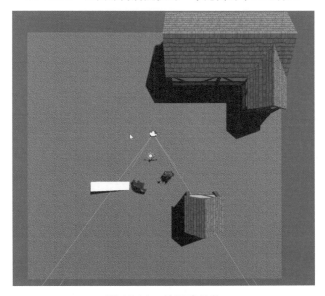

图 19.11 放置建筑物

< 步骤 7> 将 Ground 的"缩放"增大到 (10, 1, 10)。

< 步骤 8> 将大约 20 个村庄的预制件放到这个更大的 Ground 上，如图 19.12 所示。

< 步骤 9> 进行测试。在村子里跑来跑去并观察怪物。

同样，很容易让怪物卡在建筑物后面。下一节将创建一个导航系统，并设置更好的怪物 AI。

图 19.12　一个较大的村庄

19.5　导航网格和怪物 AI

　　本节的目标是让怪物找到一条通往玩家的道路，而不管场景的布局如何。需要创建一个导航网格（navmesh）来实现这个目标。这是一个三角形网格，可以用来有效地穿越复杂的场景。它对寻路算法特别有用。

　　幸好，所有困难的工作都将由 Unity 来完成，我们不需要自己编写任何寻路算法。

< 步骤 1> **窗口 –AI– 导航。**

　　　　　随后显示一个新的"导航"窗口。它的标签在"检查器"旁边。

< 步骤 2> 如有必要，选择"对象"，并在 Scene Filter 区域选择"All"。

< 步骤 3> 像下面这样重新排列"层级"TestEnemies 游戏对象：将两部相机和 Directional Light 放在最顶部，下方是 Ground，然后是 Ellen 和两个怪物。这使它们更容易被找到。

< 步骤 4> 在"层级"中选择 Ground，然后在"导航"窗口中勾选 Navigation Static。在 Navigation Area 中选择 Walkable。

< 步骤 5> 在"导航"窗口中选择"烘焙"，然后单击相应的按钮，如图 19.13 所示。

　　　　　着色区域就是navmesh。注意，大多数房子的屋顶也是着色的。在这个游戏中，我们不希望人物能在屋顶上行走，所以要采取以下步骤。

图 19.13　场景中显示的导航网格

< 步骤 6> 在"层级"中选择所有村庄对象，也就是"层级"中下方的所有对象。

< 步骤 7> 在"导航"窗口中单击"对象"标签，再选择 Navigation Static 和 Not Walkable。在出现提示后，选择"是，更改子对象"。

< 步骤 8> 烘焙这个 navmesh。

注意，屋顶现在不再有蓝色的阴影。可以放大建筑物和其他村庄对象，注意它们被一个长满草的边界所包围。这是为了在 navmesh 代理与障碍物之间保持一个固定的距离。

为了更清楚地体会这一点，请采取以下步骤。

< 步骤 9> 在"烘焙"面板中，将"代理半径"设为 1，将"最大坡度"设为 30。再次烘焙。

接下来，让我们在游戏中测试一下这个导航系统。

< 步骤 10> 编辑 OrcScript 脚本，做如下修改。

在 using 区域插入 using UnityEngine.AI;。

在 OrcScript 类的开头插入 public NavMeshAgent agent;。

注释掉 MyController.Move 语句，改为插入以下语句：

agent. SetDestination (target. transform. position);

这段代码用 navmesh 代理取代了怪物的运动，并将目的地设置为玩家，从而使怪物总是穿越导航网，并找到一条到玩家的最短路径。

< 步骤 11> 在 Visual Studio 中保存代码，然后为 enemy_orc 和 maw_j_laygo@Walking 这两个怪物添加一个"导航网格代理"组件（在"层级"中选择怪物，在"检

查器"中单击"添加组件",搜索 nav,选择"导航网格代理")。在 Nav Mesh Agent 区域,将 enemy_orc 的速度改为 1.0,将 maw_j_laygo@Walking 的速度改为 2.0。

<步骤 12> 在 enemy_orc 的"Orc Script"区域,将 Agent 设为刚才添加的代理,为 maw_j_laygo@Walking 执行类似的操作。测试游戏。在场景中跑来跑去,观察怪物是如何跟随 Ellen 的。

从高处观察场景窗口,会发现兽人的速度较慢,而 Maw 跟得较紧(设计如此)。但无论如何,怪物都在使用同样的寻路算法。最重要也是最令人不安的是,现在的 Ellen 无处可藏!

<步骤 13> 保存。

本节的目标已经实现,所以接下来要回到 UnityTerrain 场景,为它添加一个导航网格、一个小村庄和一些怪物。

19.6 创建一个大的关卡

本节将使用 UnityTerrain 场景。我们准备建立一个小村庄,烘焙一个 navmesh,然后引入一些怪物。

<步骤 1> 加载 UnityTerrain 场景并测试。现在应该有 Ellen、一个斜坡以及一个有很多树的大地形。应该删除场景中的任何怪物。

<步骤 2> 选择地形的一个区域进行平整,这样你就可以在那里放一些建筑物。

<步骤 3> 在"层级"中选择 Terrain。在检查器中选择"绘制地形",在 Terrain 区域顶部的下拉菜单中选择 Effects,再选择 Slope Flatten,如图 19.14 所示。

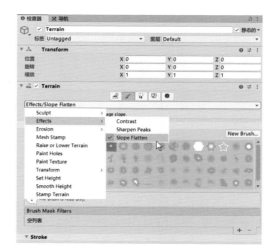

图 19.14　选择 Effects/Slope Flatten 地形工具

<步骤 4> 在地形中的小路附近创建一个平坦的区域，其大小足以容纳一些建筑物，如图 19.15 所示。清除平坦区域的树木。

图 19.15　为小村庄创建一个平坦区域

<步骤 5> 在平坦区域放置一些村庄的预制件，如图 19.16 所示。

图 19.16　森林中的一个小村庄

<步骤 6> 删除坡道。

<步骤 7> 将 Ellen 移到村庄并进行测试。

可能会看到一些建筑和物品漂浮在地形之上。

<步骤 8> 在"场景"窗口中，检查村庄的建筑和其他物品，并一一进行调整。调整它们的位置，使它们都能正确坐落在地形上。现在，我们已经准备好为这个场景创建一个导航图了。

<步骤 9> 选中村庄的所有物体，在"导航"窗口中单击"对象"标签，将 Navigation Area 设为"Not Walkable"（不能行走）。

<步骤 10> 单击"导航"窗口的"烘焙"标签，再单击 Bake。

这将需要一分钟左右的时间。右下角会显示一个进度条。

<步骤 11> 在有了一个 navmesh 后，可以探索一下场景，看看效果如何，如图 19.17 所示。

这看起来是可以工作的。这个导航图有一些奇怪的地方，但你现在还不用担心这个问题。现在是时候引入一些怪物了。

图 19.17　森林中的导航网格

<步骤 12> 保存并返回 TestEnemies 场景。

<步骤 13> 从"层级"中选择两个怪物，右击并选择"复制"。

<步骤 14> 回到 UnityTerrain 场景，在"层级"中右击并从弹出的快捷菜单中选择"粘贴"。

<步骤 15> 将怪物移到 Ellen 附近。

为了提高这个操作的效率，可以先选择 Ellen，在检查器中右击 Transform 并选择"复制位置"。然后，选择怪物，在它们的 Transform 组件上右击并选择"粘贴位置"。这样两个怪物就和 Ellen 重合了。然后，可以很轻松地移动怪物，把它们和 Ellen 分开。

<步骤 16> 测试一下，看看怪物是否在跟着 Ellen。

这是不可能的。你能自己诊断这个问题吗？检查控制台，会发现报告了空引用错误。双击错误会显示 OrcScript 脚本，注意脚本要求引用 Player 标签，但实际没有。原来如此！

< 步骤 17> 选择 Ellen 并将她的标签改为 Player。再次测试。

这应该能解决问题。为了好玩，我们可以测试一下，如果 Ellen 在很远的地方，这些怪物是否能找到她。

< 步骤 18> 将 Ellen 放在离村庄很远的森林里。测试一下，看看怪物是否能主动跑去 Ellen 那里。

等它们找过来可能需要几分钟的时间。与此同时，切换到"场景"窗口，练习在按住鼠标右键的同时利用 WASD 键跟随怪物的移动。

< 步骤 19 > 完成测试后，撤消对 Ellen 的移动，让她回到村庄。可能需要多撤消几次。

< 步骤 20> 保存并退出 Unity。

现在游戏能玩了吗？还不能，但我们离目标越来越近了。下一节将添加一个简单的 GUI 来跟踪 Ellen 的血量。

19.7　GUI 和得分显示

由于我们开发的是一个原型游戏，所以越简单越好。游戏有一个非常简单的 GUI，它甚至比第 1 部分的那个还要简单。我们将以数字覆盖（number overlay）的方式显示 Ellen 的血量。真正的用心形显示的血量留待以后完成。还将显示一个得分，但目前暂时把它保持为零。

本书之前已经在 DotGame3D 中做了一个简单的 GUI，所以现在正好学习一下如何使用包的导出和导入功能将资源从一个项目转移到另一个项目。

< 步骤 1> 启动 Unity 并加载第 I 部分完成的 DotGame3D 项目。你还有保留有那个项目吗？如果没有，可以从 franzlanzinger.com 下载现成的。

< 步骤 2> 在"层级"中选择 Main Camera。

也可以选择"层级"中的其他大多数对象。我们的目的只是为了让资产导出工作正常进行。

< 步骤 3> 资源 – 导出包 ...

随后会显示一个弹出窗口，其中列出了所有可能要导出的资源。只选择如图 19.18 所示的项。

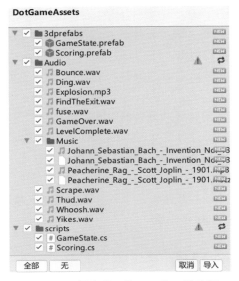

图 19.18 导入 DotGame 的一些资源

< 步骤 4> 单击 " 导出 " ，导出到 FPSAdventure/Assets 文件夹中的 DotGameAssets. unitypackage 文件。

< 步骤 5> 退出 Unity 并加载 FPSAdventure，选择**资源 – 导入包 – 自定义包**。选择刚才 创建的包。单击 " 导入 " 。

< 步骤 6> 在 " 项目 " 中选择 Assets/DotgameAssets，在检查器中单击打开。与图 19.18 相比。 导入的内容包括两个脚本、相关的预制件以及所有音频，我们以后会用到它们。 可以忽略两个警告三角形，因为将软件包内容与 Audio 和 Scripts 文件夹合并 就可以了。

< 步骤 7> 单击 " 导入 " 。

< 步骤 8> 从 Assets/3dprefabs 中将 GameState 和 Scoring 拖放到 " 层级 " 中。

< 步骤 9> 测试。

随后会看到来自 DotGame3D 的熟悉的 GUI。虽然这是一个错误的 GUI，但它 能够工作。所有问题在后续步骤中可以轻松解决。

< 步骤 10> 在 Scoring.cs 中，用 health 替换 lives（有 2 处），用 Health 替换 Lives（有 1 处）。 将 health 变量初始化为 9。测试一下。

除了正上方中间的血量显示，GUI 仍然会显示一个分数、一个关卡计时器和一个关卡编号。虽然目前意义不大，但还是暂时保留这些额外的东西。或许未来会在这个游戏中完全删除计分，但它现在并无大碍。

在这个很短的小节中，我们用包管理器从之前的项目中引入了 GUI，并做了一些调整，使其适合当前的游戏。下一节将让怪物影响 Ellen 的血量。

19.8 怪物碰撞

为了有实际的游戏性，我们将为 Ellen 引入一个碰撞体和刚体。我们的思路是，如果 Ellen 与怪物相撞，她就会失去生命。当生命值降至零时，她就会死亡，游戏结束。另外，我们可以通过调整怪物的数量和怪物与 Ellen 的相对速度对游戏进行优化。

我们准备使用 Unity Tag 系统来快速检测怪物。

<步骤 1> 创建一个新的标签"enemy"，把它分配给两个怪物。
<步骤 2> 在 Assets/Prefabs 中为这两个怪物创建或更新预制件。

enemy_orc 预制件是现成的，更新标签即可。Maw J Laygo@Walking 需要从"层级"中拖放进来，同样更新标签。
<步骤 3> 在 ThirdPersonController.cs 的末尾插入以下函数。

```
private void OnCollisionEnter (Collision collision)
{
    if (collision.gameObject.tag == "enemy") Scoring.health--;
}
```

<步骤 4> 选择 Ellen，为她添加一个"刚体"组件。
<步骤 5> 在 Constraints 区域，勾选"冻结位置"和"冻结旋转"的全部 6 个复选框。

我们实际并没有把刚体组件作为刚体使用，但为了使碰撞检测能够工作，这一步是必须的。
<步骤 6> 为 Ellen 添加一个"盒状碰撞器"组件并调整它。

为了更容易地完成这一步，可以先关闭 Character Controller 区域的显示。这可以通过在检查器中折叠它来完成。调整好的 Ellen 盒状碰撞器如图 19.19 所示。

Ellen 已经有了一个胶囊碰撞体，但为了使用步骤 3 的代码，这个盒状碰撞器是必要的。

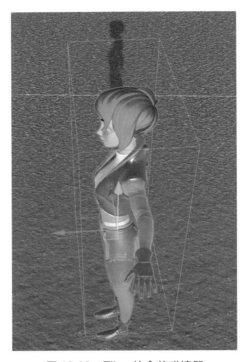

图 19.19　Ellen 的盒状碰撞器

< 步骤 7> 通过让 Ellen 与怪物碰撞并观察生命值 GUI 的显示来测试。每发生一次碰撞，生命值应该减少 1。

< 步骤 8> 从 prefabs 文件夹中拖两个 orcs 怪物和一个 maw 怪物到场景中，再次测试。怪物将同时攻击 Ellen。用不了多久，Ellen 的生命就会变成负值。

< 步骤 9> 为 Ellen 和怪物试验不同的速度。

这最后一步有些开放。想象一下，如果不是按照本书的步骤行事，而是创建一个自己构思的、全新的游戏，那么接下来你会怎么做？

< 步骤 10> 保存并退出 Unity。

这个游戏已经基本上可供游玩，但为了成为一个能正式发布的游戏，还有很长的路要走。对于一个原型来说，目前的状况已经很不错了。通过本章的操作，我们已经取得了很大的进展。虽然有些夸张，但我们决定把当前这个游戏称为第一个可玩的版本。在下一章中，我们将创建一个密室。

第 20 章　3D 密室　∎

本章将为 Ellen 构建一个密室。最终的游戏应该有很多个这样的密室。至少有 10 个,甚至可能更多。在原型版本中,我们只构建一个简单的密室,目的是感受一下它的样子。

20.1　谜题设计规则

让我们先从总体上考虑一下谜题的设计。对于解谜游戏来说,有哪些好的设计规则呢?和往常一样,网上肯定能找到很多答案。但是,先不要去网上搜索。相反,先思考一下这个问题,写下自己的一些思路,然后再去网上搜索"解谜游戏设计规则"。你的思路是否和网上的集体智慧一致呢?

如果不太一致,请在 thecodex.ca 网站上阅读一篇文章,标题为"13 Rules for Escape Room Puzzle Design"(密室逃脱设计的 13 个规则)。其中,第一条规则是这样的:

> Puzzles Should Be Fair – You are on the Player's Side!
> (谜题应该公平——你是站在玩家立场上的!)

即便不遵循其他规则,这条规则无论如何也要时刻牢记。我们的目标不是让谜题变得无比困难,以至于只有少数人(甚至没有人)能够解开。另一方面,在"容易"和"太容易"之间也存在着一条界线。

一如既往,而且尤其是对于谜题,测试是至关重要的一环。作为谜题的设计者,你不可能自己测试自己的谜题,因为你已经知道了答案。因此,需要确保让新人完成对所有谜题的测试。

好了,让我们开始实际设计第一个谜题。首先,要基于现有的游戏机制记录谜题的一些基本思路。

我们准备开发的密室在本质上就是一个逃生室。玩家要解决一个或多个简单的谜题,从而到达一个宝箱。足够接近宝箱,宝箱就会打开,暴出钥匙或其他宝藏。然后,玩家会被传送回主游戏。

　　开发计划很简单。首先，从资源商店收集一些有用的资源。我们准备寻找墙壁、楼梯、可移动的坡道，当然还有一个有动画的宝箱。然后，我们将构建密室场景，并根据需要编写一些简单的脚本。

20.2　密室图形

　　本节将在资源商店中寻找在制作密室时可能用到的物品。由于可能存在不兼容，我们要创建一个新项目。

<步骤 1>　创建一个新的 3D Unity 项目，命名为 PuzzleTest。

<步骤 2>　从 Unity 资源商店获取 Kunniki 开发的 Lowpoly Dungeon Assets。这是一个非常小和简单的资源。艺术风格是"low–poly"（低多边形）。这并不是你最终想要的，但对于一个原型来说还不错。我们打算在正式生产时使用细节更丰富的图形来取代密室中的图形。在时间和预算允许的情况下，可以考虑使用 Blender 创建自定义图形，或者在 Unity 资源商店或其他网上商店购买一些 3D 图形资源。

　　如果运行其中的 demo，会得到一个编译错误。这并不是一个真正的问题，因为并不需要这个 demo。但是，如果有兴趣看一下，那么可以采取以下步骤来修复这个错误。

<步骤 3>　加载 Assets/LowpolyDungeonAssets/Demo Scene 中的 Demo Scene。

<步骤 4>　转到控制台，双击错误。

　　Unity 将在 Visual Studio 中打开 MinDrawer.cs 文件。

<步骤 5>　将第 2 行注释掉，如下所示：

```
// using UnityEngine. PostProcessing
```

<步骤 6>　在 Visual Studio 中保存，然后返回 Unity。

　　这就修复了错误。可能还有一个警告，但可以忽略它。现在就可以运行这个 demo 了。

<步骤 7>　在 Unity 中测试游戏，结果是一个基本上静态的场景，如图 20.1 所示。

　　在 Unity 资源商店中还有不少其他免费和便宜的地牢资源。之所以选择这个，是因为它的下载量很小，而且有当前需要的所有元素。我们目前还没有完全完成对它的尝试。

<步骤 8> 进入 Assets/Scenes，加载 SampleScene。

这是一个基本空白的场景，和平时创建项目时的默认场景相似。

图 20.1　低多边形（low-poly）地牢资源

<步骤 9> 创建一个"平面"3D 对象，将缩放设为（2，1，2）。

<步骤 10> 将 LowpolyDungeonAssets/ Assets/Prefabs 文件夹中的一些预制件放到这个场景中，和图 20.2 差不多即可。

这些东西看起来在 FPSAdventure 中也有用，所以现在是时候回到那个项目了。

图 20.2　将一些地牢资源放到 PuzzleTest 项目中

<步骤 11> 保存，退出 Unity，并用 UnityHub 加载 FPSAdventure 项目。

<步骤 12> 窗口 – 包管理器，导入 Lowpoly Dungeon Assets。选择全部导入即可。

<步骤 13> 和之前一样，修复 Mindrawer.cs 中的错误。运行游戏，确定它能正常工作。

是的，导入包可能造成游戏的崩溃。所以，在使用包之前做一次快速测试是一个好习惯。如果因为导入一个包而引发了问题，那么立即就能发现问题，并可选择删除包或者尝试对它进行调试。

<步骤 14> 在 Assets/Scenes 中新建一个场景，命名为"PuzzleScene1"。

是的，我们在末尾添加数字 1，目的是跟踪未来的多个解谜场景。

<步骤 15> 双击 PuzzleScene1，创建一个"平面"3D 对象，重命名为 Floor，将"缩放"设为（3，1，3），按 F 使其居中。然后，按自己喜欢的方式调整视图。

我们准备把 Ellen 放到中心位置。但是，目前还没有 Ellen 的预制件，所以要先做一个。

<步骤 16> 保存，打开 UnityTerrain，选择 Ellen，按 F 键。

<步骤 17> 将 Ellen 拖入 Assets/Prefabs，并选择创建一个 "原始预制件"。

<步骤 18> 测试游戏，保存并返回 PuzzleScene1。

<步骤 19> 将 Ellen 预制件拖到 Floor 平面的中心。

为了完成这个步骤，一个简单的方法是把 Ellen 拖到任意地方，然后在检查器中打开 Transform 组件的菜单（单击右侧三个点的图标），从中选择 "重置"。

如果此时运行游戏，会报告一个 UnassignedReferenceException 错误。这是因为还没有为 Ellen 设置相机。需要回到 UnityTerrain 场景，把相机复制过来。

<步骤 20> 文件 – 打开最近的场景 – **UnityTerrain**。如果出现提示，请保存 PuzzleScene1 场景。

<步骤 21> 在 "层级" 中，同时选中 Main Camera 和 CM FreeLook1，右击，从弹出的快捷菜单中选择 "复制"。

<步骤 22> 文件 – 打开最近的场景 – **PuzzleScene1**。

<步骤 23> 在 "层级" 中删除 Main Camera，按 <Ctrl>v 来粘贴两个相机。

<步骤 24> 将 Main Camera 分配给 Ellen 的 My Camera，这样就修复了之前的错误。

但是，这次会报告一个不同的错误。创建代理会失败，因为没有有效的 NavMesh。

<步骤 25> 选择 Floor 对象，再选择窗口 – **AI – 导航**。在导航窗口中单击 "对象" 标签，勾选 Navigation Static。单击 "烘焙" 标签，再单击 Bake。

<步骤 26> 测试。

还是无法工作。会得到一个天空穹顶的静态视图。知道哪里出了问题吗？此时没有显示错误消息。

在检查器中查看 CM FreeLook1 相机，会注意到 Follow 和 Look At 尚未设置。

<步骤 27> 将 CM FreeLook1 相机的 Follow 设为 Ellen，将 Look At 设为 Ellen_Neck。

在场景窗口中，会看到三个轨道圆圈，如图 20.3 所示。

图 20.3　CM FreeLook1 的三个轨道

< 步骤 28> 测试。

  终于可以了！ Ellen 现在能在地面上奔跑了。有的时候，即使是最简单的事情，也需要做非常多的工作。

  下一节将构建我们的第一个密室。

20.3　构建密室

  本节开始做一个非常简单的密室，只需要将 Ellen 引向一个位置非常明显的宝箱。

< 步骤 1> 在 Assets 文件夹中创建一个名为 PuzzlePrefabs 的文件夹。

  我们准备在这里收集拼图。

< 步骤 2> 进入 Assets/LowpolyDungeonAssets/Assets/Prefabs/Floor。

< 步骤 3> 将右下角的滑块向左滑动，这样就可以看到地板预制件的全名。

  有 12 个地板资产，包括 5 个木板（Planks）和 7 个楼梯（Stairs）。我们先从 Floor_3Plank_Stone_Big 开始。

< 步骤 4> 将 Floor_3Plank_Stone_Big 拖到 Ellen 附近的场景。

< 步骤 5> 测试让 Ellen 走到木板上面。

  Ellen 沉入木板中，这一点都不真实。3Plank 对象缺少一个碰撞器。

< 步骤 6> 为 3Plank 对象添加一个"盒状碰撞器"组件并进行测试。

  这很容易。盒状碰撞器不需要调整就能工作。Ellen 能踏上木板了。在继续之前，让我们为木板制作一个新的预制件。

< 步骤 7> 将 Floor_3Plank_Stone_Big 重命名为 Planks，然后将其拖入 PuzzlePrefabs 文件夹中作为一个原始预制件。

  这个预制件基本上和之前下载的一样，只是它有一个盒状碰撞器。

< 步骤 8> 建立一个 3×4 的木板排列，如图 20.4 所示。

  可以按 <Ctrl>D 来制作副本，然后仔细地排列它们。

< 步骤 9> 移动木板对象以匹配图 20.5，测试并让 Ellen 走到顶部。

  从一块木板到下一块木板的垂直间隙必须相当小，否则 Ellen 将无法穿越它。

< 步骤 10> 在最上方的木板对象上放一个箱子，如图 20.6 所示。

可以在 Prefabs/Props 文件夹中找到这个名为 Props_Chest 的箱子。

<步骤 11> 在"层级"中，将 Props_Chest 重命名为 Chest，并为它添加一个"盒状碰撞器"。

<步骤 12> 测试。

Ellen 可以走到宝箱上方，但这目前不是一个问题，因为我们目前的打算是让 Ellen 碰到宝箱就冻结。与此同时，箱子会打开。然后，离开场景，回到主游戏。

<步骤 13> 将宝箱拖放到 PuzzlePrefabs 文件夹中，制作一个名为"Chest"的原始预制件。

<步骤 14> 保存。

本章有了一个很好的开始。接下来，仍然需要将其与游戏的其他部分结合起来，但这可以在以后完成。下一章将探索 Unity 中的照明。

图 20.4　3×4 的木板排列

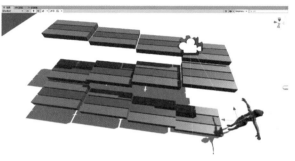

图 20.5　Ellen 的坡道

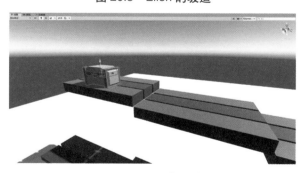

图 20.6　一个宝箱

第 21 章　Unity 中的着色器和光照

本章介绍 Unity 中的着色器和光照。首先，我们将快速浏览各种各样的内置着色器。然后，将通过在密室中试验这些功能来学习直接和间接照明。在本章的最后，将探索更高级的光线追踪主题。

21.1　概述

为大型商业游戏制作着色器和光照可能是一项全职工作。即使是一个小的原型，一两个定制的着色器加上某些形式的光照，也会对游戏的视觉质量产生巨大的影响。

那么，到底什么是着色器和光照？和往常一样，我们可以在 Unity 手册中找到答案。但是，在尝试阅读手册中这些部分的内容之前，我们最好先了解一下基本情况。着色器是在 GPU 上运行的一种程序。平时遇到的着色器通常是图形管线的一部分，它利用 GPU 的强大计算能力帮助计算像素的颜色。现代显卡可能有多达 10000 个着色器硬件单元，所有这些单元同时运行。偶尔还会遇到所谓的计算着色器，它还是在 GPU 上执行计算，但在图形管线之外。

Unity 中的光照模拟的是光线在现实世界中的表现。平时会遇到直接和间接光照。直接光照模拟从光源发出的光，并直接照射到材质上。间接光照在光线照射到材质之前会先在场景中反弹一次或多次。随着光线的反弹，它的颜色、强度和方向都会发生变化，这具体取决于表面（surface）的情况。

光照可以实时进行，也可以预先计算，后者称为"烘焙"（baking），它类似于 navmesh（导航网格）的烘焙。烘焙的结果是一个或多个称为光照贴图（lightmap）的纹理。本章稍后会学习如何烘焙光照图。

本章最后一节将讨论光线追踪。光线追踪是 Unity 的一项新的高级功能，所以我们将简单地体会一些示例输出，并理解光线追踪的优点和缺点。当前开发的游戏不准备使用光线追踪，但你需要知道它是什么，从而为将来开发的游戏做好准备。对于目前的大多数平台来说，光线追踪还是一个高端或不存在的功能。但是，用不了几年，它必然会无所不在。

21.2 Unity 中的着色器

　　本节将带你快速了解 Unity 中的着色器。将了解它们是什么，以及如何进一步学习它们。目前还不需要学习如何创建自己的着色器。

　　在开始使用 Unity 中的着色器之前，需要先了解一下 Unity 的渲染管线。到目前为止，我们一直在使用内置渲染管线。渲染管线获取一个场景的内容，并在屏幕上显示它们。Unity 的另外两种渲染管线是为大范围的平台设计的"通用渲染管线"（Universal Render Pipeline，URP）和为高端平台设计的"高清晰度渲染管线"（High Definition Render Pipeline，HDRP）。关于这些方面更多的细节，请阅读《Unity 手册》中关于渲染管线的介绍。

　　前面说过，着色器是在 GPU 上运行的程序。着色器是我们选择的渲染管线的一部分。目前，我们决定继续使用内置渲染管线中的着色器。这是合适的，我们已经在项目中使用了着色器。在检查器中查看任何材质，都会看到一个 Shader 下拉菜单，其中默认选择了 Standard。本节稍后会尝试使用这个下拉菜单，以了解这些着色器是什么以及它们的作用。

< 步骤 1> 在 Unity 中加载 FPSAdventure 项目，打开 PuzzleScene1 场景。

< 步骤 2> 在 Assets/Art 中创建一个"材质"，为它赋予一个浅棕色的颜色。将"平滑度"更改为 0.9。将材质重命名为"FloorMaterial"。

< 步骤 3> 将其分配给 Floor。

< 步骤 4> 调整场景视图，使之与图 21.1 大致相符。那个明亮的圆形区域是定向光的反射。

< 步骤 5> 在标准着色器设置的"金属的"区域，滑动"平滑度"滑块并观察效果。撤消更改，恢复成大约 0.9 的平滑度。

< 步骤 6> 将着色器更改为"Standard (Specular Setup)"。

　　　　　镜面光照的特点是在闪亮的物体上有明亮的亮点。如果想体会一些例子，请在网上搜索 specular highlights。

< 步骤 7> 将"镜面"的颜色更改为深黄色。与图 21.2 进行比较。

图 21.1　使用标准着色器

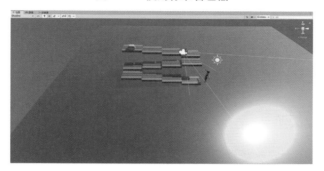

图 21.2　使用深黄镜面颜色

出现了相当戏剧化的效果，黄色和棕色结合起来成了绿色。

<步骤 8> 将着色器更改为"Unlit/Color"。

这次得到了一个平坦的棕色地板，地板上的阴影消失了，但在木板上仍然能看到。如你所见，着色器的设置和选项对于创造场景的外观是至关重要的。必须认识到每种材质都有自己的着色器设置，这对我们来说很重要。

<步骤 9> 将着色器更改为"Legacy Shaders/Bumped Specular"。

这些遗留的着色器可能不应该再在我们的新项目中使用了，但看看它们能做什么还是很有趣的。

<步骤 10> 恢复为"标准"（Standard）着色器。保存。

如果将来需要编写自己的着色器，那么可以采取两种可能的办法。首先，可以使用所谓的 Shader Graph。这是 Unity 的一种内置工具，允许在不编写代码的情况下快速合成相当复杂的着色器。对于着色器的新手，这绝对是个好办法。只不过要注意，Shader Graph 只与 URP 和 HDRP 兼容，所以必须将自己的项目转换成这些渲染管线之一。

　　另一种可能的办法是使用专门的编程语言（例如 Cg）从头开始编写自己的着色器。这是一个高级的主题，但是如果有兴趣的话，可以在网上找到一些针对初学者的教程。另外，在 Unity 手册中也有这方面的信息。本书不打算亲手创建着色器，但有必要知道在自己未来的项目中存在这样的选项。

　　YouTube 上有大量关于 Unity 着色器的视频和教程，所以可以随意浏览一下，看看你能用它做什么。一个很好的例子是冰着色器，它可以使一个简单的网格看起来像冰。通常，着色器被用于呈现特殊的视觉效果。它们允许你利用 GPU 惊人的计算能力。是的，这些 GPU 也可以被编程用来进行科学计算、人工智能和加密，但这些话题远远超出了本书的范围。

　　下一节的重点是改善当前这个密室场景，把它变成一个真正的室内房间，并添加更好的照明。在这一过程中，我们将讨论各种直接光照选项。

21.3　直接光照

　　本节将尝试 Unity 的一些光照选项[1]。到目前为止，我们一直在使用默认的定向光。这基本上是对无限远处的点光源的模拟。因此，光线都是平行的。在实际应用中，定向光的作用与阳光一致。Unity 中默认的定向灯是实时光照的例子，这意味着可以将这些灯做成动画来模拟太阳的运动。

　　为了体验这个效果，我们将改变当前密室场景的照明设置。如果找不到光照窗口，请选择**窗口 – 渲染 – 光照**，然后将"光照"标签拖动到"检查器"标签旁边来固定它。

< 步骤 1> 进入"光照"窗口，选择"环境"，将"天空盒材质"设为"无"。
< 步骤 2> 对于"环境照明"，为"源"选择"颜色"，为"环境颜色"选择深灰色。

　　如果现在关闭定向光，会得到一个大部分是黑色的场景。这就是我们想要的室内场景的初始设置。Unity 为不同的场景记录了不同的照明设置。

　　这个场景看起来明显还不像是一个室内场景，所以还要放上真正的地板、墙壁和天花板，如图 21.3 所示。

---

[1] 译注：在本书中，光照、照明、灯光、光源说的基本上都是同一样东西。之所以会有不同的说法，是因为 Unity 在本地化之后，在不同地方的翻译不同。

<步骤 3> 通过创建额外的平面来创建四面墙和一个天花板。缩放并旋转它们，使其与现有的地板保持协调。

<步骤 4> 创建一个名为 WallMaterial 的新材质，颜色为淡褐色[①]，并将其分配给墙壁和天花板。

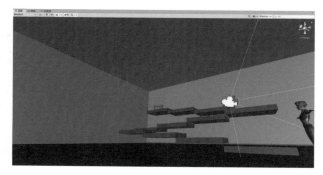

图 21.3 构建墙壁和天花板

可能需要将墙壁或天花板翻转 180 度，使该材质从密室内部可见。记住，在默认情况下，所有的材质都是单面的，因此只能从一面看到。

<步骤 5> 关闭场景窗口顶部的场景照明图标（灯泡图标），核实所有墙壁和天花板都使用了 WallMaterial 材质。与图 21.3 进行比较。

现在已经关闭了场景照明，这样在放入新物体时可以看得更清楚。我们已经准备好尝试不同的灯光了，先从现有的定向光开始。

<步骤 6> 再次开启场景照明，然后选择 Directional Light 对象。

<步骤 7> 在检查器中试验不同的颜色。当前颜色是淡黄色。试试不同的颜色，在场景窗口中观察效果。玩够了之后，将颜色设为白色。

<步骤 8> 单击"强度"，左右拖动以尝试不同的强度，最后保留默认设置（1）。

"间接乘数"的设置目前没有效果，所以保留默认设置（1）。

<步骤 9> 尝试将"阴影类型"设为"无阴影"，然后再设回默认的"软阴影"。

这很容易理解。注意，在设为无阴影之后，检查器中的其他阴影设置会同步消失。

现在来探索一下阴影设置。顺便说一下，几年前阴影被认为是 Unity 的高级功能，它们不包括在 Unity 免费版中。值得庆幸的是，现在 Unity 的免费版基本等同于收费版，所以不再需要担心这个问题了。Unity 渲染引擎不仅支持生成阴影，而且在启用阴影宾，还有相当多的设置来控制它们。

---

① 译注：本书采用的是十六进制颜色 E2CF90。

<步骤 10> 将"实时阴影"的强度降低到 0.2，如图 21.4 所示。

　　这个设置主要是一个艺术上的选择。默认设置是 1。目前，我们已经决定这个值在 0.2 和 1 之间。那么，0.5 怎么样？

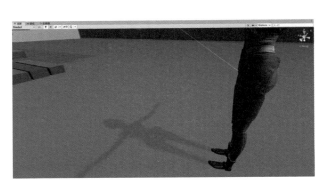

图 21.4　强度为 0.2 的阴影

<步骤 11> 将强度设置为 0.5。

<步骤 12> 如有必要，将"分辨率"调成"极高分辨率"。

　　也许你的默认设置就是"极高分辨率"。注意，可以让这个设置取决于"质量设置"。高分辨率的阴影会占用更多的显存和渲染时间。

<步骤 13> 试试其他实时阴影分辨率。

　　低分辨率设置为 Ellen 带来了有些模糊的阴影。同样，这是一个艺术上的选择，取决于你是想追求现实主义，还是追求特定的非现实主义艺术风格。完成实验后，请将这个设置保持为"极高分辨率"。

<步骤 14> 自行实验偏离、法线偏置和近平面等设置，将鼠标悬停在这些设置的标题上，看它们的解释。

　　最后，请将这些设置分别保持为 0、0.36 和 0.1 的默认设置。检查器中的其他设置目前可以忽略。

<步骤 15> 探索"硬阴影"的设置。

　　低分辨率下的硬阴影特别有意思。可以这么说，这个设置揭示了在幕后发生的事情。渲染器在一个特定分辨率下创建一个阴影贴图（shadow map）。当分辨率低的时候，甚至能看到阴影贴图的像素。这样的阴影设置组合（阴影类型选择"硬阴影"，分辨率选择"低分辨率"）看起来并不美观，但在低端硬件上这可能是唯一的选择。我们决定保留之前软阴影和极高分辨率。

<步骤 16> 选择软阴影和极高阴影分辨率。

接着，我们将尝试使用点光源。

＜步骤 17＞ 创建 8 个"点光源"，房间每个角落一个，如图 21.5 所示。

　　　　　一个高效的做法是在一个角落创建一个点光源，然后用 <Ctrl>D 进行复制，并将复制的点光源移到附近的角落。再选择这两个点光源，复制并移动。最后选择四个点光源，复制并移动。

＜步骤 18＞ 关闭定向光。

　　　　　这会造成一个非常黑暗的房间。我们希望最终只使用 8 个点光源，所以需要增大它们的范围。

＜步骤 19＞ 选择全部 8 个点光源，将"范围"更改为 170，"强度"更改为 0.5。

　　　　　将"阴影类型"更改为"软阴影"，最终效果如图 21.6 所示。

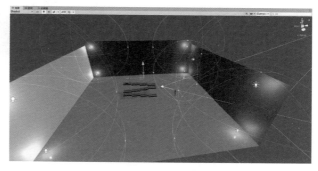

图 21.5　采用初始设置的 8 个"点光源"

＜步骤 20＞ 测试游戏，开启"状态"来检查帧率。

　　　　　如果使用高端一点的显卡，会得到一个非常高的帧率。看一下 Ellen 移动时的阴影。现在有 8 个灯，所以理论上有 8 个阴影，尽管它们很难看出来。

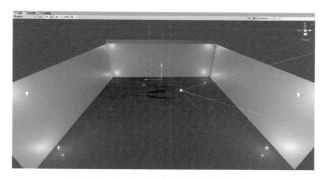

图 21.6　用 8 个点光源照亮整个房间

当 Ellen 走到其中一个角落附近时，会从那个角落的灯光中得到一个漂亮的阴影，但其他灯光的阴影则比较模糊。总而言之，这样的场景看起来很有趣。

　　　　　接下来，我们要为那个宝箱打一个聚光灯。

<步骤 21> 将点光源的强度降低
至 0.4。

<步骤 22> 创建一个聚光灯，把
它放在宝箱上
方，指向下方，粉
红色①，强度设为
10。调整聚光灯角
度。与图 21.7 比较。

图 21.7　打在宝箱上方的聚光灯

<步骤 23> 为聚光灯开启硬阴
影，并进行测试。

<步骤 24> 保存。

当 Ellen 走到通往宝藏的斜坡上时，会看到漂亮的粉红色灯光，而当 Ellen 靠
近宝箱时，聚光灯下的阴影会很刺眼。

在这一节中，我们尝试了三种最常用的直接光照：定向灯、点光源和聚光灯。下
一节将讨论间接灯光。

21.4　间接光照

间接光照模拟的是不直接来自一个"直接光源"的光线。这其实更接近于真实世界，在
那里光线从一个表面反弹到另一个表面，最后到达我们的眼睛。在本节中，我们将为密
室场景设置间接照明。

首先要调整光照窗口中的设置。

<步骤 1> 单击"检查器"标签旁边的"光照"标签，从而打开光照窗口，单击窗口中的"场
景"标签。

<步骤 2> 单击"新照明设置"来创建一个新的光照设置，命名为"PuzzleSceneLighting_
Settings"，并将其存储到 Assets/Art 中。

<步骤 3> 展开"实时光照"区域，撤消对"实时全局照明（已弃用）"的勾选。

---

① 本书采用的是十六进制颜色 CC69C3。

记住，在 Unity 的上下文中，"已弃用"（deprecated）这个词意味着一个功能将在 Unity 未来的版本中被替换或删除。避免使用已弃用的功能是一个好的策略。偶尔，当你升级到 Unity 的新版本时，会发现一些功能已被弃用了。这给了你一个公平的警告，督促你找到一种方法来取代当前对这些功能的使用。好消息是，只要不升级 Unity，那些已弃用的功还是能够工作。

< 步骤 4> 在"混合照明"区域勾选"烘烤全局照明"。使用 Shadowmask 照明模式。

也许将来需要重新审视这个设置，但当前设置成 Shadowmask 就可以了。

< 步骤 5> 在"光照贴图设置"中，将"光照贴图器"设置为"渐近 GPU（预览）"。

如果使用的是一张相当新的图形卡，这个设置将大大加快烘焙速度，通常能提高 20 倍或更多。具体取决于你使用的显卡。默认设置"渐近 CPU"只用 CPU 来生成光照贴图，这也许更可靠，但速度很慢。

< 步骤 6> 禁用"渐进更新"。

更熟悉光照贴图的烘焙之后，这个设置会很有用。但是，对于初学者来说，关闭这个功能会更容易了解正在发生什么。

< 步骤 7> 禁用"压缩光照贴图"。

开启这个选项能节省一点内存，但有可能造成伪影（artifact），所以现在最好把它关闭，因为对于这个小项目来说，内存的使用一点都不是问题。如你所见，这里有相当多的设置。默认设置是一个很好的起点。随着你处理光照贴图的经验越来越多，并根据场景的特定布局，以后可以尝试其他光照贴图设置。

< 步骤 8> 启用"环境光遮蔽"。将"最大距离"更改为 3。

这个设置可以在场景中两个表面以尖锐的角度相遇的部分产生阴影，例如，在天花板和墙壁相遇的部分。这是一个非常受欢迎的设置，特别是对于室内场景，可以大幅改善真实感。

< 步骤 9> 在"工作流设置"中，禁用"自动生成"。

为了充分了解正在发生的事情，我们需要关闭自动生成。这在某种程度上是个人的选择，你可能更喜欢在了解了烘焙过程后再启用这个功能。

所有这些设置目前还没有效果。接着需要调整灯光和场景中的大部分游戏对象。

< 步骤 10> 使所有灯光成为静态。

　　　　　　　为此，可以在"层级"中选择这些灯光，然后在检查器中勾选右上方的"静态的"。

<**步骤 11**> 将所有灯光的模式改为"混合"。

　　　　　　　模式设置在检查器中的 Light 区域约一半的位置。"混合"设置允许烘焙和实时照明同时工作。

<**步骤 12**> 选择墙壁、天花板、地板、箱子和木板，使它们成为"静态的"。如果询问是否希望所有对象也是静态的，请选择"是，更改子对象"。

<**步骤 13**> 将全部 8 个点光源的强度更改为 0.3。

<**步骤 14**> 回到"光照"窗口，单击"生成照明"。

　　　　　　　现在需要等待，从几秒钟到一个小时不等，具体取决于电脑和显卡。作者的电脑使用 GeForce RTX 2060 Super 显卡，不到一分钟就完成了。如果你的系统需要很长的时间来做这件事，可以在 Unity 内做其他事情。烘焙过程将在后台继续进行。烘焙完成后，场景的效果应该像图 21.8 那样。

　　　　要看到实际的光照贴图，请按以下步骤操作。

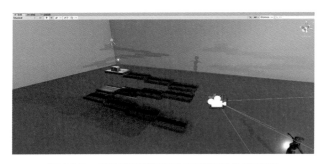

图 21.8　有环境光遮蔽的光照贴图烘焙结果

<**步骤 15**> 在"场景"窗口中，在左上角写着 Shaded 的地方，选择 Baked Lightmap 着色模式。调整右下角的"照明曝光"滑块，如图 21.9 所示。

图 21.9　Baked Lightmap 着色模式

为了查看更多细节，请在"光照"窗口中单击"烘焙光照贴图"标签。注意，实际上有 6 个光照贴图。可以单击"打开预览"按钮，并在一个预览窗口中查看每个光照贴图。一般不需要看这些光照贴图，但知道有这个东西的存在还是很好的，以防将来遇到问题。在"烘焙光照贴图"面板底部，可以看到一些有趣的统计数据，特别是当前有多少光照贴图，它们有多大，总的烘焙时间，以及进行烘焙的设备的名称。

< 步骤 16> 测试并保存。

除了在场景中拥有一个更真实的外观之外，使用光照贴图还有另一个好处，而且这个好处有时相当显著。在场景中添加更多的灯光时，性能不会变差，只是烘焙时间会延长。这样一来，就可以在低端设备上获得真实的阴影和灯光。

到目前为止，我们只是触及了"光照"主题的表面。要想了解更多，可以试试网上的许多 Unity 光照教程。注意，Unity 的光照功能多年来一直在进步，所以要注意教程有没有过时。

下一节将讨论光线追踪。

21.5 光线追踪

本节的主题是光线追踪。光线追踪（raytracing）是一种先进的光照建模方法，它通过创建大量的模拟光线来模仿现实世界的光线行为。最近，消费级显卡已经开始全面支持实时光线追踪。要跟上本节后面的一些步骤，你需要使用这些显卡之一。这是一个独立的小节，所以如果现在不想学习光线追踪，可以暂时跳过这一部分。

在深入研究和实验光线追踪之前，让我们先来观看一段介绍性的视频，它最初是为 Unite Now 会议制作的。

< 步骤 1> 在 YouTube 上搜索 Activate ray tracing in Unity。选择 2021 年 6 月标题为"Activate ray tracing with Unity's High Definition Render Pipeline"（用 Unity 的高清渲染管线激活光线追踪）的视频，并至少观看视频的前半部分。

扫码查看

从步骤 2 开始，我们将在自己的系统上复现视频中的一些步骤。但是，现在只需观看这个视频，就能对 Unity 的光线追踪功能有一个概括的了解。和往常一样，尽可能在全屏模式下观看视频，分辨率至少调整为 1080p。不需要理解视频中的所有内容。在潜心研究并亲自尝试之前，最好先尽可能跟上视频中所说的东西。

以下步骤紧跟步骤 1 提到的视频，并提供了额外的说明和操作来加深你的理解。

< 步骤 2> 在 Unity Hub 中创建一个新项目，使用 Unity 2020.3.0f1 版本，使用示例模板"3D Sample Scene(HDRP)"。将项目命名为"RayTracingTest"。

Unity 需要一些时间来设置这个项目。本书之前一直在使用 Unity 的内置渲染管线，所以这或许是你首次尝试使用更先进的 HDRP。为了在 Unity 中使用实时光线追踪，HDRP 是必须的。

< 步骤 3> 在检查器中阅读 Readme 文件对该示例模板的解释。

可以看到，在开始添加光线追踪之前，这里有相当多的内容可供探索。在检查器中，还有几个链接到其他文档和项目。现在，我们暂时绕过这些内容，直接转到现有的场景中去。

< 步骤 4> 开启"播放时最大化"和"状态"来玩这个示例游戏。

注意帧率。如果有一张支持 RTX（实时光线追踪）的现代显卡，应该至少得到 100 FPS 的帧率。使用鼠标和常规的 WASD 控制，访问 Readme 文件中描述的三个房间。手柄支持玩家四处移动，但仍然需要鼠标来控制镜头。体验好之后，可以继续遵照视频的描述来操作了。

< 步骤 5> 编辑 – 项目设置 – 质量。

当前有三个质量级别，但都没有使用光线追踪。我们将创建一个新的质量级别，并命名为"Raytracing"。

< 步骤 6> 单击"添加质量级别"。

< 步骤 7> 将名称从 Level 3 更改为"Raytracing"。

< 步骤 8> 进入 Assets/Settings，选择 HDRPHighQuality，然后输入 <Ctrl>D 来复制它。

< 步骤 9> 将复制的名称更改为 HDRPRTXQuality，并将其拖入"质量"窗口中"Rendering"下方的第一个框，注意，当前选择的仍然是 Raytracing。现在的"项目设置"窗口应该如图 21.10 所示。

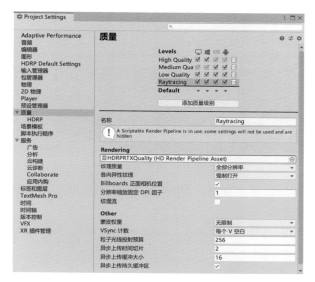

图 21.10　新项目的质量设置

<步骤 10> 在 Assets/Settings 中选择 HDRPRTXQuality，查看检查器。

展开"渲染"，并开启 Realtime Raytracing(Preview)。

没错，在当前版本的 Unity 中，实时光线追踪仍处于预览状态。这意味着这个功能是新的，未来可能会有很大的变化。但是，问题不大，因为我们只是在一个测试项目中尝试光线追踪。

如果显示一个警告，请执行下一个步骤。

<步骤 11> 窗口 – Render Pipeline – HD Render Pipeline Wizard。

<步骤 12> 单击"HDRP + DXR"标签。

如果在这个窗口中得到任何错误，请单击 Fix All 并按指示进行操作。现在，我们已经完成了实时光线追踪的设置。

<步骤 13> 单击 Gizmos 图标左侧的"场景视图相机的设置"，为 Camera Antialiasing（相机抗锯齿）选择 Temporal Antialiasing（时间抗锯齿）。

这个功能可以平滑帧与帧之间的抖动（实时光线追踪可能出现这种情况）。为了让这个功能在场景视图中发挥作用，还需要做以下工作。

< 步骤 14> 在"场景"视图中开启 Always Refresh（始终刷新），如图 21.11 所示。接下来，我
们需要更改一些项目设置。

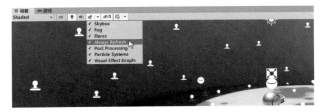

图 21.11 开启始终刷新

< 步骤 15> 编辑 – 项目设置 – 质量 – **HDRP**，单击 HDRPRTXQuality，查看 Raytracing
的质量设置。

< 步骤 16> 确认"渲染"区域已经勾选了 Realtime Raytracing(Preview)【实时光线追踪（预
览）】。

< 步骤 17> 在"照明"区域，勾选 Screen Space Ambient Occlusion（屏幕空间环境遮蔽）和
Screen Space Global Illumination（屏幕空间全局照明）。

< 步骤 18> 在"反射"区域，勾选 Screen Space Reflection（屏幕空间反射）和"透明的"：。

< 步骤 19> 在"阴影"区域，勾选"屏幕空间阴影"。

< 步骤 20> 试着玩这个游戏。

哇，现在效果更好了。可以看到地板上的反射，更好的阴影，更好的灯光，而
且帧率仍然很高。

你现在正处于视频第 8 分钟左右。作为一个可选的练习，可以考虑自己跟着
视频的其余部分操作，也可以选择只是继续观看视频，体会光线追踪的各种可
能性。

< 步骤 21> 保存。

本章讨论了 Unity 光照的基础知识，以及光线追踪令人兴奋的前景。在下一
章中，我们将深入探讨 Unity 中的物理引擎。

第 22 章　物理引擎

　　本章将深入探讨 Unity 的物理引擎。没错，你可能会惊讶地发现 Unity 有多个物理引擎可用。在本书前面的部分，我们已经使用了物理组件，但没有深入了解它们是如何工作的。接下来，我们将首先概念 Unity 物理，然后为一个密室创建简单的物理场景。为了好玩，还将探索布料组件和布娃娃向导。

22.1　Unity 物理概述

　　Unity 有几种方法可以在项目中模拟物理学。但是，也可以完全绕过 Unity 的物理系统，自己写脚本来模拟物理。如果在自己的项目中使用了一些奇怪的、非现实的物理学，那么肯定需要编写自己的脚本。但是，一般情况下，使用 Unity 内置的物理系统要容易得多。

　　首先，我们需要了解 Unity 2020.3 提供的 4 个不同的物理引擎：

- 内置 3D 物理
- 内置 2D 物理
- DOTS 物理包
- Havok 物理包

　　本章只涉及 Unity 的内置 3D 物理。其他三个选项在 Unity 文档中都有说明。对于当前的项目来说，由于它是一个 3D 项目，所以我们只打算使用内置 3D 物理。虽然可以混合使用 2D 和 3D 物理，但是最好避免那么做。也正是因为这个原因，所以需要注意在这个 3D 项目的其余部分，不要使用任何名称中带有 "2D" 的组件。

　　接下来，让我们为引入了物理引擎的密室开一个好头。

< 步骤 1> 使用 Unity Hub 加载 FPSAdventure。在 Assets/Scenes 中创建一个新场景，将其命名为 PuzzleScene2，并选中它。

这个场景的目标是创建一个引入了物理引擎的密室。这个密室中没有Ellen。我们将从创建一个地板和一个球体开始。

<步骤 2> 创建一个"立方体",命名为 Floor,将缩放设为 (10, 1, 10),将位置设为 (0, 0, 0)。

<步骤 3> 创建一个"球体",命名为 Ball,将位置设为 (0, 3, 0)。

<步骤 4> 在 Assets/Art 中创建一个红色的球体材质,命名为"BallMaterial"。

<步骤 5> 将 FloorMaterial 分配给 Floor,将 BallMaterial 分配给 Ball。将你的场景与图 22.1 进行比较。

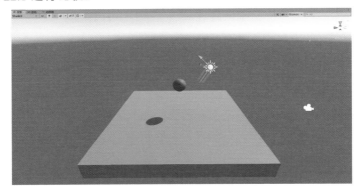

图 22.1　球的弹跳实验设置

<步骤 6> 试着玩游戏,然后停止。

球仍然悬浮着。仔细看一下场景中的两个游戏对象。它们都有碰撞器,但没有物理组件。

我们的目标是让球在重力的作用下下落,并在地板上反弹。需要为地板和球体添加物理组件来实现这一目标。此外,设置需要恰到好处,否则会得到非常奇怪的行为。首先让球落下来。

<步骤 7> 为球体添加一个刚体组件。

可以选择球体,单击"添加组件",在搜索框中输入"rig"或"刚体",然后选择"刚体"。不要选择"2D 刚体"。记住,这个项目只使用了 3D 物理组件,所以要避免使用名称中带有"2D"的组件。

<步骤 8> 重置刚体组件。

这一步或许是不必要的,但目的是确保设置与本书的设置一致:质量 1,阻力

0，角阻力 0.05，勾选"使用重力"，不勾选 Is Kinematic，插值"无"，碰撞检测"离散的"，而且所有 Constraints 选项都不勾选。

其中最关键的设置是"使用重力"和 Is Kinematic。对于球体来说，我们希望为它使用重力。奇怪的是，Is Kinematic 设置似乎会关闭物理引擎，所以不要勾选它，确保物理引擎能使球体发生移动。这个设置也许会让不了解情况的人感到迷惑，因为 Kinematic（运动性）这个词意味着运动，与你所期望的正好相反。事实上，Kinematic 物体通常是运动的，但这种运动源于脚本中的显式运动控制。

< 步骤 9> 测试。

球掉下来，然后停在地板上。它没有弹起来。为了发生弹跳，需要为地板添加一个刚体组件。

< 步骤 10> 为地板添加一个刚体组件，关闭"使用重力"。

这是一个有趣的尝试，效果会令人大跌眼镜。运行时，地板不是让球弹起来，而是自己向下坠落，球却会一直粘在地板上。试试吧。问题出在 Is Kinematic 设置上。地板应该是静止的，所以我们不希望物理引擎移动它。

< 步骤 11> 勾选地板刚体的设置 Is Kinematic，再次测试。

虽然仍然不能工作，但至少地板保持在原位。问题在于，我们缺少一个弹跳物理材质。

< 步骤 12> 在 Assets 中新建一个 Physics 文件夹。在该文件夹中创建一个"物理材质"，命名为"Bounce"。

在 Unity 的英文版中，"物理材质"写成"Physic Material"，其中的"Physic"不是错别字。Unity 称 3D 物理材质为"Physic Materials"，而 2D 物理材质的名称在 Physics 的末尾有一个"s"。Unity 从一开始就为 3D 物体材质少打了一个"s"。

< 步骤 13> 在检查器中，将物理材质的 Bounciness 设为 1。选择球体，在它的 Sphere Collider（球体碰撞器）区域，将"材质"设为刚才添加的 Bounce 材质。

< 步骤 14> 测试。

球弹起来了，但力道不大。这是因为地板上仍然缺少反弹材质。物理引擎结合了参与碰撞的两个物体的物理材质。

< 步骤 15> 选择 Floor，在 Box Collider 区域将"材质"设为刚才添加的 Bounce 材质。

< 步骤 16> 运行游戏一段时间，然后停止。

如果运行时间足够长，那么会注意到球居然越弹越高，这显然是不真实的。

<步骤 17> 将 Bounce 材质的 Bounciness 更改为 0.9，然后测试。

现在效果就很好了。

接下来，让我们了解一下 Unity 的三种物理对象。

- 静态（Static）
- 运动（Kinematic）
- 动态（Dynamic）

只要开始使用物理引擎，就必须理解这些概念。用最简单的话来说就是：静态对象不移动，但仍然能以有限的方式与其他物理对象互动；运动对象允许移动，但移动通过自定义脚本来完成；动态对象则在物理引擎的控制下移动。

为了创建一个静态对象，为它添加一个碰撞器就可以了，注意，静态对象没有刚体组件。运动对象有一个刚体组件，Is Kinematic 设置开启，而且通常通过代码来移动它。动态对象有一个刚体组件，Is Kinematic 设置关闭，并根据游戏的情况来打开或关闭"使用重力"。

下一节将使用静态、运动和动态对象构建一个简单的物理学密室。

22.2 物理学密室

物理学密室在大型游戏中相当常见。试想你一直在玩动作游戏，如果中途遇到一个物理学密室，可以适当地放松一下，而且有助于推动故事的发展，那么必然是一个相当不错的设计。本节要设计并建一个小型的物理学密室，并把它作为原型游戏的一部分。

为了简化设计，我们将使用 Unity 中已经创建的地板和球体从头开始建立这个关卡。在制作密室原型时，最重要的是先使游戏具有可玩性和趣味性。完全可以推迟图形和音频的制作，除非它们对密室来说至关重要。我们的设计非常简单，就是让球体可以通过 WASD、方向键和手柄来控制，这和 Ellen 是一样的。我们打算使用球体来推动房间里的物品，从而清理出一条通往宝箱的道路。

先从建造游戏场地开始。目前已经有了一个地板和一个球体，所以接下来要把四面墙放进去。

< 步骤 1> 在 "层级" 中复制 Floor，移到旁边，并重命名为 "Wall"。

< 步骤 2> 修改 "旋转" 设置，将 X 设为 90。修改 "缩放"，将 Z 设为 5，并使其与 Floor 的右边缘对齐。最终的效果如图 22.2 所示。

图 22.2　为 PuzzleScene2 场景添加一面墙

< 步骤 3> 通过复制、旋转和移动现有的墙来构建另外三面墙，方法与步骤 1 和步骤 2 类似。最终的效果如图 22.3 所示。

这个房间感觉很拥挤。怎么让它变大一点呢？是的，可以对它进行拉伸，但只是在 X 方向和 Z 方向。按以下步骤操作。

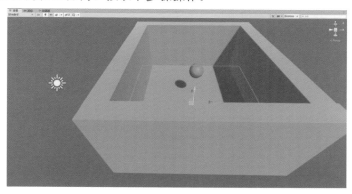

图 22.3　有四面墙的 PuzzleScene2 场景

<步骤 4> 同时选中地板和四面墙。选择工具栏中的"缩放工具",在 x 和 z 方向上拉伸。在拉伸的同时按住 <Ctrl> 键,从而在每个方向上以三倍的系数进行捕捉和缩放。与图 22.4 进行比较。

要检查它是否有效,请在检查器中查看 Floor,应该看到一个(40, 1, 40)的缩放比例。你应该看到所有墙壁也有类似的整体比例数字,例如(40,4,5)。

图 22.4 等比例缩放地板和墙壁

<步骤 5> 试着玩这个游戏,然后停止。

球体仍在原地弹跳。接下来,我们将使这个球体"可运动"(kinematic),并写一个简短的脚本让它在游戏场地中移动。

<步骤 6> 选择 Ball,将 Y 位置更改为 1。

<步骤 7> 在 scripts 文件夹中为球体新建一个名为"BallControl"的脚本,如下所示。

```
public class BallControl : MonoBehaviour
{
    public float speed = 8.0f ;
    // Start is called before the first frame update
    void Start ()
    {
    }
    // Update is called once per frame
    void Update ()
    {
        float x = Input . GetAxisRaw ( "Horizontal") * speed;
```

```
        float z = Input . GetAxisRaw ( "Vertical") * speed;
        transform. Translate(x * Time .deltaTime, 0, z * Time .
deltaTime) ;
    }
}
```

< 步骤 8> 试着按 WASD 键来操作球体。

感觉有点奇怪，而且速度可能太低了。然而，最糟糕的问题在于，球在撞到墙后开始非常奇怪地弹跳。下面的方法可以解决这个问题。

< 步骤 9> 在球体的刚体组件中，勾选 "冻结位置" 的 Y 以及 "冻结旋转" 的 X，Y 和 Z。然后再试一下。

这样就好多了。这里的思路在于，我们希望让物理引擎处理球体和其他物体之间的碰撞，但只想在 x 和 z 方向移动球体。另外，我们不想让球体旋转，因为如果让它旋转，球体就会开始自己移动，而这真的不是我们的本意。

< 步骤 10> 创建一个 "立方体"，将缩放设为（2，1，2），将位置设为（–5，4，0）。为它添加一个刚体组件，设为 "使用重力"，不要勾选 Is Kinematic。

< 步骤 11> 为这个立方体的 "盒状碰撞器"（Box Collider）添加 Bounce 材质。

< 步骤 12> 将这个立方体重命名为 Obstacle（障碍物）。

< 步骤 13> 调整主相机并测试。

现在可以推着障碍物走了，而且可以对它的去向做一些控制。

现在，你准备好迎接挑战了吗？图 22.5 显示了完成的密室关卡。

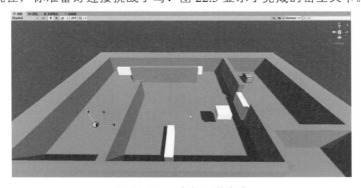

图 22.5　一个物理学密室

<步骤 14> 根据以下提示来构建如图 22.5 所示的关卡。

- 几面薄墙的厚度是一个单位。
- 宝箱来自 PuzzlePrefabs，缩放是（4，4，4）。
- 白色物体称为"滑块"，缩放为（5，1，1）或其他差不多的缩放比例。高的那个高度为 3。
- 滑块用了一个新的物理材质，名为 Slide，它的两个摩擦力设置都为 0.1（Dynamic Friction 和 Static Friction）
- 滑块的旋转和 Y 位置都被冻结了，就像球体一样。

通关这个密室的窍门在于，高大的那个滑块只能通过移开它前方的障碍物，然后用另一个滑块将其推开来移动。

移动高大滑块的通关方式如图 22.6 所示。

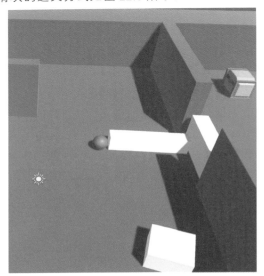

图 22.6 通关物理学密室

这个谜题相对来说比较简单，但是它的通关方式完全也不明显，会有很多人被卡在这里。和任何密室一样，测试是关键，首先是开发者自己进行测试，然后是其他人进行测试。

<步骤 15> 自己测试这个密室。确保高大的滑块不能用球来移动。然后推开障碍物，向宝箱走去。

现在，我们已经掌握了制作其他密室的工具。最重要的因素是"灵光乍现"时刻，这是衡量任何好密室的标准。这些密室不应该依赖于玩家的微操，而应该依赖于他们的洞察力、毅力和眼光。当然，这只是一个设计上的选择，因为当然可以制作一些物理学密室，要求玩家进行精准控制才能通关。

一旦确定了想要做的密室，就应该继续提升它的声光效果。这部分的工作可以放心地推迟到生产时进行。

<步骤 16> 保存。

接下来，让我们讨论一样完全不同的东西：布料。

22.3 布料

布料（cloth）组件是 Unity 的一个有趣的、专门的系统，而且相当容易设置。只是为了实验一下，我们准备在物理学密室场景中放入一块动画布料。以后才需要操心如何利用这个组件来增强密室的效果。

<步骤 1> 仍然在 PuzzleScene2 场景中，将球体移动到位置（0, 1, 0）。

<步骤 2> **游戏对象 – 3D 对象 – 平面**。将新增的平面重命名为 flag。

<步骤 3> 将 X 旋转更改为 270，将缩放设为（0.5, 1, 1），将位置设为（–1, 6, 4）。

<步骤 4> 创建一个绿色材质 FlagMaterial，将其分配给 flag。与图 22.7 进行比较。

<步骤 5> 选择 flag，单击"添加组件"，搜索 cloth，添加一个"布料"组件。测试游戏。

可以看到，旗子掉下来了。这不是我们想要的。我们的目标是让旗子挂在那里，当球体与它互动时要表现得像一面旗子。不用担心，我们很快就能成功了。

<步骤 6> 关闭 flag 的 Mesh Collider（网格碰撞器）。

为了实现当前的游戏思路，这个碰撞器是不需要的。可以删除它，但简单地关闭也是可以的。

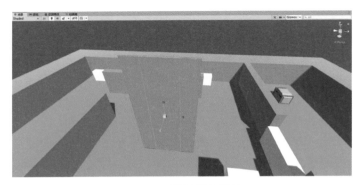

图 22.7　设置绿色挂旗

<步骤 7> 在检查器的 Cloth 区域，单击左上方的"编辑布料约束"图标，如图 22.8 所示。

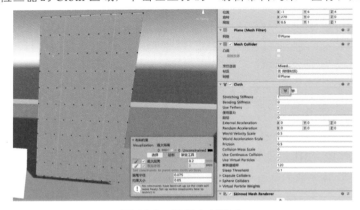

图 22.8　编辑布料约束

<步骤 8> 选择旗子中最上面的两排顶点，并将它们的"最大距离"设置为 0。

<步骤 9> 在检查器中，展开 Cloth 区域底部的 Sphere Collider（球体碰撞器），将"大小"设为 1。展开"元素 0"。

<步骤 10> 将 Ball 游戏对象拖到"元素 0"的 First 框中。

<步骤 11> 测试游戏，用球去撞旗子。太神奇了！

　　　　　旗子对球体的运动有反应，但对球体没有影响。另外，如果将一个白色的滑块移到旗子上，它也没有反应。要解决这个问题，可以为滑块添加胶囊碰撞器，然后把它们添加到布料组件的碰撞器列表中。

球体有时会穿过旗子。下面的步骤可以解决这个问题。

< 步骤 12> 在球体的球体碰撞器中，将半径从 0.5 改为 0.57。

< 步骤 13> 测试。

这个改动解决了和旗子进行互动的问题，但它可能会对密室产生影响，所以一定要测试一下是否还能通关这个密室。

< 步骤 14> 保存。

在下一节中，我们将尝试使用布娃娃向导。

22.4　布娃娃向导

布娃娃物理学是通过模拟，使一个人形角色像布娃娃一样移动的方法。当角色从陡峭的斜坡上摔下来，或者在角色发生严重碰撞后落地摔死时，可以利用布娃娃物理学将死亡过程制作成动画。我们准备在 PuzzleScene1 中尝试这个方法。

< 步骤 1> 加载 PuzzleScene1。

如果觉得这个场景很暗，请随意把它调亮一点。本节不涉及光照。

< 步骤 2> 将 Assets/Monster_Orc (Troll)/Prefabs/monster_non_anim_orc 拖入场景。

< 步骤 3> 将旋转更改为（0, 180, 0），位置更改为（−3, 5, 5）。

如有必要，可以将兽人从木板上移开，但保持 y 坐标为 5。

< 步骤 4> 添加一个刚体组件，勾选"使用重力"。

< 步骤 5> 添加一个胶囊碰撞器，编辑它以适应兽人。与图 22.9 进行比较。

它会漂浮在空中，并由于重力作用下坠，然后停在地板上。

< 步骤 6> 测试。

Ellen 可以跑到兽人的身上，会像一个静态的雕像一样滚来滚去。但我们更愿意让它表现得像一个布娃娃。

< 步骤 7> 选择怪物。

< 步骤 8> 保存场景。

这是一个保存的好时机，目的是防止需要重做下面的步骤。

图 22.9　在 PuzzleScene1 中设置兽人

<步骤 9> 移除"胶囊碰撞器"（Capsule Collider）组件。

<步骤 10> 在"层级"中选择 monster_non_anim_orc 并展开它。

<步骤 11> 右击 Monster_rig 并从弹出的快捷菜单中选择 **3D 对象 – 布偶**，随后会显示一个相当大的弹出窗口。

<步骤 12> 展开 Monster_rig，如图 22.10 所示。

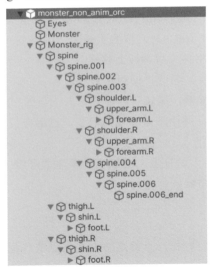

图 22.10　为 Monster_rig 设置布娃娃

<**步骤 13**> 将"层级"中显示的 spine 拖动到弹出窗口中的"骨盆"。然后，根据图 22.11 完成所有部位的拖动。但是，最后不要单击 Create!

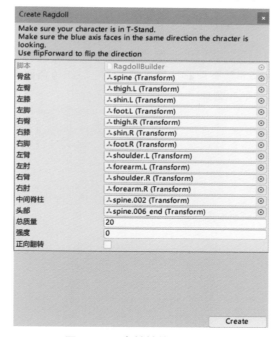

图 22.11   布娃娃的骨骼分配

<**步骤 14**> 仔细核对骨骼的分配，将"总质量"更改为 0.6，然后单击 Create。

随后，会立即为 Monster_rig 的骨骼分配碰撞器、刚体和角色关节组件。现在，我们需要调整头部的球体碰撞器。

<**步骤 15**> 在"层级"中选择 spine.006_end 对象，然后调整"球体碰撞器"以适应怪物的头部。保证半径约为 0.003，中心为 (0, 0, 0) 就可以了。这可能有点麻烦，所以如果遇到困难，就把半径变小。

<**步骤 16**> 测试并保存。

这一次，这个兽人表现得像个布娃娃。可以让 Ellen 走到它身边，然后让兽人滚来滚去。要观看它最初的坠落，可以在场景窗口中观看。

　　我们在兽人身上试用了布娃娃向导，目的只是为了好玩。我们决定在正式的游戏中不采用。但是，知道有这个东西的存在是一件好事。可以把死去的兽人留在这一关，目的只是为了装饰，也可能是为了迷惑玩家。在生产版本中，可以完全删除布娃娃。

　　通过本章的学习，我们进一步了解了 Unity 物理引擎的知识。物理引擎在许多类型的游戏中都非常有用，特别是那些基于 3D 角色的游戏。下一章，我们终于要为游戏添加音效和音乐了。

第 23 章　再谈音效和音乐

　　本章非常短，我们准备使用现成的资源。Unity 资源商店提供了大量免费的、高质量的音效和音乐，可以直接在自己的游戏项目中使用。这在制作原型游戏时特别有用。在制作过程中，可以随时替换任何充当占位符的声音。在原型中，有一些音效和音乐可以发挥很大的作用。

23.1　来自 Unity 资源商店的声音包

　　为自己原型游戏搜索合适的声音时，搜索像"sound monsters free"这样的关键词即可。然后，查看结果显示的声音包，并尝试其中的几个。"Casual Kingdom World Sounds"就是一个不错的候选者。可以在一个简短的视频中聆听原声，它听起来很适合我们的 FPSAdventure 游戏。

<步骤 1> 从 Unity 资源商店获取 Casual Kingdom World Sounds – Free。

<步骤 2> 在 Unity 中试听各种声音。它们隐藏在 Assets/Packages/Casual Kingdom – Free Package 文件夹中。

　　首先将音轨（Soundtrack）放到游戏中。有两个选择，一个是 MP3 版本，一个是 Wav 版本。MP3 版本比较小，听起来也不错，所以我们准备用这个版本。

<步骤 3> 将 MP3 音轨拖入 PuzzleScene1 场景。在检查器中勾选"循环"和"唤醒时播放"，然后测试。

　　嗯，这确实很容易。这段音乐并不适合密室，但可以把它留在那里，然后在主场景中重新尝试。

<步骤 4> 保存，然后加载 UnityTerrain 场景。

　　在场景窗口中，Ellen 可能跑不在了，所以执行以下操作。

<步骤 5> 在"层级"中选择 Ellen，按 F 键做一次框选操作。

< 步骤 6> 和在密室中做的那样，将音轨拖放到场景。然后测试游戏。

现在感觉就好多了，特别是当 Ellen 从怪兽身边跑开时，这段配乐还是很有感觉的。至于音效，可以推迟到以后再放入，因为现在真的还用不着。使用之前在 DotGame3D 项目中学到的技术，可以很容易地把它们放进去。

好了，我们的项目基本完成，是时候决定下一步该做什么了。

< 步骤 7> 保存。

在下一章，我们要"发布"FPSAdventure。

第 24 章　发布 FPSAdventure

这款游戏真的能够发布了吗？一句话，不可以。这只是原型，所以并没有准备好真的"发布"。虽然我们对目前所做的事情很满意，但它还是缺少一些关键的元素。三个场景并不相连，主角除了停、走和跑之外没有其他动作，而怪物只是向你跑来，通过接触造成伤害。

这种情况对于一个原型游戏来说是很典型的。在原型开发期间的任何时候，都可以选择取消项目、搁置项目、继续开发或者重新开始并进入生产阶段。

24.1　Steam 的抢先体验版

直到不久之前，游戏开发商在向公众发布原型游戏这个问题上一直都存在犹疑。而这一切随着 Steam 推出的"抢先体验"（Early Access）而发生了改变。作为游戏的顶级数字商店之一，Steam 发明了这个概念，允许开发商在开发期间就向玩家提供游戏。要了解这方面的更多信息，请在网上搜索"我适合采用抢先体验吗？"，或者访问 https://youtu.be/JRDwA3cQmlc。这是一个相当长的视频，由 Steam 的运营商 Valve[1] 制作，非常值得观看。

FPSAdventure 为抢先体验做好准备了吗？答案是否定的。游戏首先要玩起来有趣，才适合拿去给别人"体验"。一个不成熟的早期原型是没有价值的。你想要的是一个小时左右的游戏时间。但是，你现在还没有这个能力。那么，如何处理到目前为止完成的作品呢？你已经为它投入了大量时间和精力，肯定不想就这样把它扔掉。

假定决定在未来某个时间继续开发这个游戏。然后，当游戏玩起来更有趣，视听效果更佳时，才考虑用"抢先体验"或其他方式发布它。在"抢先体验"中，你会邀请玩家来看看目前的游戏内容并为你提供反馈。换言之，将玩家视为制作团队成员。

---

[1]　译注：维尔福集团，1996 年成立于美国华盛顿州西雅图市贝尔维尤，创始人加尔·纽维尔和迈克·哈灵顿在取得《雷神之锤》引擎的使用许可后，开发了《半条命》游戏系列。2003 年，推出 Steam（蒸汽）平台。2013 年，维尔福发布多人在线对战竞技游戏《刀塔 2》。

　　当然，也可以直接保存当前项目，备份它，然后去搞其他项目。但是，在这之前应该做一些简单的清理工作。可能需要走一遍发布过程，修复一些简单的问题，然后才把它搁置。几周或几个月的搁置时间也许能为一个项目带来奇迹，并且可能让你带着新的想法和精力重新回到它的身上。

24.2　测试和调试

　　由于不打算很快就发布这个游戏，所以可能会忽略大部分的小 bug。如果想在其他电脑上测试这个游戏，就需要生成一个能让人接受的 build。为此需要解决两个问题。首先，需要一种从 build 中退出游戏的方法。其次，需要一种进入密室的方法。

　　这其实是一个很好的机会，可以借此巩固到目前为止学到的知识。在 UnityTerrain 场景中，可以创建三个球体。找到一种方法，当 Ellen 与第一个球体碰撞时退出游戏，与第二个球体碰撞时进入 PuzzleScene1，等等。如果有更大的野心，还可以加入代码，在玩家按 <esc> 键时退出游戏。这里需要用到 Application.Exit() 来退出游戏，这和 DotGame3D 的代码是一样的。如果需要这方面的帮助，可以看看 DotGame3D 中的相应代码。要实际尝试 Application.Exit() 调用，需要创建一个 build。

24.3　编译和运行

　　为了设置一个 build，需要将这个项目的三个场景都包含进来。在做上一节的练习时，你可能已经完成了这个步骤。注意，做这个 build 需要相当长的时间，比 DotGame3D 的时间长很多。考虑到这个项目中的大地形和高级光照特性，这一点并不奇怪。

　　正如之前在 DotGame3D 游戏中所做的那样，将 build 文件夹复制到其他一个或两个不同的系统中，看看游戏是否仍然可玩。要注意的是，没有办法知道运行 build 时的帧率，所以将来要找到一种方法来显示 build 中运行游戏时的帧率。和往常一样，互联网可以帮助解决这个问题。

24.4 事后总结

没有事后总结，因为这个游戏非常有生命力，有许多地方还没有搞定。不过，回顾一下到目前为止我们所做的事情还是很有用的。这个原型的主要目的是（现在也是）尝试 Unity 的一些较高级的功能，包括地形构建、导航网格、烘焙光照、光线追踪以及集成来自 Unity 资源商店和 Mixamo 网站的一些非常有趣的资源。

像这样的一款游戏绝对是有潜力的，但要让它达到可发布的状态，还有许多工作要做。大多数游戏开发者经常开发原型和实验性项目。但是，最终能真正看到曙光的项目是少之又少的。

在本书的下一章，也就是最后一章，我们将面向未来，再次反思到目前已经取得的成就。毕竟，我们已经通过数百页和数千个步骤做了那么多的事情。

▌第 25 章　结语

在这一章中，我们将回顾通过本书所取得的成就。另外，我们还要展望一下未来。

学习

"学习"是一个古老的、但直到最近还很模糊的词。如果能走到这一步，完成了所有步骤，那么表明你确实学到了一些东西。另外，即使书的内容已经看了这么多，你也知道这只是游戏开发之旅的开始。

如果在这个过程中学到了一件事，那就是：学习新事物是值得的。本书基本没有触及 C# 编程和软件工程，这些主题本身就意味着一个完整的职业。我们永远也学不完 Blender、GIMP、Unity、Audacity 和 MuseScore，尤其在它们发生快速迭代的时候。当然，创建和开发新的项目来巩固自己的学习成果，这显然是一种更好的方法。

下一步

接下来的 4 个小节描述了 4 个可能的项目，但仅供参考。可能没时间去完成全部的项目，但可以选择其中一个或多个，花一些时间为其制作原型。试着运用在本书学到的知识，如果胆子大的话，可以选择将 Unity、GIMP 或 Blender 的一两个新特性应用于自己的创作。当然，最终都要面临一个艰难的抉择：发布、搁置还是删除？这里有一个提示：永远不要删除花了超过几天时间的项目，即使你认为它们不值得继续。现今的数据存储成本非常低廉，而且可能会在未来的项目中找到这些资产的用途。和任何老一辈的游戏开发者交谈，他们中的许多人都会乐意跟你分享后悔当初没有做好备份和保存的故事。

项目 1：卡牌游戏

有喜欢的卡牌游戏吗？要想练手制作一个小型的 3D 游戏，3D 卡牌游戏也许值得考虑。当然，卡牌游戏通常不用 3D 技术制作，但将卡牌当作 3D 物体，在上面尝试一下物理引擎，应该还是很有趣的。甚至可以做一些类似于 52 Pickup 的游戏。如果不知道是什么，请自行上网搜索。

项目 2：赛车游戏

其实从第 2 章开始，你就已经抢占了一个先机。全功能的赛车游戏没有那么容易做出来，但是，可以尝试只做一条赛道，使用一种类型的车子，并利用 Unity 预制的汽车物理学。可以在 Unity 手册中找到关于物理赛车驱动算法的内容。借此机会，还可以尝试本书故意遗漏的两个主题：联网和多人对战。

项目 3：平台游戏

这里是 Unity 资源商店能真正帮到你的地方。找一些免费资源，做一个平台游戏①。审视你已经下载的资源，并探索免费的 Unity 教程以获得更多的思路。当然，还有 YouTube 上的教程。

项目 4：迷宫探索类游戏

了解 *Rogue* 这个游戏以及在它之后的任何 roguelike 游戏② 吗？"roguelike"这个词意味着关卡按程序生成。一个好的起点是看一些关于 3D roguelike 游戏的视频，然后尝试自己制作一个。

最后的思考

谢谢你，亲爱的读者和游戏开发者朋友们。请让我知道你作为一个读者、学生和 / 或游戏开发者的体验。不妨通过 franzlanzinger.com 联系我。如果你真的把我的 2D

---

① 译注：平台游戏是一种游戏类别，是动作游戏的一个子分类，代表作包括《超级马里奥》等，主要的游戏方式是在 2D 平面上使用各种方式在悬浮平台上进行移动和穿过各种障碍。
② 译注：角色扮演游戏的一个分支，过去以一系列随机生成关卡的地牢、回合制战斗、基于磁贴的图像和角色永久死亡（即无法不限次数地复活）为特点，代表作有《暗黑破坏神》和《矮人要塞》等。

和 3D 这两本书看进去了，并按部就班地完成了学习，那么恭喜你！现在，请把两本书的步骤再过一遍。确实，像这样的技术资料往往需要过几遍才能完全消化。如果愿意，可以尝试用较新版本的 Unity 软件来完成这些步骤。一路上发挥创意，改变一些东西。你会惊奇地发现，第二遍甚至第三遍时，整个过程看起来是多么简单和有启发性。

我希望听到你的意见，获得关于我的书和游戏的反馈。为了完成你梦想中的大热门游戏，一个古怪的独立游戏，或者需要讲述一个你迫切希望有人听到的故事，请好好玩，好好学习，好好创造！

附录 A　本书的 C# 编码标准

本附录说明了本书采用的 C# 和 Unity 编码标准。标准相当简短。更全面和详细的 C# 编码标准可以在互联网上找到。你的组织可能建立了自己的编码标准。即使你是一名独立开发者，遵循这个编码标准或类似的标准也是很有帮助的。

制表符：永远不要使用制表符。相反，使用空格进行缩进，可以是 2~4 个空格。

行宽：将行宽限制在 72 个字符以内。这有助于提高可读性。

大括号：起始和结束大括号都要放在一行的开头，是这一行唯一的东西。即使一个代码块只有一个语句，也不要省略大括号。单行块可以和大括号同行。

例如，不好的示范如下：

```
if ( x >9 ) y = 3;
```

好的示范如下：

```
if (x >9)
{
  y = 3;
}
```

还可以这样写：

```
if (x >9){ y = 3;}
```

不好的示范虽然更简短，但不好维护，很容易被人改成下面这样：

```
if (x >9) y = 3; z = 4;
```

为什么这个例子相当不好呢？程序员可能希望向 z 赋值的语句只在 x >9 时执行。但是，这段代码始终执行对 z 的赋值，无论 x 的值是多少。

注释：只有在必要时才使用注释。使用 // 风格的注释，而不是 /* */ 风格。把注释放在代码的上方，而不是放在代码后面或者同一行。

为什么事无巨细都进行注释不好？因为在繁重的开发过程中，注释注定不会得到很好的维护。而在多年以后，这样的注释只会误导下一代开发者。更好的方案是编写能"自注释"的代码，即不需要注释来解释的代码。

间距：在适当的地方添加空白间距以提高可读性，尤其是在函数调用中用空格分隔不同的实参。例如，好的示范：

```
DisplayScore(score, 20, 30);
```

不好的示范：

```
DisplayScore(score,20,30);
```

许多时候，添加一个空格就能使代码看起来更清晰。C# 本身并不关心这些额外的空白。不要在标识符里面引入空白即可。

垂直间距：大方地添加单一的空行来分隔方法和代码块。如果有太多代码块，请考虑将它们重构为多个方法。

大型方法：要避免这样的方法。把它们分解成更小的方法，以提高清晰度和可读性。

命名：使用 camelCasing 或 PascalCasing 命名法。避免使用下划线。例如，下面是一个好的示范：

```
public void MyFunction();
```

不好的示范：

```
public void my_function();
```

函数名和类名使用 PascalCasing 命名法。游戏对象的名称也应该使用 PascalCasing 命名法，因为对应的脚本会将这个名称作为类名。

附录 B　游戏开发检查清单

开发游戏时，有必要通过一个检查清单来确保在开发过程中没有忘记什么。下面是一个可能的检查清单。随着你的游戏开发经验日益增加，可以对这个清单进行扩充，或者根据自己的需要和目标来修改它。

着手开发之前

☐　对这个游戏感到兴奋吗？如果没有，就把它扔掉，做别的事情。

☐　做这个工作只是为了钱吗？如果是，如果还有其他更好的本事，就去做别的。

☐　有一个优秀的、原创的概念吗？

☐　这一切有意义吗？

☐　有哪些竞品游戏？玩过它们吗？至少看过它们的视频吗？

开发期间

☐　整个过程有趣吗？

☐　自己喜欢玩吗？

☐　如果不好玩，还有什么借口继续开发？在不好玩的情况下，不要害怕扼杀这个项目。

☐　控制是否灵敏？如果不是，就尽快让它们灵敏起来。即使只是随意移动角色或驾驶一辆车，控制也应始终灵敏。

☐　玩家的学习曲线在合理范围吗？这需要进行测试。

☐　给玩家的奖励是什么？

☐　好的 UI。要使 UI 体验快速而且容易理解。

☐　是否立即就能体验到这个游戏的游戏性？

☐　如果有过场动画，一定要让它们能够跳过。不是每个人都关心情节，尤其是在他们三周目的时候。

- ☐ 制定好开发时间表了吗？
- ☐ 面向的平台是什么？例如，是不是先 PC，再 Mac，最后手机？
- ☐ 对游戏的音频制定了什么计划？其中包括语音、音乐和音效。

市场推广

- ☐ 打算如何推广这个游戏项目？
- ☐ 有相关的域名和游戏网站吗？
- ☐ 是否建立了相关的账户：Twitter、Facebook 或者其他社交媒体？
- ☐ 有预告片吗？
- ☐ 有可玩的 demo 吗？
- ☐ 要设置作弊码吗？如果有，具体是什么？有什么作用？
- ☐ 找好了开发期间的测试人员吗？发布前的 Beta 测试人员呢？

发布之前

- ☐ 游戏使用最终定好的名称吗，是不是还在某个地方使用了开发期间的暂定名称？
- ☐ 有版权声明吗？
- ☐ 商标搞定没有？
- ☐ 有没有加入“制作人员”屏幕？有没有忘记谁呢？
- ☐ “制作人员”名单中的名字都准确吗？是否向所有制作人员发送了游戏的拷贝？是否核实了所有许可证并遵守了所有许可协议？
- ☐ “制作人员”屏幕是否容易显示，那些尚未通关游戏的玩家是否也能轻松看到？
- ☐ 网站是否能正常运行？